清华社"视频大讲堂"大系

高效办公视频大讲堂

U0394266

Word/
Excel/
PPT 2019
高效办公
从入门到精通 （视频教学版）

赛贝尔资讯 ◎编著

清华大学出版社

北京

内 容 简 介

本书结合大量行业实例，系统介绍了 Office 在日常工作中涉及的文档、报表、演示 PPT 的各方面内容。读者只要跟随书中的案例边学习边操作，即可快速掌握各项 Office 必知必会办公技能。

本书共 14 章，内容包含 Word 2019 中纯文本文档、图文混排文档、包含表格文档、商务文档的编排技能以及文档审阅及邮件合并功能的应用；Excel 2019 中表格的建立与数据编辑、数据的筛查和分类汇总、数据透视分析表报表、实用的函数运算以及用图表展示数据；PPT 2019 中幻灯片文字的编排设计，图形、图片的编排与设计，幻灯片版式与布局，以及动画效果、放映和和输出等内容。

本书面向需要提高 Office 应用技能的各行业、各层次读者。本书以 Office 2019 为基础进行讲解，适用于 Office 2019/2016/2013/2010/2007/2003 等各个版本。

图书在版编目（CIP）数据

Word / Excel / PPT 2019 高效办公从入门到精通：视频教学版 / 赛贝尔资讯编著 . —北京：清华大学出版社，2022.1

（清华社"视频大讲堂"大系高效办公视频大讲堂）

ISBN 978-7-302-59100-9

Ⅰ.① W… Ⅱ.①赛… Ⅲ.①办公自动化—应用软件 Ⅳ.① TP317.1

中国版本图书馆 CIP 数据核字（2021）第 182111 号

责任编辑：贾小红
封面设计：姜　龙
版式设计：文森时代
责任校对：马军令
责任印制：朱雨萌

出版发行：清华大学出版社
　　　　网　　　址：http://www.tup.com.cn，http://www.wqbook.com
　　　　地　　　址：北京清华大学学研大厦 A 座　　　　邮　　编：100084
　　　　社 总 机：010-62770175　　　　邮　　购：010-62786544
　　　　投稿与读者服务：010-62776969，c-service@tup.tsinghua.edu.cn
　　　　质量反馈：010-62772015，zhiliang@tup.tsinghua.edu.cn
印 装 者：小森印刷霸州有限公司
经　　销：全国新华书店
开　　本：170mm×230mm　　　印　　张：15.75　　　字　　数：410 千字
版　　次：2022 年 1 月第 1 版　　　印　　次：2022 年 1 月第 1 次印刷
定　　价：69.80 元

产品编号：090119-01

前◉言

Office 功能强大、操作简单、易学易用，已经被广泛应用于各行各业的办公当中。在日常工作中，我们无论是进行文档撰写、论文著作，还是进行数据统计、报表分析，或者是进行商务演讲、汇报总结等，几乎都离不开它。Office 使得我们的工作过程更加简化、直观、高效，熟练掌握 Office 是目前所有办公人员必备技能之一。

本系列图书的创作团队是长期从事行政管理、HR 管理、营销管理、市场分析、财务管理和教育 / 培训的工作者，以及微软办公软件专家。本书所有写作素材都取材于企业工作中使用的真实数据报表，拿来就能用，能快速提升工作效率。

本书恪守"实用"的原则，力求为读者提供日常办公必知必会的各项常用技能，并以易学、易用、易理解的操作范例进行展示和讲解。书中每一章的内容都围绕特定的办公需求，通过多个知识点组成完整的范例，将 Word\Excel\PPT 各种实用的操作串联起来，帮助读者在实例应用中举一反三。

本书以 Excel 2019 为基础进行讲解，但内容和案例本身同样适用于 Excel 2016/2013/2010/2007/2003 等各个版本。

本书特点

本书针对入门读者的学习特点，从零起步，以技能学习为纲要，以案例制作为单元，通过大量的行业案例的讲解，对 Office 办公软件中的 Word、Excel、PowerPoint 三个组件进行了全面、详细的阐述，让读者在"学"与"用"两个层面上实现融会贯通，真正掌握 Office 办公的精髓。

- 夯实基础，强调实用。本书以全程图解的方式来讲解基础功能，读者在学习过程中能够直观、清晰地看到操作过程与操作效果，更易掌握与理解。同时，本书以范例贯穿全书知识点，每章都含有多个完整、系统的工作案例，读者在干中学，在做中悟，不知不觉即可灵活运用 Office 三大组件的核心必备技能。

- 高清教学视频，易学、易用、易理解。本书采用全程图解的方式讲解操作步骤，清晰直观；同时，本书提供了 271 节同步教学视频，手机扫码，可随时随地观看，帮助读者充分利用碎块化时间，快速、有效地提升 Word、Excel、PPT 高效办公技能。

- 一线行业案例，学以致用。本书所有案例均来自于一线企业，数据更真实、实用，读者可即学即用，随查随用，拿来就能用。

- 经验、技巧荟萃，速查、速练、速用。为避免读者实际工作中走弯路，本书将各种经验、技巧贯穿在案例中，以"专家提醒"的形式进行突出讲解，读者可灵活运用，避免"踩坑"和浪费时间。同时，本书提供了海量的速查技巧、案例、模板、设计素材，读者工作中无论遇到什么问题，都可以随时查阅，快速解决问题，是一本真正的案头必备工具书。
- QQ 群在线答疑，高效学习。

配套学习资源

纸质书内容有限，为方便读者掌握更多的职场办公技能，除本书中提供的案例素材和对应的教学视频外，还免费赠送了一个"职场高效办公技能资源包"，其内容如下。

- **1086 节 Office 办公技巧应用视频**：包含 Word 职场技巧应用视频 179 节，Excel 职场技巧应用视频 674 节，PPT 职场技巧应用视频 233 节。
- **115 节 Office 实操案例视频**：包含 Word 工作案例视频 40 节，Excel 工作案例视频 58 节，PPT 工作案例视频 17 节。
- **1326 个高效办公模板**：包含 Word 常用模板 242 个，Excel 常用模板 936 个，PPT 常用模板 148 个。
- **564 个 Excel 函数应用实例**：包含 Excel 行政管理应用实例 88 个，人力资源应用实例 159 个，市场营销应用实例 84 个，财务管理应用实例 233 个。
- **680 多页速查、实用电子书**：包含 Word/Excel/PPT 实用技巧速查，PPT 美化 100 招。
- **937 个设计素材**：包含各类办公常用图标、图表、特效数字等。

读者扫描本书封底的"文泉云盘"二维码，或微信搜索"清大文森学堂"，可获得加入本书 QQ 交流群的方法。加群时请注明"读者"或书名以验证身份，验证通过后可获取"职场高效办公技能资源包"。

读者对象

本书面向需要提升 Office 办公技能，进而提供工作效率的各层次读者，可作为高效能职场人员的案头必备工具书。本书适合以下人群阅读：

- 天天和数据、表格打交道，被各种数据弄懵圈的财务统计、行政办公人员
- 想提高效率又不知从何下手的资深销售、行政人员
- 刚入职就想尽快搞定工作难题，并在领导面前露一手的职场小白
- 即将毕业，急需打造求职战斗力的学生一族
- 虽然年龄不饶人，仍想学习一些新技能，继续提升自己，转岗就业的人
- 各行各业、各年龄段爱学习不爱加班的人群

本书由赛贝尔资讯策划和组织编写。尽管在写作过程中，我们已力求仔细和精益求精，但不足和疏漏之处仍在所难免。读者朋友在学习过程中，遇到一些难题或是有一些好的建议，欢迎通过清大文森学堂和 QQ 交流群及时向我们反馈。

祝学习快乐！

编　者
2022 年 1 月

目●录

第3章 包含表格的文档编排

第4章 商务文档的编排

第5章 文档审阅及邮件
合并功能的应用

第6章 表格的建立与数据编辑

目录

第7章　表格数据的筛查和分类汇总

第8章　数据透视分析报表

第9章　实用的函数运算

Word / Excel / PPT 2019 高效办公从入门到精通（视频教学版）

第10章 用图表展示数据

第 11 章　幻灯片中文字
的编排与设计

Word / Excel / PPT 2019 高效办公从入门到精通（视频教学版）

第12章 幻灯片中图形、图片的编排与设计

第13章 幻灯片的版式与布局

第14章 动画效果、放映与输出

第1章

纯文本文档的编排

　　创建文本并对 Word 文档设置文本、段落格式，是文本文档的创作基础。新建空白文档之后，需要输入相关的文字并对文字设置字体格式，最后再为文档命名并将文档保存到指定文件夹中。

　　文字的格式设置包括首字下沉，设置文本段落间距、段前段后间距，并为长文本添加编号或者项目符号，以便让文档更有层次感，阅读起来更清晰易懂。

　　编排好文档之后，可以将文档设置打开和修改密码，防止重要的文档内容被篡改。

- 新建与保存 Word 文档
- 文本的输入、选取、复制粘贴和字体格式设置
- 设置段落格式
- 为条目文本添加编号和项目符号
- 文档保护

下面以启动 Word 2019 程序为例，介绍如何创建"活动通知"文档，并将其保存到指定文件夹，同时对文档内的文本设置格式。现在有一份"活动通知"文档（如图 1-1 所示），我们以此文档为例来介绍相关操作要点。

图 1-1

1.1.1 新建 Word 文档

要想使用程序编辑文档，首先必须创建文档，通常我们在启动程序时就已经创建了一个文档，如 Word 文档或 Excel 工作簿、PPT 演示文稿。除此之外，还可以有其他几种方法创建新文档。下面以创建 Word 文档为例介绍操作步骤。

1. 新建空白文档

下面以启动 Word 2019 程序为例，介绍如何创建空白 Word 文档。

❶ 首先进入的是启动界面，界面右侧显示的是最近使用的文件列表（如图 1-2 所示），在右侧单击"新建空白文档"按钮，即可新建空白 Word 文档，如图 1-3 所示。

图 1-2   图 1-3

❷ 如果已经启动了 Word 程序后想再创建一个新文档，则可以在程序界面上单击"文件"选项卡，如图 1-4 所示。

❸ 单击"新建"标签，在界面右侧单击"空白文档"图标（如图 1-5 所示），即可创建新文档。

图 1-4   图 1-5

2. 使用模板创建文档

模板文档是指可以直接套用，从而省去多项设置的一种功能。如果通过给定的模板创建文档，用户可以在排版后的基础上重新输入、修改和编辑文本。Office 程序中的 Word、Excel、PowerPoint 软件都提供了一些模板，用户可以基于这些模板来创建新文档，创建后的文档已具备相应的格式，可以节省实际操作中的一些步骤。下面以 Word 软件为例介绍模板文档的操作步骤。

❶ 单击"文件"选项卡，打开 Word 面板。单击"新建"标签，然后在界面右侧通过拖动滚动条，查找并选择需要的模板，如图 1-6 所示。

图 1-6

❷ 单击需要下载的模板文档后，会弹出如图 1-7 所示的提示框，单击"创建"按钮即可完成模板文档的创建，效果如图 1-8 所示。

图 1-7

图 1-8

1.1.2 保存 Word 文档

创建文档并编辑后如果不保存，那么在关闭程序后此文件将不再存在，因此为了便于文档的编辑和使用，必须将创建的文档保存下来，方便对文档的管理和使用。

首次保存文档时会弹出对话框提示设置文档保存的位置和名称。后期再打开已保存过的文档进行补充编辑时，还是需要随时保存，从而将最新的编辑内容重新更新保存下来。保存文档的操作很重要，同时还可以根据需要选择不同的保存类型，如模板方式、网页方式等，下面以 Word 程序为例介绍文档的保存技巧。

❶ 文档创建并编辑后，单击"文件"选项卡，然后单击"另存为"标签，在右侧的窗口中选择"浏览"命令（如图 1-9 所示），打开"另存为"对话框。

❷ 先在地址框中进入要保存的文件夹的位置，然后在"文件名"文本框中输入保存文档的文件名，如图 1-10 所示。

图 1-9　　　　图 1-10

❸ 完成设置后单击"保存"按钮即可保存文档。保存文档后，在窗口顶部可以看到文档的名称，如图 1-11 所示。

图 1-11

专家提醒

文件首次保存后，在以后的编辑中，用户可随时单击"快速访问工具栏"中的保存按钮，或使用快捷键 Ctrl+S 进行保存。因此在创建文件后无论是否编辑文档，可以先按上面的步骤保存文档，然后在编辑的过程中不断按按钮更新保存。

知识扩展

文档在保存时可以设置保存为不同类型的文档，例如为了保证文档在任何版本中都可以正确打开和编辑，可以将文档保存为兼容模式（"Word 97-2003 文档""Excel 97-2003 文档"）等，具体操作如下。

打开"另存为"对话框，设置保存位置与文件名，单击"保存类型"右侧的下拉按钮，在弹出的列表中选择"Word 97-2003 文档"选项，如图 1-12 所示。

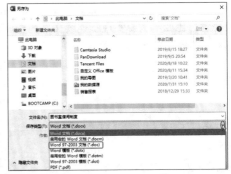

图 1-12

1.1.3 输入文本

使用 Word 程序编辑电子文档，最基础的操作是输入文本。文本是 Word 文档的主体，因此输入文本是重中之重。输入文本时，会包括中文文本、英文文本、特殊符号等。下面以输入"活动通知"文档中的文本为例介绍相关基础操作技巧。

❶ 新建文档后，光标默认在首行顶格位置闪烁，可以直接输入文本，如图 1-13 所示。

❷ 按键盘上的 Enter 键可以形成多个空行，需要在哪里录入内容，则将鼠标光标移至目标位置处，单击一次即可定位光标，依次输入文本即可，如图 1-14 所示。

图 1-13　　　　　图 1-14

1.1.4 文本的快速选取

在文档编辑过程中，要进行文本移动、复制、删除等操作，首先必须准确选取文本。因此能够做到准确无误、快速地选取文本是操作文本前的一项重要工作。下面介绍一些文档编辑中经常需要使用的文本选取技巧，可以提高文本操作的工作效率。

1. 连续与不连续文本的选取

大部分文本选取的技巧都需要配合鼠标和快捷键，比如本例要实现不连续文本的选取，则需要用鼠标配合 Ctrl 键才能实现。

❶ 在打开的 Word 文档中，先将光标定位到想要选取文本内容的起始位置，按住鼠标左键拖曳，到目标位置时释放鼠标，这时可以看到拖曳经过的区域都已被选中，如图 1-15 所示。

❷ 在文档操作中，使用鼠标拖曳的方法先将第 1 个文字区域选中，接着按住 Ctrl 键不放，继续用鼠标拖曳的方法选取不连续的第 2 个文字区域，直到最后一个区域选取完成后，松开 Ctrl 键，可以看到一次性选取了几个不连续的区域，如图 1-16 所示。

图 1-15

图 1-16

2. 选取句、行、段落、块区域等

要在文档中快速选取句子文本（一个完整的句子是指以句号、问号、感叹号等结束的文本），可以使用以下操作方法来实现。在文档操作中，若要选取文档中某个块区域内容，则需要利用 Alt 键配合鼠标才能实现。

❶ 打开文档，按住 Ctrl 键，在该整句的任意处单击鼠标，即可将该句全部选中，如图 1-17 所示。

图 1-17

❷ 将鼠标指针指向要选择行的左侧空白位置，如图 1-18 所示。单击鼠标左键，即可选中该行，如图 1-19 所示。

图 1-18　　　　　图 1-19

❸ 将鼠标指针指向要选择段落的左侧空白位置，

Word / Excel / PPT 2019 高效办公从入门到精通（视频教学版）

如图 1-20 所示。双击鼠标左键，即可选中该段落，如图 1-21 所示。

图 1-20　　　　　　　图 1-21

❹ 先将光标定位在想要选取区域的开始位置，按住 Alt 键不放，按住鼠标左键拖曳至结束位置处释放鼠标，即可实现块区域内容的选取，如图 1-22 所示。

图 1-22

1.1.5 文本字体字号的调整

文字是一个文档中最重要的部分，如果要更好地展现文档的层次、突出重点，则可以通过对文字的字体、字号等格式的设置来实现。在 Word 2019 中，文字默认是"五号"的"等线"字体。而在不同的文档中，为了达到不同的排版要求，需要对不同文本使用不同的字体和字号，一般正文可保持默认设置，而大标题、小标题等可以进行特殊设置。

1. 文本字体和字号

设置文本字体和字号的操作方法如下。

❶ 选中要设置格式的文字，在"开始"选项卡的"字体"组中单击"字体"下拉按钮，在弹出的下拉菜单中选择想使用的字体，如"黑体"，图 1-23 所示。

❷ 保持选中状态，在"开始"选项卡的"字体"组中单击"字号"下拉按钮，在弹出的下拉菜单中选择字号大小，如"二号"，应用后效果如图 1-24 所示。

图 1-23　　　　　　　图 1-24

2. 文本字形和颜色

通过对文字字形和颜色的设置，可以起到区分文字、突出显示的作用，是文档编辑与排版过程中常用的操作。文字字形的设置一般包括"常规""加粗""倾斜"等，而"加粗"和"倾斜"可以同时使用。字体颜色则可以在颜色列表中选择合适的颜色。

❶ 选中要设置格式的文字，在"开始"选项卡的"字体"组中依次单击"加粗"按钮、倾斜体按钮，即可对文字进行相应的设置，如图 1-25 所示。

图 1-25

专家提醒

如果要恢复文字的常规状态，则可在选中状态下，再次单击相应的字形设置按钮，即可还原到常规状态。

❷ 选中要设置颜色的文字，在"开始"选项卡的"字体"组中单击"字体颜色"下拉按钮，在弹出的菜单中选择颜色（如图 1-26 所示），当鼠标指向颜色时即可展现该颜色的应用效果，单击即可应用，字体颜色效果如图 1-27 所示。

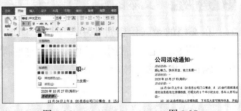

图 1-26　　　　　　　图 1-27

1.1.6 同级标题文本设置相同文字格式

使用"格式刷"能快速将文档中相同级别的文字设置一样的文本格式（包括字体、字号、颜色、字形等样式）。

❶ 如图 1-28 所示，选中已经设置好格式的文本，在"开始"选项卡的"剪贴板"组中双击"格式刷"按钮（单击可以复制格式一次，双击可以复制格式多次），即可进入格式刷取状态。

❷ 此时鼠标光标旁出现一个刷子形状，如图 1-29 所示。

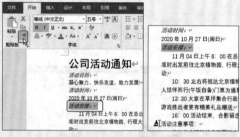

图 1-28　　　　　　图 1-29

❸ 按住鼠标左键不放拖动选取要应用相同文字格式的同级标题文本（如图 1-30 所示），释放鼠标左键完成格式设置，效果如图 1-31 所示。

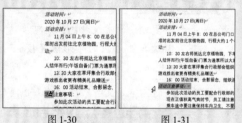

图 1-30　　　　　　图 1-31

❹ 按 Esc 键，可以退出格式刷应用。

1.1.7　文本的快速复制与粘贴

在文档的录入编辑过程中，复制、移动、查找、替换文本是最常用的操作，学会这些操作是编辑文档的必备技能。

1. 复制粘贴文本

使用快捷键和复制粘贴按钮，可以实现指定文本的快速复制和粘贴。

❶ 选中要复制的文本，在"开始"选项卡的"剪贴板"组中单击"复制"按钮（如图 1-32 所示），即可执行文本复制。

❷ 再将鼠标光标放在要粘贴的位置，继续在"开始"选项卡的"剪贴板"组中单击"粘贴"按钮

Word / Excel / PPT 2019 高效办公从入门到精通（视频教学版）

（如图 1-33 所示），即可完成指定文本的复制粘贴。

图 1-32　　　　　　图 1-33

专家提醒

"复制"功能的快捷键是 Ctrl+C 组合键，"粘贴"功能的快捷键是 Ctrl+V 组合键，利用快捷键可以快速实现文本复制和粘贴。

2. "选择性粘贴"功能

"选择性粘贴"功能可以实现一些特殊效果的粘贴技巧。在操作文档的过程中，当需要粘贴文本时，默认选择"保留源格式"形式的粘贴。有时因为文本的源格式不同，粘贴到文本中时，要放弃原来的格式，比如采取合并格式、粘贴为图片、只保留文本等格式的粘贴，都可以使用"选择性粘贴"。

选中并复制文本内容，将鼠标定位到需要粘贴的位置，单击鼠标右键，在弹出的快捷菜单中有四种粘贴方式，分别是"保留源格式""合并格式""图片"和"只保留文本"四种，如图 1-34 所示。

图 1-34

● 单击"保留源格式"按钮，被粘贴的内容会完全保留原始内容的格式和样式；

● 单击"合并格式"按钮，被粘贴的内容保留原始内容的格式，并且合并粘贴目标位置的格式；

● 单击"图片"按钮，被粘贴的内容会被保存为图片格式；

● 单击"只保留文本"按钮，被粘贴的内容删除所有格式和图形，保留无格式的文本。

1.2 ▶ 范例应用2："工作计划"文档

工作计划文档一般是企业在某项工作开始之时要求递交的简易汇报，属于常规文档。但无论哪种类型的办公文档，在文字编辑后都应注重其排版工作。如对文档段落间距的调整、标题文字的特殊设置、条目文本应用有条理的编号等。

如图1-35所示的员工培训工作计划文档，是一张排版完善的文档，下面以此文档为例，介绍相关实现效果的操作。

图1-35

1.2.1 输入特殊符号

有些文档中需要使用一些符号修饰，例如在文档的小标题前插入符号，可以突出小标题，起到代替编号的作用；还可以输入特殊符号，如输入商标符号或版权符号等。特殊符号有版权符、商标符、注册符等几种常用的符号，当文档中需要使用时，可以通过插入符号的方法实现，下面以插入特殊符号为例介绍操作步骤。

❶ 将鼠标指针移至要插入符号的位置，单击即可定位光标，在"插入"选项卡的"符号"组中单击"符号"下拉按钮，在弹出的菜单中选择"其他符号"命令（如图1-36所示），打开"符号"对话框。

❷ 在"符号"选项卡中，单击"字体"右侧的下拉按钮，在下拉列表中选择符号类别，如Wingdings

（默认），然后在下面的符号框中选中需要使用的符号，单击"插入"按钮（如图1-37所示），即可将符号插入到光标处。

图1-36　　　　　　　图1-37

❸ 单击文档的任意位置（不关闭"符号"对话框），返回文档的编辑状态，将光标定位到下一个需要插入符号的位置，选中符号，单击"插入"按钮插入符号。重复相同的操作直到所有符号都插入，如图1-38所示。

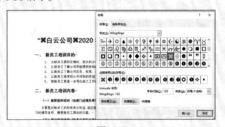

图1-38

❹ 单击"关闭"按钮，即可返回文档中。

1.2.2 设置文本首字下沉效果

首字下沉即在段落开头的第一个字大号显示，一方面可以突出显示首个文字，另一方面也可以美化文档的编排效果。操作方法如下。

❶ 将光标定位到要设置首字下沉的段落中，或者选中段落的首字，在"插入"选项卡的"文本"组中单击"添加首字下沉"下拉按钮，在弹出的下拉列表中选择"首字下沉选项"命令，如图1-39所示。打开"首字下沉"对话框。

❷ 在对话框中的"位置"中选择下沉位置，如"下沉"；在"选项"下的"字体"框中，重新设置字体为"方正姚体"；"下沉行数"设置为"2"，"距正文"设置为"0.2厘米"，如图1-40所示。

❸ 单击"确定"按钮，即可将设置的首字下沉效果应用到段落中，如图1-41所示。

图 1-39

图 1-40

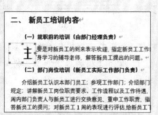

图 1-41

知识扩展

需要注意的是，在设置首字下沉的时候，段落的首字必须位于顶格，即前面不能有缩进字符。如图 1-42 所示，如果首字前首行缩进两字符，此时"添加首字下沉"功能，则会被限制使用。

图 1-42

1.2.3 自定义标题与正文的间距

在输入文档并进行排版时，一般都需要重新设置标题与正文间的间距，这是普通文档的基本格式。下面介绍设置标题段后间距的技巧。

❶ 将光标定位在标题所在的段落中，在"开始"选项卡的"段落"组中单击对话框启动器按钮（如

图 1-43 所示），打开"段落"对话框。

❷ 在"间距"栏中，单击"段后"设置框后面的调节按钮将间距调节为"2行"，如图 1-44 所示。

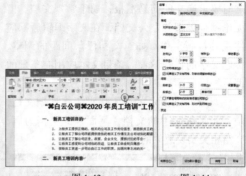

图 1-43　　　　　图 1-44

❸ 单击"确定"按钮可以看到段后间距被调整了，如图 1-45 所示。

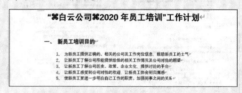

图 1-45

1.2.4 文档段落编排

为了使文档符合商业办公的需求，除了要对字体格式进行设置外，还需要对段落进行编排。例如输入的文本（有些文本可能是通过其他途径复制而来）有时会忽略段落缩进两个字符这种格式，因此在输入主体文本后，可以一次性对相关格式进行调整。

1. 在"段落"对话框中调整缩进

❶ 利用鼠标拖曳的方法选中所有要设置格式的段落。在"开始"选项卡的"段落"组中单击右下角的对话框启动器（如图 1-46 所示），打开"段落"对话框。

图 1-46

❷ 单击"缩进和间距"标签，在"缩进"栏下，设置"左侧"缩进字符为"3 字符"，如图 1-47 所示。

❸ 单击"确定"按钮，则所选段落全部左侧缩进 3 个字符，如图 1-48 所示。

图 1-47　　　　　　　　图 1-48

挂"，再设置"缩进值"为"1 字符"，如图 1-50 所示。

❸ 单击"确定"按钮，即可得到如图 1-51 所示的缩进效果。

图 1-50　　　　　　　　图 1-51

专家提醒

当多处不连续段落都需要设置相同缩进值时，则可以按住 Ctrl 键不放，利用鼠标拖动的方法依次选中多个段落，然后进行格式缩进设置即可。

2. 设置"段落"悬挂缩进

悬挂缩进的效果是段落的首行缩进值不改变，只对其他行的缩进值进行调整。下面通过一个例子介绍具体操作过程。

❶ 利用鼠标拖曳的方法选中所有要设置格式的段落。在"开始"选项卡的"段落"组中单击右下角的对话框启动器（如图 1-49 所示），打开"段落"对话框。

图 1-49

❷ 在"缩进"栏下，设置"左侧"缩进字符为"2 字符"，单击"特殊"格式的下拉按钮，选中"悬

1.2.5　段前段后间距调整

段落间距是对段前和段后间距的设置，即一个段落与其他段落间的距离。此操作对调节小标题很实用，可以让标题与正文迅速区分开来，让文本结构更清晰。

1. 快速设置段落间距

通过"行和段落间距"按钮可以快速设置段前、段后间距。

❶ 选中要设置格式的文本，在"开始"选项卡的"段落"组中单击"行和段落间距"下拉按钮，在弹出的下拉菜单中选择需要使用的间距，如"增加段落前的间距"，如图 1-52 所示，即可增加段前间距，效果如图 1-53 所示。

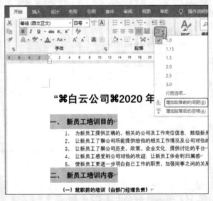

图 1-52

图 1-53

❷ 当鼠标指向"增加段落后的空格"命令时，即可增加段后间距，效果如图 1-54 所示。

图 1-54

2. 自定义设置段落间距

使用"增加段落前的间距"和"增加段落后的空格"命令，是快速调节段前段后间距的方法，但此方法增加的段落间距值是固定的默认值，如果想精确设置间距值，则可以打开"段落"对话框进行调节。

❶ 选中要设置的文本，在"开始"选项卡的"段落"组中单击对话框启动器（如图 1-55 所示），打开"段落"对话框。

❷ 在"间距"栏中，通过单击"段前""段后"右侧的上下调节按钮，以 0.5 行递增或递减行距值，如图 1-56 所示。

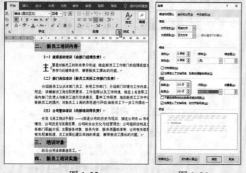

图 1-55   图 1-56

❸ 单击"确定"按钮，可以看到选中的段落段前段后距离已经调节，如图 1-57 所示。

图 1-57

专家提醒

如果一个段落只有一行文本，那么调整行间距的同时就是调整了段落的间距；如果一个段落有多行文本，那么调整行间距指的是每行文字间的间距，调整段落间距则只是调整段前段后间距，同一段落中的行间距不变。

知识扩展

在调整行间距时，如果使用段前和段后设置框后面的调节按钮调节，只能以 0.5 行为单位进行调节。如果只想稍微增大间距，如设置间距为 0.3 行，则可以直接手动在设置框中输入值，如图 1-58 所示。

图 1-58

1.2.6 为条目文本添加编号

项目符号与编号是用来表明内容的大分类、小分类，从而使文章变得层次分明，容易阅读。项目符号可以是符号、小图标、小图片（以简单为主）；编号则是大写数字、阿拉伯数字、字母等，以不同格式展现的一种连续编号。Word 2019 内置了几种项目符号与编号的样式，可供用户选择使用。

1. 直接添加编号

如果要添加编号，可以使用 Word 2019 提供的"编号"列表来实现，具体实现操作如下。

❶ 选中要添加编号的文本，在"开始"选项卡的"段落"组中单击"编号"下拉按钮，在弹出的下拉菜单中选择需要使用的编号样式，如图 1-59 所示。

图 1-59

❷ 单击合适的编号，即可在目标位置插入编号，效果如图 1-60 所示。

图 1-60

在添加项目符号或编号时，不是为每行文字添加项目符号，而是以段为单位添加项目符号。如果多段需要使用项目符号或编号，则可以一次性选中并添加，如果要添加的文本是不连续的，则先配合 Ctrl 键选取不连续的文本后再添加。

2. 自定义编号

如果要自定义编号，可以使用"自定义编号样式"对话框来实现。

❶ 选中要添加编号的文本，在"开始"选项卡的"段落"组中单击"编号"下拉按钮，在弹出的下拉菜单中选择"定义新编号格式"命令，如图 1-61 所示。打开"定义新编号格式"对话框。

图 1-61

❷ 单击"编号样式"下拉按钮，在展开的下拉列表中选择样式，单击"字体"按钮（如图 1-62 所示），打开"字体"对话框。

❸ 对编号的字体格式重新设置，如此处重新设置了字形为倾斜，如图 1-63 所示。

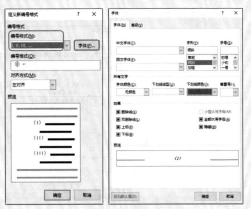

图 1-62　　　　　图 1-63

❹ 依次单击"确定"按钮，即可将自定义的编号应用到文本，如图 1-64 所示。

图 1-64

3. 自定义编号起始值

对编号起始值的设置主要应用于两种情况：多处不连续的文本编号默认编号连续时，将它们依次改为各自从1开始；多处不连续的文本编号默认编号不连续时，将它们改为依次连续的。

如图1-65所示，两处编号默认是连续的，现在要将其更改为各自从1开始编号。

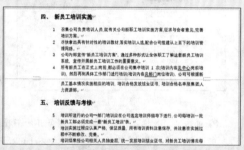

图1-65

❶ 选中第二处编号，单击鼠标右键，从弹出的快捷菜单中选择"重新开始于1"命令（如图1-66所示），设置后效果如图1-67所示。

图1-66

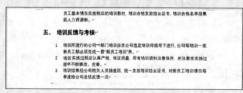

图1-67

❷ 如果各自从1开始的编号需要连续编号，则选中第二处编号，单击鼠标右键，从弹出的快捷菜单中选择"继续编号"命令（如图1-68所示）即可。

图1-68

1.2.7 为条目文本添加项目符号

项目符号可以使文章变得层次分明，容易阅读。项目符号可以是符号、小图片（以简单为主），本节会介绍直接添加项目符号和自定义项目符号的方法。

1. 直接添加项目符号

"项目符号"功能按钮可以直接引用项目符号，具体操作如下。

❶ 选中要添加项目符号的文本，在"开始"选项卡的"段落"组中单击"项目符号"下拉按钮，在弹出的下拉菜单中选择想使用的项目符号样式，如图1-69所示。

❷ 单击合适的项目符号，即可在目标位置插入项目符号，效果如图1-70所示。

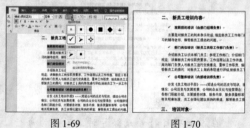

图1-69   图1-70

📖 专家提醒

如果要取消项目符号的添加，那么可以在"项目符号"列表中选择"无"即可。

2. 自定义项目符号

程序内置的项目符号样式有限，除了使用这几种之外，还可以自定义其他样式的项目符号与编号。具体操作方法如下。

❶ 选中要添加编号的文本，在"开始"选项卡的"段落"组中单击"项目符号"下拉按钮，在弹出的下拉菜单中选择"定义新项目符号"命令（如图 1-71 所示），打开"定义新项目符号"对话框。

图 1-71

❷ 如图 1-72 所示，单击"符号"按钮（或单击"图片"按钮选择图片定义项目符号），打开"符号"对话框。

❸ 在符号列表中选中想使用的符号即可，如图 1-73 所示。

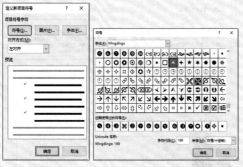

图 1-72　　　　　　图 1-73

❹ 单击"确定"按钮，返回"定义新项目符号"对话框，如图 1-74 所示。

❺ 再次单击"确定"按钮，返回文档，即可在选中的段落文本上添加项目符号，如图 1-75 所示。

图 1-74　　　　　　图 1-75

知识扩展

除了可以设置图片为项目符号外，还可以将电脑中保存的图片自定义为项目符号。

按照本节介绍的步骤打开"定义新项目符号"对话框，单击"图片"按钮，打开"插入图片"对话框，如图 1-76 所示。进入要使用图片的保存目录下，选中图片后，单击"插入"按钮，回到"定义新项目符号"对话框，单击"确定"按钮即可应用自定义的图片项目符号，如图 1-77 所示。

图 1-76　　　　　　图 1-77

3. 调整项目符号的位置

项目符号在调整位置时，不能通过空格键或删除键来实现。如果要调整项目符号的位置，则需要通过标尺上的缩进按钮进行操作。用户只需要选中项目符号，然后拖动标尺上的首行缩进按钮即可。

标尺上的按钮为缩进按钮。左边的三个按钮，从上至下，依次为"首行缩进""悬挂缩进""左缩进"，右边的按钮为"右缩进"。利用它们也可以更直观地调节段落的缩进效果。

❶ 首先显示文档标尺。选中要调整项目符号位置的段落文本，然后将鼠标指针指向标尺上的"首行缩进"按钮，如图 1-78 所示。

图 1-78

13

❷ 按住鼠标左键不放，向左或向右拖动鼠标，在合适位置释放，可以看到项目符号的位置发生了相应的变化，而文本位置不变，如图 1-79 所示。

图 1-79

❸ 当按住"左缩进"按钮进行拖动时，位置发生变化的是文本，如图 1-80 所示。

图 1-80

❹ 当按住"悬挂缩进"按钮进行拖动时，文本和项目符号的位置一起发生变化，如图 1-81 所示。

图 1-81

1.2.8 文档保护

创建好一篇完整的文档并保存之后，下一步需要为文档设置密码保护，以防他人随意篡改或浏览文档。

1. 加密文档

用密码进行加密：用密码保护文档，只有输入密码才能打开。

❶ 打开要加密的文档，单击"文件"选项卡，继续单击"信息"标签，在打开的右侧面板中单击"保护文档"，在弹出的下拉菜单中选择"用密码进行加密"命令，如图 1-82 所示，打开"加密文档"对话框。

图 1-82

❷ 依次输入密码并确认密码即可，如图 1-83 所示。

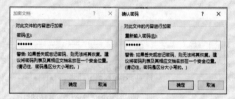

图 1-83

❸ 单击"确定"按钮即可为文档加密，如图 1-84 所示，提示需要密码才能打开该文档。

图 1-84

✎ 专家提醒

如果要取消加密文档设置，可以再次打开"加密文档"对话框，删除文本框中的密码即可。

2. 标记为最终状态

标记为最终状态：让读者知晓此文档是最终版本，并将其设为只读。

❶ 打开要加密的文档，单击"文件"选项卡，

Word / Excel / PPT 2019 高效办公从入门到精通（视频教学版）

继续单击"信息"标签，在打开的右侧面板中单击"保护文档"，在弹出的下拉菜单中选择"标记为最终"命令，如图1-85所示。打开提示框。

❷ 提示框警示用户是否将文档标记为终稿并保存，单击"确定"按钮（如图1-86所示），弹出提示框，此时文档已经被标记为最终状态，如图1-87所示。

图1-85　　　　图1-86

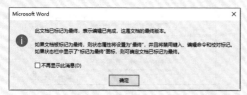

图1-87

❸ 单击"确定"按钮，即可完成设置。如图1-88所示为标记为最终状态的文档。

图1-88

3. 限制编辑

限制编辑：控制其他人允许操作的更改类型。

❶ 打开要加密的文档，单击"文件"选项卡，继续单击"信息"标签，在打开的右侧面板中单击"保护文档"，在弹出的下拉菜单中选择"限制编辑"命令，如图1-89所示。打开"限制编辑"窗格。

图1-89

❷ 在"2.编辑限制"栏中选中"仅允许在文档中进行此类型的编辑"复选框，单击右侧下拉按钮，在列表中单击"不允许任何更改（只读）"，然后在"3.启动强制保护"栏中单击"是，启动强制保护"按钮（如图1-90所示），打开"启动强制保护"对话框。

图1-90

❸ 在"保护方法"栏中选中"密码"单选按钮，并设置密码，如图1-91所示。

图1-91

❹ 单击"确定"按钮返回到文档中，可以看到文本已被保护的提示信息，如图1-92所示。

图 1-92

图 1-93

1.3 妙招技法

1.3.1 自定义文档的保存路径

文档默认保存在"我的文档"文件夹中，但实际工作时，文档基本都需要保存在其他位置，如果近期编写的文档多数需要保存在同一个位置，可以按以下操作方法将该位置设为文档默认保存位置，之后保存文档时将自动保存在该位置。

❶ 单击"文件"选项卡，在打开的面板中选择"选项"命令（如图 1-94 所示），打开"Word 选项"对话框。

图 1-94

❷ 切换至"保存"标签，选中"默认情况下保存到计算机"复选框，并单击"默认本地文件位置"框后的"浏览"按钮（如图 1-95 所示），打开"修改位置"对话框。

❸ 在计算机中找到并选中想保存文件的文件夹，如图 1-96 所示。单击"确定"按钮即可将该文件夹设为默认保存位置，如图 1-97 所示。

图 1-95

图 1-96

图 1-97

1.3.2 输入生僻字的技巧

当某些人名或公司名称包含生僻字时，会给文档的输入工作带来许多麻烦，由于既不知道读音又不会五笔输入法，在输入时往往无从下手。此时，可以利用 Word 2019 提供的"插入符号"功能辅助输入，它不仅可以插入特殊符号，还可以插入生僻字。本例要输入的生僻字为"翖"，具体操作如下。

❶ 首先输入一个与该生僻字有相同偏旁部首的汉字，然后选中该汉字，在"插入"选项卡的"符号"组中单击"符号"按钮（如图 1-98 所示），打开"符号"对话框。

图 1-98

❷ 在"符号"选项卡下，找到需要的生僻字，如图 1-99 所示。

图 1-99

❸ 单击"插入"按钮即可插入生僻字，如图 1-100所示。

图 1-100

1.3.3 远距离移动文本

当文本在不同的页面间进行移动时，使用鼠标进行操作比较麻烦还容易出错，此时可以借助 F2 键进行远距离移动。

❶ 选中要移动的文本，按 F2 键（如果要复制文本，则按 Shift+F2 组合键），窗口左下角显示"移至何处？"提示信息，如图 1-101 所示。

图 1-101

❷ 将光标定位到要移动的位置（为方便学习与查看，本例只在本页中移动），如图 1-102 所示。

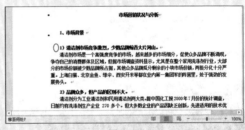

图 1-102

❸ 按 Enter 键即可完成所选文本的移动，如图 1-103所示。

图 1-103

第 2 章

图文混排文档的编排

　　图文混排在 Word 文档设计中的应用非常广泛，用户可以选择符合文档主题的图片作为文档的修饰元素。如果需要在文档任意位置添加文本，还可以通过插入文本框实现，并对文本框设计格式。除了图片，还可以添加图形元素修饰文档。

　　本章会通过公司简介和宣传彩页这两个文档，贯穿各种图形、图片、文本框、图示的设计技巧，帮助用户更好地理解图文编排的应用方式。

- 插入图片修饰文档
- 插入文本框修饰文档
- 插入图形修饰文档
- 添加自定义图形
- 使用图形和 SmartArt 图设计图示

2.1 范例应用1：制作公司简介

公司简介文档（如图2-1所示）是常用的办公文档之一，根据每家公司性质不同，在拟定文本时会有所不同，但它们有着一个共同的特点，就是需要专业排版，让文档最终能呈现商务化的视觉效果。下面以此文档为例来介绍相关的知识点，包括图片、文本框、图形的使用，以及页面底纹和图片水印的设置技巧。

图 2-1

2.1.1 插入图片及调整大小和位置

为了丰富公司简介文字的排版效果并美化文档，需要对整体版面效果进行设计，如设计标题、插入图片和图形元素等。在文档中使用图片，既能提升文档的说服力和可信度，又能美化文档。

1. 插入图片

在文档中插入的图片可以从电脑中选择，也可以插入联机图片，一般我们会将需要使用的图片事先保存到电脑中，然后再按步骤插入。插入图片后可以根据实际情况调整图片的位置和大小。

❶ 将光标定位到需要插入图片的位置，在"插入"选项卡的"插图"组中单击"插入图片"按钮，在弹出的下拉菜单中选择"此设备"命令（如图2-2所示），打开"插入图片"对话框。

图 2-2

❷ 在地址栏中需要逐步定位保存图片的文件夹（也可以从左边的树状目录中依次定位），选中目标图片，如图2-3所示。

图 2-3

❸ 单击"插入"按钮即可插入图片到文档中。

在插入图片时也可以一次性插入多张，前提是要先将想插入的图片保存到同一文件夹中，具体操作如下。

❶ 依次打开"插入图片"对话框，选中第一张图片后，按住Ctrl键不放，依次在其他图片上单击选中其他图片，如图2-4所示。

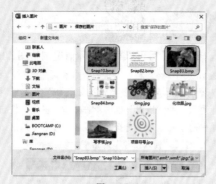

图 2-4

❷ 单击"插入"按钮即可插入选中的所有图片，如图 2-5 所示。

图 2-5

2. 插入图标

插入图标是 Word 2016 版本中新增的功能，是程序提供的一些可供直接使用的 PNG 格式的图标，使用起来非常方便。而在 Word 2019 版本中，图标的可选择类型更加丰富。

❶ 将光标定位到需要插入图标的位置，在"插入"选项卡的"插图"组中单击"插入图标"按钮（如图 2-6 所示），打开"插入图标"对话框。

图 2-6

❷ 左侧列表是对图标的分类，可以选择相应的分类，然后在右侧选择想使用的图标，也可以一次性选中多个，如图 2-7 所示。

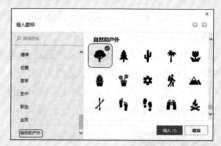

图 2-7

❸ 单击"插入"按钮即可插入图标到文档中，如图 2-8 所示。

图 2-8

3. 调整图片

图片大小的调整主要有两种方法，一是通过鼠标拖动调整，二是通过设置具体尺寸精确修改。具体操作方法如下。

❶ 选中图片，图片四周会显示 8 个控制点，当鼠标指针指向顶角的控制点时，指针会变成倾斜的双向箭头（如图 2-9 所示），通过鼠标的拖动，可以让图片的高、宽同比例增减，如图 2-10 所示。

图 2-9   图 2-10

❷ 选中图片，在"图片工具—格式"选项卡的"大小"组中，在"形状高度"或"形状宽度"数值框中输入精确值（如图 2-11 所示），即可调整图片的大小。

Word / Excel / PPT 2019 高效办公从入门到精通（视频教学版）

图 2-11

知 识 扩 展

移动图片或图标的方法：选中图片，将鼠标指针指向图片上除控点之外的其他任意位置，当指针变为四向箭头时（如图 2-12 所示），按住鼠标左键拖动至目标位置（如图 2-13 所示），释放鼠标即可将图片移至目标位置。

图 2-12   图 2-13

2.1.2 调整图片版式方便移动

图片插入到文档中默认的版式是嵌入型，由于此版式下的图片无法很自由地移动到任意位置，因此为方便图片的设计与排版，需要对版式进行更改。图片版式主要有嵌入型、四周型、紧密型、衬于文字下方、浮于文字上方等类型。而在排版文档时很多时候需要用到文字能环绕图片、或图片衬于文字下方等版式，这时则需要更改图片的版式布局。具体操作方法如下。

❶ 选中图片（默认是嵌入式的），在"图片工具—格式"选项卡的"排列"组中单击"环绕文字"下拉按钮，如图 2-14 所示。

❷ 在弹出的下拉菜单中选择"四周型"命令，此时图片可以任意调整不会遮盖文字，效果如图 2-15 所示。

图 2-14

图 2-15

❸ 按照相同的方法，依次插入其他图片，分别调整到合适的大小并移动位置即可。

知 识 扩 展

在 Word 2019 中选中图片时右上角会出现一个"布局选项"按钮，单击此按钮可以快速设置图片的布局，如图 2-16 所示。

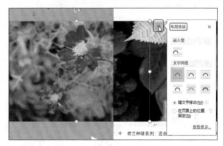

图 2-16

2.1.3 运用文本框灵活排版

直接输入的文字无法自由移动与设计，而文本框可以实现在文档的任意位置输入文本，因此如果想对文本进行一些特殊的设计，例如要把标题处理得更具设计感，在图形上设计文字等，这时就必须要使用文本框。通过使用文本框，一方面使文档编排不再单调，另一方面可以突出文档的重点内容。

1. 插入文本框

❶ 打开"公司简介"文档，在"插入"选项卡的"文本"组中单击"文本框"下拉按钮，弹出下拉菜单，选择"绘制文本框"命令（如图 2-17 所示），鼠标指针会变成十字形状。

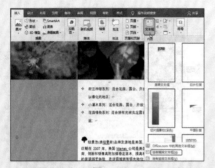

图 2-17

❷ 在文档的顶部单击鼠标左键，并向外拖动绘制文本框，如图 2-18、图 2-19 所示。

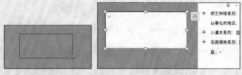

图 2-18　　　　　　图 2-19

❸ 选中文本框，在"文本框工具—格式"选项卡的"形状样式"组中单击"形状填充"下拉按钮，在弹出的菜单中选择"无填充"颜色命令，如图 2-20 所示。单击"轮廓填充"下拉按钮，在弹出的菜单中选择"无轮廓"命令，如图 2-21 所示。

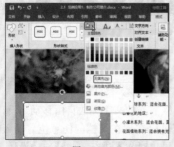

图 2-20

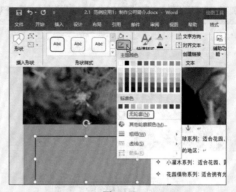

图 2-21

❹ 在文本框中输入文本并设置字体格式，效果如图 2-22 所示。按照相同的方法添加其他文本框并输入文本即可，如图 2-23 所示。

图 2-22　　　　　　图 2-23

知识扩展

在文本框中输入文字时，默认其与文本框边线的距离稍大，如果单独使用文本框，这没什么问题，但是如果我们在图形上用文本框显示文本时，则建议把此值调小。因为如果间距大，无法以最小化的文本框来显示最多的文字，稍放大文字就会让文字自动分配到下一行中，使得整体文字松散不紧凑，这不便于图形与文本框的排版。调整文本距边界的尺寸的方法如下。

选中文本框后单击鼠标右键，在弹出的快捷菜单中选择"设置形状格式"命令，打开"设置形状格式"窗格。单击"布局属性"标签按钮，在"文本框"栏中设置上、下、左、右边距值，如图 2-24 所示（如果文本框要设置为无边框、无轮廓使用也可以都设置为 0）。

Word / Excel / PPT 2019 高效办公从入门到精通（视频教学版）

图 2-24

2. 套用文本框样式

内置的文本框已经设置了格式，而手工绘制的文本框默认采用最简单的格式。无论是内置的文本框，还是手工绘制的文本框，用户都可以重新对文本框设置自定义格式，方法如下。

❶ 打开文档，在"绘图工具—格式"选项卡的"形状样式"组中单击"其他"按钮（如图 2-25 所示），弹出下拉菜单，如图 2-26 所示。

图 2-25

图 2-26

❷ 在展开的下拉列表中选择一种样式，即可应用到文本框中，如图 2-27 所示。

图 2-27

2.1.4　添加图形设计元素

使用 Word 2019 中的形状功能，可绘制出如线条、多边形、箭头、流程图、标注、星与旗帜等图形。使用这些图形组合可以描述操作流程、设计文字效果，并且图形与文字的组合还可以丰富版面效果。

1. 添加自选图形

Word 2019 有多种类型的自选图形，下面介绍自选图形的绘制技巧。

❶ 打开文档，在"插入"选项卡的"插图"组中单击"形状"下拉按钮，弹出下拉列表，在"基本形状"栏中选择等腰三角形图形，如图 2-28 所示。

❷ 单击图形后，鼠标指针变为黑色十字形样式，在需要的位置上按住鼠标左键不放拖动，至合适位置后释放鼠标，即可得到等腰三角形，如图 2-29 所示。拖动上方的旋转按钮，调整等腰三角形的显示角度。

图 2-28　　　　　　　　图 2-29

❸ 选中图形，在"绘图工具—格式"选项卡的"形状样式"组中单击"形状填充"下拉按钮，选中白色，如图 2-30 所示。

23

图 2-30

④ 继续选中图形，在"绘图工具—格式"选项卡的"形状样式"组中单击"形状轮廓"下拉按钮，选择"无轮廓"命令，如图 2-31 所示。

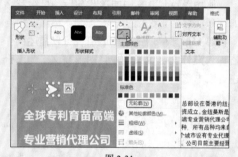

图 2-31

⑤ 按照相同的方法，依次绘制或者复制其他自选图形到相应位置即可。

知识扩展

图形常用于修饰文本，当绘制图形后可以根据需要在图形上添加文字。方法为：选中图形，单击鼠标右键，在弹出的菜单中选择"添加文字"命令（如图 2-32 所示），即可进入文字编辑状态，根据需要输入文本内容即可。

图 2-32

2. 套用形状样式

绘制图形的默认格式一般效果比较单调，而"形状样式"列表中的样式是程序预设的一些可直接套用的样式，方便我们对图形的快速美化。

选中图形，在"绘图工具—格式"选项卡的"形状样式"组中单击"其他"按钮（如图 2-33 所示），展开样式列表，选择合适的样式，单击即可套用（如图 2-34 所示），效果如图 2-35 所示。

图 2-33

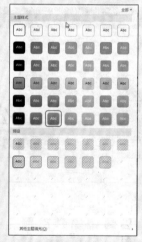

图 2-34

图 2-35

3. 多图形对齐设置

在绘制使用多图形时，很多时候都需要排

列整齐，手动拖动放置一般不容易精确对齐，此时可以利用程序提供的"对齐"功能。对齐类型有横向对齐、垂直对齐、顶端对齐、底端对齐以及横向分布等。操作方法如下。

❶ 同时选中要对齐的多个图形，在"绘图工具—格式"选项卡的"排列"组中单击"对齐"下拉按钮，展开下拉菜单，选择"顶端对齐"命令，如图 2-36 所示。

❷ 进行一次对齐后，保持图形的选中状态，再次在"对齐"按钮的下拉菜单中选择"横向分布"命令，如图 2-37 所示。

图 2-36   图 2-37

❸ 执行上面两步对齐操作后，图形的对齐效果如图 2-38 所示。

图 2-38

4. 多图形组合设置

在对多图形编辑完成后，可以将多个对象组合成一个对象，方便用户对多个图形执行整体移动、调整位置、设置图形外观样式等操作，也可以避免他人对单个图形的无意更改。操作方法如下。

同时选中四个对象，可以按住 Ctrl 键不放，依次选中它们，然后单击鼠标右键，在弹出的菜单中依次选择"组合"子菜单中的"组合"命令（如图 2-39 所示），即可将多个对象组合成一个对象，效果如图 2-40 所示。

图 2-39   图 2-40

2.1.5 设置页面底纹效果

页面底纹默认为白色填充效果，根据实际文档的需要也可以对页面底纹颜色进行更改。底纹颜色和它的深浅度，应该根据实际情况选择。除此之外，还可以设置图案、纹理和图片填充效果。操作方法如下。

❶ 在文档任意位置处单击，然后在"设计"选项卡的"页面背景"组中单击"页面颜色"下拉按钮，在弹出的菜单中选择"填充效果"命令（如图 2-41 所示），打开"填充效果"对话框。

图 2-41

❷ 在"图案"标签下，分别设置图案样式、前景色以及背景色效果，如图 2-42 所示。

图 2-42

❸ 单击"确定"按钮，即可为文档设置指定图案的填充效果，如图 2-43 所示。

图 2-43

2.1.6 图片水印效果

如果要标记自己的专属文档，则可以为文档添加文字水印（比如严禁复制、禁止外传等字样），也可以为文档添加指定图片作为水印效果。

❶ 打开要添加水印的文档，在"设计"选项卡的"页面背景"组中单击"水印"下拉按钮，在弹出的下拉列表中单击"自定义水印"（如图 2-44 所示），打开"水印"对话框。

图 2-44

❷ 选中"图片水印"单选按钮，再单击"选择图片"按钮（如图 2-45 所示），打开"插入图片"对话框。

图 2-45

❸ 单击"浏览"按钮（如图 2-46 所示），在打开的"插入图片"对话框中选择图片即可，如图 2-47 所示。

图 2-46

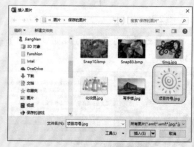

图 2-47

❹ 设置缩放比例为 200%，取消选中"冲蚀"复选框（如图 2-48 所示），单击"确定"按钮返回文档，即可看到文档背景添加的图片水印效果，如图 2-49 所示。

图 2-48

图 2-49

知识扩展

如果要为文档设置文字水印效果，可以在"水印"对话框中选中"文字水印"单选按钮，并依次设置各项参数即可，如图 2-50 所示。

图 2-50

专家提醒

用户也可以直接在"水印"列表中选择内置水印样式。

2.2 范例应用2：宣传彩页

公司宣传彩页文档一般都需要使用图形、图片来辅助设计，在 Word 中合理排版文档，并搭配合理的设计方案，也可以设计出效果不错的宣传彩页文档。如图 2-51 所示的文档，正是在 Word 中制作的宣传彩页，通过图形、图片、颜色的合理组合，得到了不错的效果。下面以这个文档为例，介绍如何在 Word 中制作公司宣传彩页。

2.2.1 绘制任意线条并自定义样式

程序的"形状"列表中显示了多种图形，需要哪种样式的图形都可以进入此处选用。因此只要具备设计思路，则可以使用自选图形设计任意图示效果。首先将基本文字输入到文档中，再按前面学习的排版文档方式对文字进行基本排版。

1. 设置文档顶部的直线格式

❶ 打开"宣传彩页"文档，在顶部预留位置插入小图，添加文本框并输入"本期健康小辞典"文字，右上角的装饰图形可以绘制圆形并按自己的设计思路摆放，如图 2-52 所示。

图 2-51

图 2-52

❷ 下方是两个"矩形"图形拼接放置，并在矩形上绘制文本框，添加文字（这里的文本框都需要设置为无轮廓、无填充的效果，此项操作在 2.1.4 小节已经介绍过），效果如图 2-53 所示。

图 2-53

❸ 在"插入"选项卡的"插图"组中单击"形状"下拉按钮，在展开的"线条"栏中单击"直线"选项（如图 2-54 所示），在图中绘制一条如图 2-55 所示的直线。

图 2-54

图 2-55

❹ 保持线条的选中状态，在"绘图工具—格式"选项卡的"形状样式"组中单击"形状轮廓"下拉按钮，弹出下拉列表，可以对线条的颜色、粗细和线型进行设置，效果如图 2-56 所示。

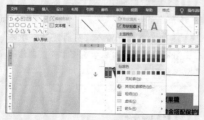

图 2-56

❺ 在"主题颜色"列表中选择线条颜色，然后把鼠标移到"粗细"选项，在打开的子菜单中选择"1 磅"选项（如图 2-57 所示），完成以上操作后系

统会自动关闭下拉列表。

❻ 再次单击"形状填充"下拉按钮，把鼠标移到"虚线"，在打开的子菜单中选择"方点"选项，如图 2-58 所示。

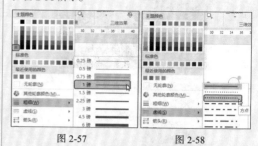

图 2-57　　　　　　　图 2-58

❼ 完成线条的全部格式设置后，得到如图 2-59 所示的效果。

图 2-59

❽ 对图形边框的格式设置与线条一样，选中图形后（例如本例线条旁的两个圆形），在"绘图工具—格式"选项卡的"形状样式"组中单击"形状轮廓"下拉按钮，弹出下拉列表，依次对边框设置与线条相同的颜色、粗细、方点虚线，如图 2-60 所示。效果如图 2-61 所示。

图 2-60

图 2-61

2. 绘制任意曲线

❶ 打开"宣传彩页"文档，在"插入"选项卡

Word / Excel / PPT 2019 高效办公从入门到精通（视频教学版）

的"插图"组中单击"形状"下拉按钮，弹出下拉列表，在"线条"列表框中选择"曲线"图形（如图 2-62 所示），当鼠标指针变成十字形状时，即可在图中任意位置绘制任意形状的曲线。

图 2-62

❷ 首先在文档中的指定位置单击鼠标左键（此位置作为曲线的起点），拖动鼠标到合适位置再单击鼠标左键（此位置作为曲线的转折点），继续拖动到第三个位置单击鼠标左键确定顶点，如图 2-63 所示。

❸ 按照相同的方法，沿着第三点继续绘制曲线，在末尾位置处快速双击鼠标左键，即可完成曲线绘制，如图 2-64 所示。

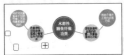 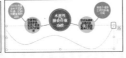

图 2-63　　　　　　图 2-64

❹ 得到曲线线条后，按照 2.1.4 节介绍的方法为其设置外观样式即可。

3. 设置文档底部图形的边框线条格式

❶ 在"插入"选项卡的"插图"组中单击"形状"下拉按钮，在展开的"基本形状"列表框中选择"椭圆"选项。按住 Shift 键，绘制一个圆，半径略小于大圆，如图 2-65 所示。

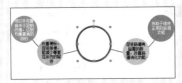

图 2-65

❷ 在"绘图工具—格式"选项卡的"形状样式"组中单击"形状填充"下拉按钮，在弹出的下拉列表中选择"无填充颜色"命令，如图 2-66 所示。

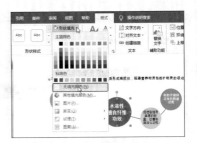

图 2-66

❸ 单击"形状轮廓"下拉按钮（如图 2-67 所示），设置颜色为"白色"，在"粗细"子菜单中选择"1.5 磅"（如图 2-68 所示），在"虚线"子菜单中选择"圆点"，如图 2-69 所示。通过这些边框设置即可得到最终的设计效果。

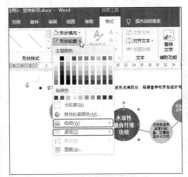

图 2-67

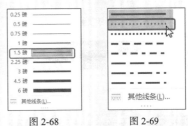

图 2-68　　　　　　图 2-69

2.2.2　文字的艺术效果

使用 Word 提供的艺术字功能，可以让一些大号字体呈现不一样的效果，既能让重点文字突出显示又能美化版面。

❶ 打开"宣传彩页"文档，选中文档顶部矩形上的文字，在"开始"选项卡的"字体"组中单击"文字效果和版式"下拉按钮（如图 2-70 所示），弹出下拉列表。

图 2-70

❷ 在展开的下拉列表中有几种艺术样式（如图 2-71 所示），单击即可套用。

图 2-71

❸ 套用的艺术字样式是基于原字体的，即套用艺术字样式后，只改变文字的外观效果而不改变字体字号，例如上面选择了艺术样式，之前使用的是"等线"，当更改字体后，可以看到它们会保持相同的外观样式，如图 2-72 所示。

图 2-72

2.2.3　在图形上添加文本

绘制图形后，可以在图形上添加文本框来输入文字，从而更便于对文字位置的调整。本节会介绍如何使用内置文本框功能在图形上添加文本内容的技巧。在图形上添加文本框的方法如下。

❶ 在"插入"选项卡的"文本"组中单击"文本框"下拉按钮，弹出下拉列表，在"内置"列表框中单击"简单文本框"选项（如图 2-73 所示），即可插入文本框。在"字体"组中可以设置字体格式，如

图 2-74 所示。

图 2-73

图 2-74

❷ 选中文本框，在"绘图工具—格式"选项卡的"形状样式"组中单击"形状填充"下拉按钮，弹出下拉菜单，选择"无填充"命令，如图 2-75 所示。

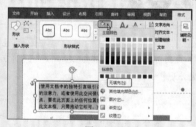

图 2-75

❸ 单击"形状轮廓"下拉按钮，在弹出的下拉菜单中选择"无轮廓"命令，如图 2-76 所示。

图 2-76

④ 把文本框移至指定绘制好的图形上，如图 2-77 所示。

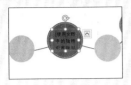

图 2-77

⑤ 利用复制粘贴的方式得到多个无填充、无轮廓的文本框，分别输入文本并设置它们不同的字体格式，摆放于合适的位置上，可以达到如图 2-78 所示的效果。

图 2-78

🔍 专家提醒

在图形上添加文字时不方便对文字位置的任意放置，并且稍放大文字就会超出图形。

如本例的一个图形上就使用了多种不同层次的文字，一共使用了五个文本框，如果采用直接在图形上添加文字的方式，则无法实现，必须采用多文本框组合的方式。

2.2.4 文本框中文本行间距的自定义设置

在文本框中输入文字时，根据所设置的字体不同，有时行间距会比较大，从而造成文字显示比较松散，不能以最佳效果显示于图形上，此时可以对其行间距重新调整。对文本框中文本行间距的设置同文档中的文本行间距设置相同，具体操作如下。

❶ 选中文本框中的文字，在"开始"选项卡的"段落"组中单击对话框启动器（如图 2-79 所示），打开"段落"对话框。

❷ 在"间距"栏下，单击"行距"文本框的下拉按钮，在展开的下列列表中选择"固定值"，然后

在"设置值"数值框中输入"18 磅"，如图 2-80 所示。

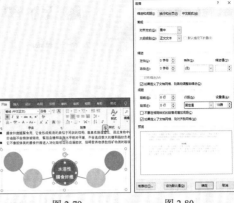

图 2-79　　　　图 2-80

❸ 单击"确定"按钮关闭"段落"对话框，可以看到文本框中的文本行间距变小，调整文本框的大小和文本的居中对齐，得到如图 2-81 所示的效果。

❹ 在其他图形中绘制文本框并输入文本，按照相同的方法，依据实际情况调整间距，如图 2-82 所示。

　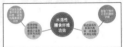

图 2-81　　　　图 2-82

2.2.5 图片衬于文字下方的底图效果

有些文档在编辑及排版操作完成后，可以插入一幅图片作为底图显示，从而增强文档的视觉美化效果。默认插入图片会掩盖文字或其他对象，要实现底图效果，需要按如下方法操作。

1. 插入图片并设置图片版式

本例中可以将插入的图片设置为"衬于文字下方"格式，实现图片作为页面底纹的特殊效果。

❶ 打开"宣传彩页"文档，在"插入"选项卡的"插图"组中单击"图片"下拉按钮，选择"图片"命令（如图 2-83 所示），打开"插入图片"对话框。

❷ 找到背景图片所在位置，选中图片，如图 2-84 所示。

图 2-83　　　　　图 2-84

③ 单击"插入"按钮，即可在文档中插入图片。

④ 选中图片，在"绘图工具"选项卡的"排列"组中单击"环绕文字"下拉按钮，展开下拉列表，选择"衬于文字下方"命令，如图 2-85 所示。更改版式后的图片显示于文字的下方，不影响文档中的文字和图片的显示。

图 2-85

⑤ 手动调整图片至页面大小，如图 2-86 所示。

图 2-86

2. 调整图片色调或应用艺术样式

在文本中使用图片后，如果感觉其颜色与当前版面配色搭配不协调，则还可以对图片的色调进行重调，另外还能为图片应用艺术效果。

① 例如在本例中选中底图，在"图片工具—格式"选项卡的"调整"组中单击"颜色"下拉按钮，弹出下拉列表，在"重新着色"栏中选择"金色—个性色 4 浅色"，如图 2-87 所示。单击即可看到图片颜色发生的变化，效果如图 2-88 所示。

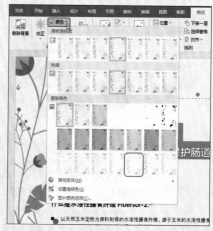

图 2-87

图 2-88

❷ 在"调整"选项组中单击"艺术效果"下拉按钮，弹出下拉列表，选择"虚化"选项，如图2-89所示。单击即可看到图片应用的艺术效果，如图2-90所示。

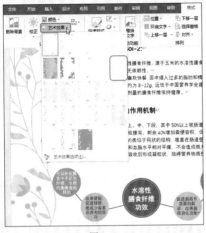

图 2-89

图 2-90

2.3 ▶ 范例应用3：在文档中制作图示

使用 Word 2019 中的形状功能，可绘制出如线条、多边形、箭头、流程图、标注、星与旗帜等图形。使用这些图形可以描述一些组织架构和操作流程，将文本与文本连接起来，并表示出彼此之间的关系。使用图形表达文本可以丰富页面的整体表达效果。本例将使用多图形和 SmartArt 图来制作公司团购活动的方案流程，如图 2-91 所示。

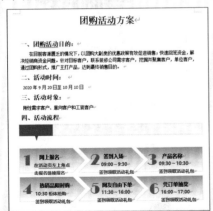

图 2-91

2.3.1 配合多图形建立图示

Word 2019 的"形状"列表中提供了多种图形，需要哪种样式的图形都可以进入直接选用。因此只要具备设计思路，就可以使用自选图形设计任意图示效果。

1. 绘制添加任意需要的图形

❶ 打开"团购活动方案"文档，在"插入"选项卡的"插图"组中单击"形状"下拉按钮，弹出下拉列表，选择"矩形"图形，如图2-92所示。

图 2-92

❷ 单击图形后，鼠标指针变为十字型样式，在

需要的位置上按住鼠标左键不放，拖动至合适位置后释放鼠标，即可得到矩形，如图 2-93 所示。

❸ 在图形上单击鼠标右键，在弹出的菜单中选择"设置形状格式"命令（如图 2-94 所示），打开"设置形状格式"窗格。

图 2-93　　　　　图 2-94

❹ 单击"填充与线条"标签，展开"线条"栏，单击"颜色"下拉按钮，设置颜色为白色，深色 15%，在"宽度"文本框中输入值"2.5 磅"，然后单击"复合类型"右侧下拉按钮，选择"双线"选项，如图 2-95 所示。

❺ 展开"填充"栏，选中"纯色填充"单选按钮，并设置填充色为白色，深色 5%，如图 2-96 所示，最终效果如图 2-97 所示。

图 2-95　　　　　图 2-96

图 2-97

❻ 在"插入"选项卡的"插图"组中单击"形状"下拉按钮，弹出下拉列表，在"流程图"栏中选择"流程图：合并"图形，如图 2-98 所示。

❼ 按住鼠标左键不放，同时向右下角拖动，至合适位置后释放鼠标，即可绘制出图形。选中图形，在"绘图工具—格式"选项卡的"形状样式"组中单击"形状填充"下拉按钮，选中"深红"，如图 2-99 所示。

图 2-98

图 2-99

❽ 单击"形状轮廓"下拉按钮，在下拉菜单中选择"无轮廓"命令，如图 2-100 所示。

图 2-100

❾ 按照相同的方法，绘制一个矩形，填充颜色为"深红""无轮廓"，按图 2-101 所示的样式放置。

图 2-101

Word / Excel / PPT 2019 高效办公从入门到精通（视频教学版）

知识扩展

当图形过多，并叠放在一起时，需要合理的设置图形的叠放次序。如图 2-102 所示，选中最长的图形，然后单击鼠标右键，在弹出的菜单中依次执行"置于底层"→"置于底层"操作，即可将所选中的图形放置在底层，如图 2-103 所示。

图 2-102

图 2-103

2. 调节图形顶点变换为所需图形

虽然程序提供了众多自选图形，但是有时却不一定能完成满足需要，这时可以对图形的顶点进行变换。通过拖动图形的顶点可任意调节图形的形状，使得形状的外观更符合实际文档的设计需求。下面以在活动安排流程中变换图形顶点为例介绍。

❶ 打开文档，在"插入"选项卡的"插图"组中单击"形状"下拉按钮，弹出下拉列表，在"箭头总汇"栏中选择"箭头：五边形"图形，如图 2-104 所示。

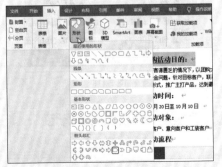

图 2-104

❷ 按住鼠标左键不放，同时向右下角拖动，至合适位置后释放鼠标，绘制出一个"箭头：五边形"图形，如图 2-105 所示。

图 2-105

❸ 在"插入"选项卡的"插图"组中单击"形状"下拉按钮，弹出下拉列表，在"箭头总汇"栏中选择"箭头：V 形"图形，如图 2-106 所示。

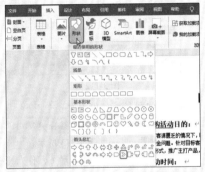

图 2-106

❹ 按住鼠标左键不放，同时向右下角拖动，至合适位置后释放鼠标，绘制出一个"箭头：V 形"图形，如图 2-107 所示。通过在"大小"组中设置参数，调整两个图形同高同宽。

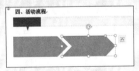

图 2-107

❺ 按照相同的方法，再绘制一个"箭头：V 形"图形。在"绘图工具—格式"选项卡的"插入形状"组中单击"编辑形状"下拉按钮，在弹出的下拉菜单中选择"编辑顶点"命令，如图 2-108 所示。此时图形的顶点会变成黑色实心正方形，鼠标放在顶点位置上，会变成如图 2-109 所示的形状。

❻ 单击右上角的顶点，并向上拖动至适当的位置后释放（如图 2-110 所示），即可调整图形的外观，如图 2-111 所示。

35

图 2-108

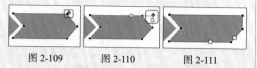

图 2-109　　　图 2-110　　　图 2-111

❼ 调整另一个顶点，得到如图 2-112 所示的图形。

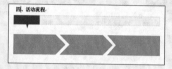

图 2-112

❽ 按住 Ctrl 键不放，依次在各个图形上单击，将三个图形同时选中，按 Ctrl+C 组合键复制，再按 Ctrl+V 组合键粘贴一次，如图 2-113 所示。

❾ 将光标放在粘贴得到的图形上，待光标变成四向箭头时，按住鼠标左键进行拖动，将图形移到合适的位置，如图 2-114 所示。

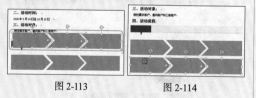

图 2-113　　　　　图 2-114

2.3.2　自定义设置图形的边框

图形边框的线条可以设置为实线或虚线，也可以设置线条的粗细和颜色。图形边框的设置是依据于文档的整体风格决定的。首先在本节绘制的图形中依次添加文本框并输入文本，图形中添加文本的方法可见 2.2.3 节介绍的操作步骤。

❶ 打开文档，选中图形后右击，在弹出的菜单中选择"设置形状格式"命令（如图 2-115 所示），打开"设置形状格式"窗格。

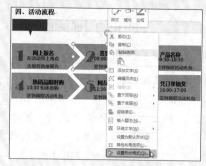

图 2-115

❷ 单击"填充与线条"标签，展开"线条"栏，选中"实线"单选按钮，单击"颜色"设置下拉按钮，在展开的列表中选择需要使用的颜色，在"宽度"设置框中设置线条的宽度为"1.5 磅"，如图 2-116、图 2-117 所示。

图 2-116　　　　　图 2-117

❸ 完成以上设置，通过对比可以看到只有第一个图形显示了所设置的边框，其他图形还是默认边框，如图 2-118 所示。使用格式刷功能即可快速应用相同的边框效果（2.3.3 节会介绍格式刷的操作方法）。

图 2-118

2.3.3　设置图形的渐变填充效果

在文档中应用图形后，为图形设置填充颜

色一般来说是一个必要的美化步骤。图形的填充一般分为纯色填充、渐变填充、图片或文理填充、图案填充四种。为图形设置渐变填充效果时，可以先选择颜色，然后程序会根据所选择的颜色给出几种可选择的渐变方式，因此可以从几种预设的渐变效果中快速选择使用。

❶ 选中第一个图形，在"绘图工具—格式"选项卡的"形状样式"组中单击"形状填充"下拉按钮，弹出下拉菜单，选中"白色"颜色，如图2-119所示。

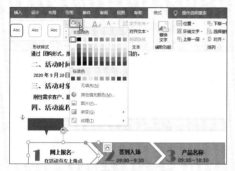
图 2-119

❷ 再次打开"形状填充"下拉菜单，依次选择"渐变"子菜单中的"线性向下"命令，如图2-120所示。

图 2-120

❸ 完成全部设置后，即可为图形设置渐变填充效果，如图2-121所示。

图 2-121

❹ 选中设置完成的第一个图形，在"开始"选项卡的"剪贴板"组中双击"格式刷"按钮，如图2-122所示（单击"格式刷"按钮可刷一次格式，双击"格式刷"按钮可多次重复复制格式）。

图 2-122

❺ 双击"格式刷"后，鼠标移至文档中，即可看到光标变成了刷子形状（如图2-123所示），在图形上单击一次，即可复制格式，如图2-124所示。

图 2-123　　　　　图 2-124

❻ 利用"格式刷"功能，给其他图形快速填充相同的格式，如图2-125所示。

图 2-125

❼ 完成所有的设置后，"团购活动方案"文档编辑完成，如图2-126所示。

图 2-126

图 2-130　　　　　图 2-131

知识扩展

在设置图形的渐变填充效果时，除了采用上面正文中介绍的方法，先设置基本颜色，然后从"形状填充"→"渐变"子菜单中选择渐变效果外，还可以设置更加丰富的渐变效果，有很多丰富的效果可以选择，其操作方法如下。

选中图形，在"绘图工具—格式"→"形状样式"选项组中单击 按钮，打开"设置形状格式"右侧窗口。展开"填充"栏，选中"渐变填充"单选按钮，下面多个选项都可对渐变的参数进行设置，如图 2-127 所示。

例如，单击"预设渐变"的下拉按钮，在展开的下拉列表中可快速选择渐变的样式与颜色，如图 2-128 所示；单击"类型"的下拉按钮，可以选择渐变的类型（初学者可尝试选择不同类型，查看其对应的渐变效果），如图 2-129 所示。

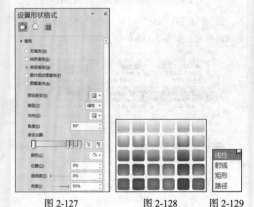

图 2-127　　　　图 2-128　　　　图 2-129

单击"方向"的下拉按钮，可以选择渐变的方向（这其中的效果根据所选择的渐变类型而有所不同），如图 2-130 所示。

选中下面的渐变光圈，在"颜色"框下拉列表中可重新选择光圈颜色，并且也可以通过相关按钮来新增或删除光圈，如图 2-131 所示。

2.3.4　使用 SmartArt 图建立图示

通过插入形状并合理布局可以实现表示流程、层次结构和列表等关系，但要想获取完美的效果，其操作步骤一般会比较多，因为图形需要逐一添加并编辑。在 Word 2019 中也提供了 SmartArt 图形功能，利用它可以很方便地表达多种数据关系。

1. 创建 SmartArt 图

下面需要为"活动对象"内容设置 SmartArt 图。

❶ 打开文档，在"插入"选项卡的"插图"组中单击 SmartArt 按钮（如图 2-132 所示），打开"选择 SmartArt 图形"对话框。

图 2-132

❷ 单击滚动条按钮，向下拖动，在列表中选择"循环"→"射线循环"选项，如图 2-133 所示。

图 2-133

❸ 单击"确定"按钮，即可在文档中插入 SmartArt 图形（默认图形），如图 2-134 所示。

❹ 选中其中一个图形后单击鼠标右键，在弹出的菜单中依次选择"添加形状"子菜单中的"在后面添加形状"命令（如图 2-135 所示），即可添加形状。

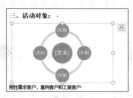

图 2-134

图 2-135

⑤ 根据我们当前的实际情况，需要添加一个形状，如图 2-136 所示为添加了一个形状的 SmartArt 图形。

⑥ 在形状上单击鼠标左键，即可定位光标，输入文本内容，如图 2-137 所示。

⑦ 选中图形，鼠标指针指向四周的控点，按住鼠标左键拖动即可调节图形的大小（与调节图形、图片大小的方法一样），如图 2-138 所示。

图 2-136

图 2-137

图 2-138

知识扩展

创建 SmartArt 图时，默认的形状中会有"文本"提示字样，单击即可定位光标输入文字，而新添加的图形中无此提示，要添加文字需要单击图形左侧的 按钮，展开文本输入窗口，在其中定位光标即可输入，如图 2-139 所示。

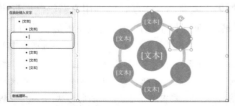

图 2-139

2. 美化 SmartArt 图

创建好的 SmartArt 图样式默认是蓝色底纹填充，用户可以根据当前文档的设计风格，为 SmartArt 图一键应用颜色和样式外观。

❶ 选中 SmartArt 图形，在"SmartArt 工具—设计"选项卡的"SmartArt 样式"组中单击"更改颜色"下拉按钮（如图 2-140 所示），弹出下拉列表。

❷ 在打开的列表框栏中选择"彩色填充—个性色 2-4"（如图 2-141 所示），即可更改图形的颜色。

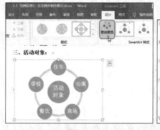
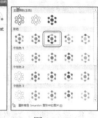

图 2-140　　　　图 2-141

❸ 保持 SmartArt 图形选中状态，在"SmartArt 样式"选项组中单击列表框右下角的"其他"按钮（如图 2-142 所示），在打开的列表框的"文稿的最佳匹配对象"栏中选择"强烈效果"选项（如图 2-143 所示），即可得到如图 2-144 所示的效果。

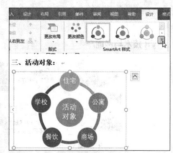

图 2-142

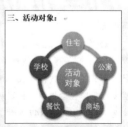

图 2-143　　　　图 2-144

2.4 妙招技法

在文档中应用了图形、图片之后，可以使用"背景删除"功能将图片的背景删除，只留下关键的部分；也可以重新修改已经绘制好的图形外观，将精心设计好的图形效果保存为默认效果，省去了重新设置相同图形格式的步骤，提高工作效率；也可以一键清除所有复杂的图形样式，恢复原始图片的效果。

2.4.1 抠出图片背景的技巧

"删除背景"功能实际是实现抠图的操作，在过去的版本中要想抠图必须借助其他图片处理工具，而现在用户在 Word 2019 中可以直接实现抠图。假设文档中的图片有白色底纹，不能很完善地与文档的页面颜色相融合，就可以利用"删除背景"功能将白色底纹删除，具体操作如下。

❶ 选中图片，在"图片工具—格式"选项卡的"调整"组中单击"删除背景"按钮，如图 2-145 所示。

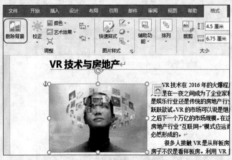

图 2-145

❷ 执行上述操作后即可进入背景消除工作状态（在默认情况下，变色的区域为要删除区域，本色的区域为保留区域），先拖动图片上的矩形框确定要保留的大致区域。

❸ 在"背景消除"选项卡的"优化"组中单击"标记要保留的区域"按钮（如图 2-146 所示），此时鼠标变成铅笔形状，如果有想保留的区域已变色，那么就在那个位置拖动，直到所有想保留的区域都保持本色为止，如图 2-147 所示。最后单击"保留更改"按钮，得到如图 2-148 所示的背景删除效果。

图 2-146

图 2-147

图 2-148

2.4.2 快速重设图形形状

绘制了图形，对其进行各种效果的设置后，如果不满意图片形状，则不用重新绘制图形再设置，通过以下操作直接更改图形形状即可。

选中图形（如果一次性更改多个就一次性选中），在"图片工具—格式"选项卡的"插入形状"组中单击"编辑形状"按钮，在下拉列表中单击"更改形状"，在子菜单中选择想更改的目标形状（如图 2-149 所示），即可更改图形形状，如图 2-150 所示。

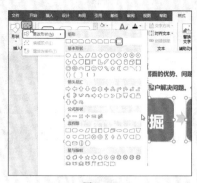

图 2-149

图 2-150

2.4.3　将设置好的图形效果设置为默认效果

将设置好的图形效果设置为默认效果，下次无论绘制什么形状的图形都会自动应用此效果。

❶ 选中设置好的图形，单击右键，在弹出的菜单中选择"设置为默认形状"命令，如图 2-151 所示。

图 2-151

❷ 设置完成后，绘制任何图形都使用这一效果，如图 2-152 所示。

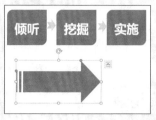

图 2-152

2.4.4　快速还原图片原状的技巧

用户在编辑图片时，有时会进行反复调整，如果结果不满意，则需要将图片恢复原始状态，这时可以通过"重设图片"功能迅速将图片恢复到原始状态。

❶ 选中需要恢复的图片，在"图片工具—格式"选项卡下"调整"组中单击"重设图片"功能按钮，如图 2-153 所示。

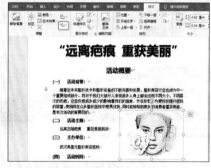

图 2-153

❷ 执行上述操作，即可恢复图片到原始状态，效果如图 2-154 所示。

图 2-154

第3章

包含表格的文档编排

在 Word 文档中可以添加表格说明数据，表格的操作技巧和在 Excel 中基本相同。包括单元格的合并拆分、调整行高和列宽等，可以让表格和文档整体版式更加贴合。将文字无法表达的内容转换为表格形式，让数据展示更加清晰明了，在整个文档编排上起到锦上添花的作用。

- 插入指定行、列数的表格
- 表格的合并、拆分
- 表格的列宽、行高调整
- 表格文本对齐设置
- 表格文字竖向显示
- 表格与文本的环绕混排

3.1 范例应用1：制作信息登记表

Word 文档中常常会需要添加表格，例如本例需要创建的信息登记表，此信息登录表是文本加表格的综合排版效果。这种类型的文档也是日常办公中经常要用到的文档，如图 3-1 所示。

图 3-1

3.1.1 插入指定行列数的表格

有些文档在编辑过程中需要配备表格。当需要插入表格时，先将光标定位到目标位置上，然后使用 Word 中的表格功能插入表格。

❶ 打开"乐加绘画信息表"文档，在"插入"选项卡的"表格"组中单击"表格"下拉按钮，弹出下拉菜单，选择"插入表格"命令（如图 3-2 所示），打开"插入表格"对话框。

❷ 在"表格尺寸"栏的"列数"数值框中输入 9，在"行数"数值框中输入 10，如图 3-3 所示。

图 3-2　　　　　　　图 3-3

❸ 单击"确定"按钮，即可在文档中插入一个"10 行，9 列"的表格，如图 3-4 所示。

图 3-4

3.1.2 按表格结构合并单元格

插入的表格结构是最基本的结构，在实际应用中，当有一对多的关系时，常常需要合并或拆分单元格才能达到实际要求。因此我们可以通过合并多个单元格或拆分单元格的操作来布局表格的结构。

❶ 选中需要合并的单元格，在"表格工具—布局"选项卡的"合并"组中单击"合并单元格"按钮（如图 3-5 所示），即可将选中的多个单元格合并为一个单元格，如图 3-6 所示。

图 3-5　　　　　　　图 3-6

❷ 在合并的单元格中单击定位光标，输入文本"学员基本情况"，如图 3-7 所示。

❸ 再按照相同的方法，合并其他需要合并的单元格，并输入信息，如图 3-8 所示。

图 3-7　　　　　　　图 3-8

❹ 选择需要拆分的单元格，在"合并"组中单击"拆分单元格"按钮（如图 3-9 所示），打开"拆分单元格"对话框。

图 3-9

⑤ 在"列数"数值框中输入 2，如图 3-10 所示。

⑥ 单击"确定"按钮，即可将选中的单元格拆分为两列，根据实际需要分别输入文本即可，如图 3-11 所示。

图 3-10    图 3-11

3.1.3 按表格的结构调整行高和列宽

调整行高和列宽有两种方法可选择，分别如下。

1. 在"单元格大小"组中精确调整

绘制表格后，可以精确调整表格的行高和列宽，让表格和文档布局更融入。

❶ 选中需要调整行高或列宽的表格，在"表格工具—布局"选项卡的"单元格大小"组中的"高度"数值框中输入"0.6 厘米"（如图 3-12 所示），按 Enter 键，即可一次性调整单元格的行高。

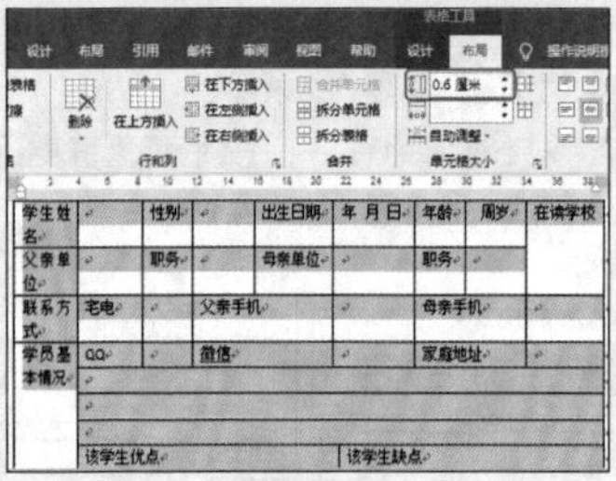

图 3-12

❷ 要调整列宽，则在"宽度"设置框中输入目标值即可。

2. 手动调整

❶ 将光标移至需要调整列宽的边框线上，当鼠标变成双向箭头时，按住鼠标左键向右拖动增加列宽，向左拖动减小列宽，如图 3-13 所示。

❷ 将光标移至需要调整行高的边框线上，当鼠标变成双向箭头时，按住鼠标左键向上拖动减小行高，向下拖动增加行高，如图 3-14 所示。

图 3-13   图 3-14

❸ 用同样的方法继续调整表格中其他单元格的行高和列宽，如图 3-15 所示。

❹ 在单元格中输入其他文本，完善表格的内容的编制，如图 3-16 所示。

图 3-15   图 3-16

3.1.4 设置表格中文本的对齐方式

表格中的文字对齐方式有九种，为了使表格的文本整齐有条理，可以为表格中的文本合理设置对齐方式。

❶ 光标移至表格内，表格的左上角会出现"选择表格"按钮 ⊞，单击 ⊞，即可选中整个表格，如图 3-17 所示。

图 3-17

❷ 在"表格工具—布局"选项卡的"对齐方式"组中单击"水平居中"按钮（如图 3-18 所示），即可设置文本全部水平居中（即横向纵向都居中），如

图 3-19 所示。

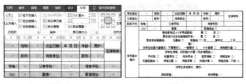

| 图 3-18 | 图 3-19 |

❸ 选择需要设置其他对齐方式的单元格，在"对齐方式"选项组中单击"中部两端对齐"按钮（如图 3-20 所示），即可对其他部分单元格的对齐方式重新调整。

图 3-20

❹ 如果还有其他部分单元格需要使用不同的对齐方式，则按照相同的方法进行设置，全部设置完成后，效果如图 3-21 所示。

图 3-21

3.1.5 设置表格文字竖向显示

表格中的文字默认为横向显示，在某些情况下将文字设置为竖向显示效果会更好。Word 提供的"文字方向"功能，可以快速实现文字横纵向显示的相互转换。

❶ 选中"学员基本情况"文本，在"表格工具—布局"选项卡的"对齐方式"组中单击"文字方

向"按钮（如图 3-22 所示），即可将文字设置为竖向显示，如图 3-23 所示。

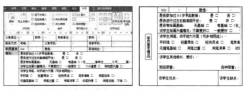

| 图 3-22 | 图 3-23 |

❷ 选中"学员基本情况"文本，在"开始"选项卡的"字体"组中单击对话框启动器，打开"字体"对话框，在"字体"标签下，依次设置字体格式为"加粗""三号"，如图 3-24 所示。

❸ 单击"高级"标签，在"间距"下拉列表中选中"加宽"，"磅值"数值框输入"1 磅"，如图 3-25 所示。

| 图 3-24 | 图 3-25 |

❹ 单击"确定"按钮，返回到文档中，即可看到文字改变了字体，并且间距也增大了，如图 3-26 所示。

图 3-26

3.1.6 用图形、图片设计页面页眉、页脚

在页眉中使用的图片，除了 LOGO 图片

外，还可以在页眉顶部插入图片和图形，起到美化文档的作用，具体操作如下。

1. 图片修饰页眉

❶ 在"页眉和页脚工具—设计"选项卡的"插入"组中单击"图片"按钮（如图3-27所示），打开"插入图片"对话框。

❷ 在左边的目录树中确定要使用图片的保存位置，选中目标图片，如图3-28所示。

图3-27　　　　　图3-28

❸ 单击"插入"按钮，即可将图片插入到页眉中。

❹ 单击图片右上角的"布局选项"按钮，在弹出的菜单中选择"上下型环绕"选项，如图3-29所示。

❺ 单击"关闭"按钮，关闭"布局选项"窗格。鼠标指针指向图片，待光标变成四向箭头后，按住鼠标左键不放并拖动，将图片移至如图3-30所示的位置。

图3-29　　　　　图3-30

✒ **专家提醒**

除了LOGO图片外，如果还要在页眉、页脚中使用图片，要注意对图片的合理选取。例如本例中的图片都是事先处理好的，应用到页眉与页脚中非常合适，如果随意拉来图片就使用，那么只会让文档的效果更加糟糕。

2. 图形修饰页眉

❶ 打开"乐加绘画信息表"文档，在"插入"选项卡的"插图"组中单击"形状"下拉按钮，弹出下拉菜单，选择"不完整图"命令（如图3-31所示），即可绘制图形。

图3-31

❷ 在合适位置绘制一个图形后并复制，选中复制的图形，在"格式"选项卡的"形状样式"组中单击"旋转"下拉按钮，在打开的下拉列表中单击"水平翻转"即可，如图3-32所示。

图3-32

❸ 选中图形，在"格式"选项卡的"形状样式"组中单击▼按钮，在打开的下拉列表中选择需要的样式即可，如图3-33所示。在中间位置输入页眉修饰文字，效果如图3-34所示。

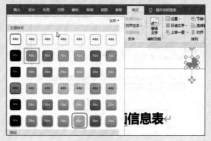

图3-33

图3-34

Word / Excel / PPT 2019 高效办公从入门到精通（视频教学版）

3.2 ▶ 范例应用2：参数配置表的排版

完成表格基本架构的设计之后，还可以根据实际文档编排需求，重新设定表格和文本的环绕效果、对表格执行复制移动，以及设置表格内容根据实际情况自动调整宽度。

3.2.1 表格与文本的环绕混排

表格插入到文档中之后与图片一样默认是嵌入式版式，当表格较窄时，可以通过重新设置表格的版式来实现环绕混排。

❶ 选中表格，在"表格工具—布局"选项卡的"表"组中单击"属性"功能按钮，打开"表格属性"对话框，如图 3-35 所示。

❷ 单击"表格"标签，在"文字环绕"标签下选择"环绕"，如图 3-36 所示。

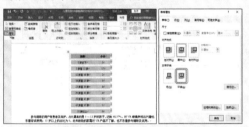

图 3-35　　　　　　　图 3-36

❸ 单击"确定"按钮，即可看到如图 3-37 所示表格。选中表格，鼠标指针指向左上角的四向箭头，按住鼠标左键拖动到需要的位置上，拖动时表格四周的文本自动环绕重排，如图 3-38 所示。

图 3-37

图 3-38

3.2.2 根据内容自动调整表格宽度

绘制表格后，表格的宽度是默认的，当在单元格内输入文本之后，可以根据需要的效果设置表格的宽度自动适应输入的数据及文本内容。

❶ 选中表格，在"布局"选项卡的"单元格大小"组中单击"自动调整"下拉按钮，在打开的下拉列表中选择"根据内容自动调整表格"命令，如图 3-39 所示。

❷ 此时可以看到文档中的表格宽度自动适应表格内容，加大了列宽，效果如图 3-40 所示。

图 3-39　　　　　　　图 3-40

3.2.3 打印信息登记表

信息登记表是设计出来供用户编辑填写的，因此编辑完成后需要将信息登记表打印出来以便投入使用。

❶ 打开"乐加绘画信息表"文档，单击"文件"选项卡（如图 3-41 所示），打开"开始"提示面板。

❷ 单击"打印"选项，打开"打印"提示面板。在右侧的窗口中会给出打印的预览效果，如图 3-42 所示。

图 3-41　　　　　　　图 3-42

❸ 在"份数"数值框中输入数值，设置打印的份数。如果用户需要调整打印的效果，则可以在打印参数设置框下方单击"页面设置"链接（如图 3-43

所示），进入"页面设置"对话框进行调整。

④ 单击"页边距"标签，可对"上""下""左""右"边距进行调整，如图 3-44 所示。

⑤ 单击"纸张"标签，再单击"纸张大小"右侧下拉按钮，在下拉列表中选择需要的纸张，如图 3-45 所示。返回打印面板中，单击"纵向"右侧下拉按钮，可以在列表中设置横向还是纵向打印表格（如图 3-46 所示），最后单击"打印"按钮即可执行打印。

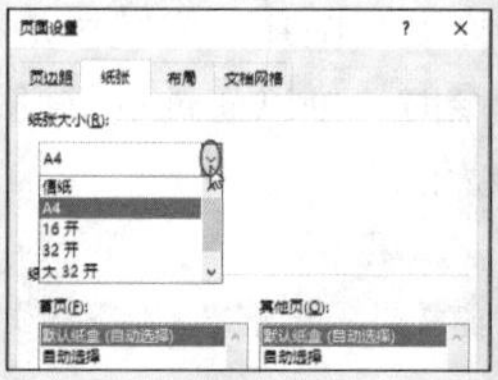

图 3-43　　　　图 3-44

图 3-45 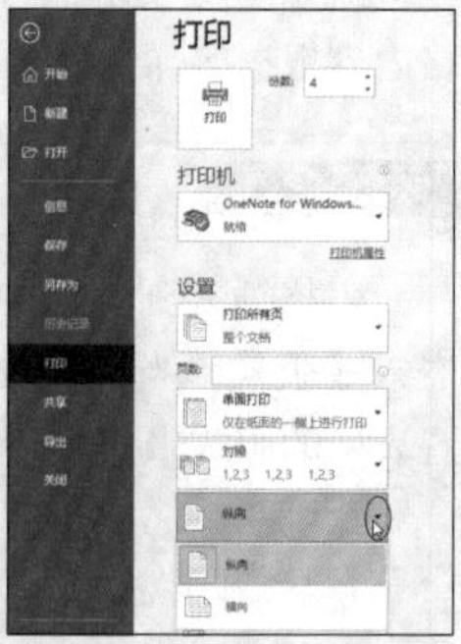　　　　图 3-46

3.3　妙招技法

3.3.1　让跨页的长表格每页都包含表头

当表格超过一页时，除第 1 页外，后续页面不显示列标题，因此很难分辨每一列的主题，可以根据需要设置让列标题在每一页都显示，以方便用户使用和查看。

❶ 选择表头，在"表格工具—布局"选项卡下的"数据"组中，单击"重复标题行"按钮，如 3-47 所示。

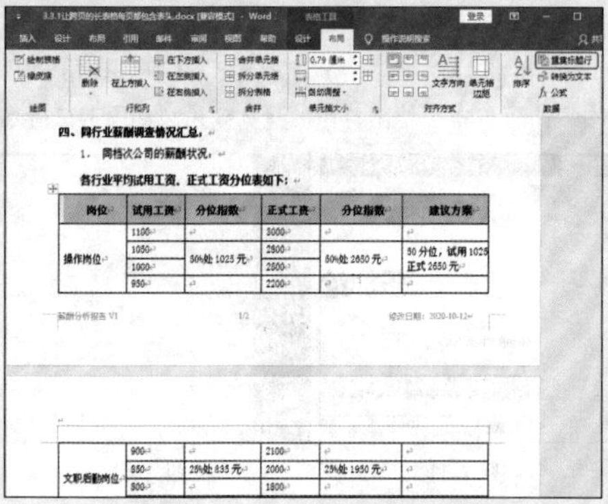

图 3-47

❷ 完成上述操作后，可以看到跨页的表格也显示了列标题，如图 3-48 所示。

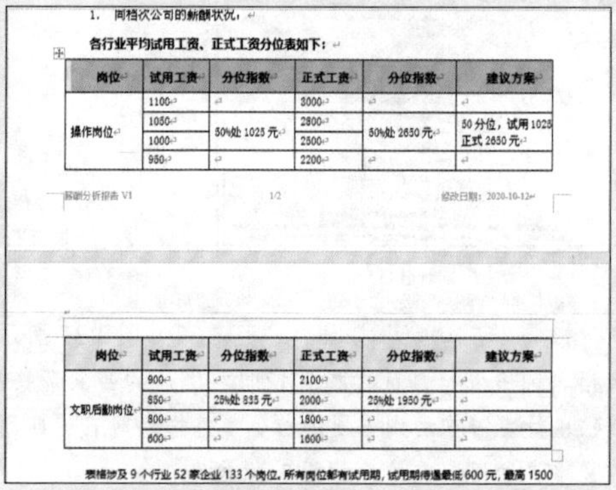

图 3-48

3.3.2　自动调整表格宽度实现快速布局

如果表格内容较复杂，则通过逐个调整表格行高或列宽的方式，将表格调整到最合适的状态需要进行多步操作。此时，可以利用"自动调整"功能实现快速合理布局。例如可以快速调整表格与当前文本同宽。

❶ 选中表格，在"表格工具—布局"选项卡下的"单元格大小"组中单击"自动调整"下拉按钮，

Word / Excel / PPT 2019 高效办公从入门到精通（视频教学版）

在下拉菜单中选择"根据窗口自动调整表格"命令，如图3-49所示。

图 3-49

② 单击后返回文档，即可看到表格内容自动根据文档窗口显示，效果如图3-50所示。

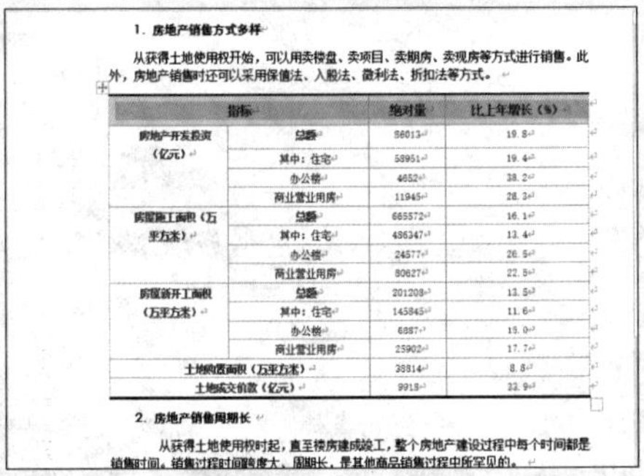

图 3-50

3.3.3 将规则文本转换为表格显示

如果在输入文字或数据时，每个项目之间用同一符号（如逗号、制表符或空格键等）分隔开，则可以通过下述技巧快速地将这种文本转换为表格。

① 选中需要转换为表格的文本内容，在"插入"选项卡下的"表格"组中，单击"表格"下拉按钮，打开下拉菜单，选择"文本转换成表格"命令，如图3-51所示。

② 打开"将文字转换成表格"对话框，在"列数"设置框中输入列数，如输入列数2，默认行数为4，

在"文字分隔位置"栏下选中"其他字符"单选按钮，并输入"："，如图3-52所示。

图 3-51

图 3-52

③ 单击"确定"按钮，根据需要对表格的行、列数等进行调整后，即可将选中的文字或数据内容转换成表格，如图3-53所示。

图 3-53

专家提醒

要想实现将数据转换为表格，其数据应该具备表格特性，且统一使用同一符号进行间隔。在"将文本转换成表格"对话框中根据实际情况选择相应的分隔符，如果没有可选项，则启用"其他字符"，手工输入分隔符。

第 4 章

商务文档的编排

商务文档的编排离不开页面布局、页眉页脚、文档目录等效果的设计。完成文档编辑之后，可以为长文本添加项目符号，让长文本的显示更加有层次，方便阅读理解。如果要修饰长篇商务文档，则可以使用图片和图形等设计封面效果，在正文部分可以根据需要结合图片、图形和文本框来设计。添加题注、脚注和尾注信息可以更好地解释文档中的重要内容。

- 设置文档布局样式
- 文档中使用多图片和图示
- 设置文字和图片水印
- 项目符号样式

- 制作文档封面
- 创建多级目录结构
- 设计文档页眉效果
- 提取文档目录

4.1 范例应用1：产品说明（项目介绍）文档

产品说明文档主要是为了向客户详细介绍公司的主打产品，文档中会包含图片、图示和表格用以详细介绍产品，如图4-1所示为文档的封面和首页设计效果。

图 4-1

4.1.1 重设文档纸张及页边距

打开 Word 文档之后，它的纸张大小和页边距都是默认的，用户可以根据实际文档的设计需求，重新更改纸张和页边距参数。

1. 重设纸张大小

❶ 打开文档后，在"布局"选项卡的"页面布局"组中单击"纸张大小"下拉按钮，在打开的下拉列表中选择"16 开"命令即可，如图4-2所示。

图 4-2

❷ 单击后即可显示为新的纸张大小。

知识扩展

在"纸张大小"列表中选择"其他纸张大小"命令，可以在打开的"页面设置"对话框中自定义设置纸张的宽度和高度，如图4-3所示。

图 4-3

2. 重设页边距

❶ 打开文档后，在"布局"选项卡的"页面布局"组中单击"页边距"下拉按钮，在打开的下拉列表中选择"自定义页边距"命令（如图4-4所示），打开"页面设置"对话框。

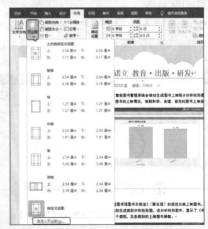

图 4-4

第 4 章　商务文档的编排

51

❷ 分别设置上、下、左、右页边距的参数值即可，如图 4-5 所示。

图 4-5

❸ 单击"确定"按钮，即可完成自定义页边距的设置。

为了突出文档首页的大标题和小标题的特殊效果，可以为指定文本添加下画线和底纹效果。

1. 添加下画线

❶ 选中标题文本，在"开始"选项卡的"字体"组中单击右侧的启动器按钮（如图 4-6 所示），打开"字体"对话框。

图 4-6

❷ 设置下画线类型、颜色即可，如图 4-7 所示。

❸ 单击"确定"按钮完成下画线的设置，效果如图 4-8 所示。

图 4-7　　　　　　图 4-8

2. 添加底纹

❶ 选中标题文本，在"开始"选项卡的"字体"组中单击"文本突出显示颜色"下拉按钮，在打开的列表中选择"青色"，如图 4-9 所示。

图 4-9

❷ 单击后即可看到添加底纹效果的标题文字，如图 4-10 所示。

图 4-10

4.1.3　添加项目符号并调整级别

当文本是同一段落级别时，为其添加项目

Word / Excel / PPT 2019 高效办公从入门到精通（视频教学版）

符号也将是同一级别的，如果希望项目符号能分级别显示，则可以在添加项目符号后进行调节。

❶ 选中需要添加项目符号的文本，在"开始"选项卡的"段落"组中单击"项目符号"下拉按钮，在下拉列表中选择项目符号，如图4-11所示。

图 4-11

❷ 单击项目符号应用后，效果如图4-12所示。

图 4-12

❸ 如果让"身份认证"文字以下的条目能显示为下一级，则需要对其进行降级处理。选中文本，在"开始"选项卡的"段落"组中单击"项目符号"下拉按钮，在下拉列表中单击"更改列表级别"，并在子列表中选择"2级"，如图4-13所示。

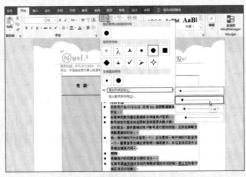

图 4-13

❹ 执行上述命令后，文本效果如图4-14所示。

图 4-14

4.1.4 自定义特殊的项目符号样式

程序内置的项目符号样式有限，除了使用这几种之外，还可以自定义其他样式的项目符号与编号。

❶ 选中要添加编号的文本，在"开始"选项卡的"段落"组中单击"项目符号"下拉按钮，在弹出的下拉菜单中选择"定义新项目符号"命令（如图4-15所示），打开"定义新项目符号"对话框。

图 4-15

❷ 单击"符号"按钮，定义要插入的项目符号来源（如图4-16所示），打开"符号"对话框。

❸ 在列表中选中想使用的符号，如图4-17所示。

❹ 单击"确定"按钮返回"定义新项目符号"对话框，如图4-18所示。

❺ 单击"确定"按钮返回文档，即可在选中的段落文本上添加自定义的项目符号，如图4-19所示。

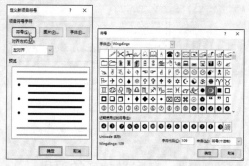

图 4-16　　　　　　　　图 4-17

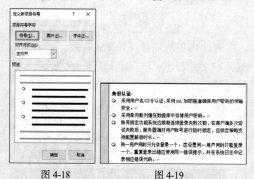

图 4-18　　　　　　　　图 4-19

4.1.5　文档中多图片的排版

如果文档中使用了多张图片，为了达到自己想要的排列效果，可以使用"布局选项"功能。

❶ 选中第一张图片，单击右侧出现的"布局选项"按钮，在打开的下拉列表中单击"衬于文字下方"按钮，如图 4-20 所示。

图 4-20

❷ 继续选中第二张图片，继续设置布局样式为"衬于文字下方"，如图 4-21 所示。

❸ 继续选中第三张图片，设置布局选项为"衬于文字上方"，如图 4-22 所示。

图 4-21

图 4-22

❹ 依次按照相同的方法调整其他图片的布局样式即可，最终可以通过鼠标移动操作调整多张图片的摆放位置，效果如图 4-23 所示。

图 4-23

4.1.6　多图片转换为 SmartArt 图效果

幻灯片中的图片可以转换为 SmartArt 图片的版式，这些版式对多图片的处理非常有用，效果也很好，可以让原本杂乱无序的图片瞬间规则起来。

❶ 选中多张图片，在"格式"选项卡的"图片样式"选项组中单击"图片版式"下拉按钮，在展开的下拉列表中可以看到可应用的图片版式，如图 4-24 所示。

图 4-24

❷ 选择合适的版式并单击一次即可实现转换，如图 4-25 所示。

❸ 在文本占位符中输入文本，并可以进行填充颜色等优化设置（设置方法和图形填充的设置方法相同），效果如图 4-26 所示。

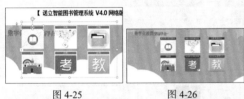

图 4-25　　　　　　　　图 4-26

4.1.7　添加文字水印效果

如果要给文档打上特有的文字说明，则可以为文档添加指定字体格式的文字水印。

❶ 打开要添加水印的文档，在"设计"选项卡的"页面背景"组中单击"水印"下拉按钮，在弹出的下拉列表中选择"自定义水印"命令（如图 4-27 所示），打开"水印"对话框。

图 4-27

❷ 选中"文字水印"单选按钮，并输入文字内容，设置字体格式、字号等，如图 4-28 所示。

❸ 单击"确定"按钮返回文档，即可看到默认的斜式效果的文字水印，效果如图 4-29 所示。

图 4-28　　　　　　　　图 4-29

4.1.8　添加图片水印效果

如果有比较合适的符合文档内容的图片，可以将指定图片作为水印效果设置在文档页面中使用。

❶ 首先打开"水印"对话框。选中"图片水印"单选按钮，再单击"选择图片"按钮（如图 4-30 所示），打开"插入图片"对话框。

图 4-30

❷ 单击"浏览"按钮（如图 4-31 所示），在打开的"插入图片"对话框中选择图片即可，如图 4-32 所示。

图 4-31

图 4-32

③ 保持默认选项不变（如图 4-33 所示），单击"确定"按钮返回文档，即可看到文档背景添加的图片水印效果，如图 4-34 所示。

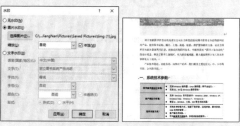

图 4-33　　　　　　图 4-34

4.2 ▷ 范例应用2：制作项目建设方案

为了更好地向他人介绍公司项目，可以制作"项目建设方案"文档，文档中可以详细地介绍公司的发展、公司的产品以及已建和在建项目，搭配表格和图片以及图示展示方案的特点和优势，如图 4-35 所示为项目建设方案文档的导航目录。

图 4-35

4.2.1 制作文档封面

正规的商务文档，第一页是由重要的信息构成的封面，第二页才是正文内容。在封面中添加哪些信息，要根据实际情况来决定。

❶ 在"插入"选项卡的"页面"组中单击"封面"下拉按钮，弹出下拉菜单，在"内置"列表框中选择任意选项，即可插入封面，如选择"边线型"选项（如图 4-36 所示），在文档中插入的封面如图 4-37 所示。

图 4-36　　　　　　图 4-37

插入封面后，可以在提示文字处输入文档标题、公司名称等内容。如果"内置"列表框中提供的封面没有适合的，那么用户可以选择插入空白页面，自定义封面，本例中采用插入空白页自定义封面的方式。

❷ 鼠标指针在文档定格处单击一次，在"插入"选项卡的"页面"组中单击"空白页"按钮（如图 4-38 所示），即可在首页前插入空白页。

❸ 在"插入"选项卡的"插图"组中单击"图片"下拉列表中的"图片"（如图 4-39 所示），打开"插入图片"对话框。

❹ 在左侧目录树中依次进入要使用图片的保存位置，单击选中目标图片，如图 4-40 所示。

⑤单击"插入"按钮，即可将图片插入到文档中。调整图片的大小，并居中放置，如图4-41所示。

图 4-38　　　　　　图 4-39

图 4-40　　　　　　图 4-41

⑥按照相同的方法，在页眉位置插入另一张图片，并调整大小和位置。

⑦选中图片，在"格式"选项卡的"排列"组中单击"环绕文字"下拉按钮，在打开的下拉列表中选择"四周型"命令（如图4-42所示），返回文档后，即可任意调整图片的位置，效果如图4-43所示。

图 4-42　　　　　　图 4-43

⑧在图片上方输入文档的主标题后，选中文本，在"开始"选项卡的"字体"组中设置字号、字体格式即可。继续单击"文本突出显示颜色"下拉按钮，在打开的列表中选择"青色"即可，如图4-44所示。

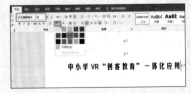

图 4-44

⑨继续设置字体颜色为"白色"，效果如图4-45所示。

⑩按照相同的方法输入其他副标题文本并设置字体格式即可，最终的封面设计效果如图4-46所示。

图 4-45　　　　　　图 4-46

4.2.2　制作多级目录结构

规划一个清晰的目录是建立一篇长文档的基础，在大纲视图中可以快速地建立文档目录，并为其设置多个级别。

①打开 Word 文档，依次在"视图"选项卡的"视图"组中单击"大纲"视图按钮（如图4-47所示），即可进入大纲视图。

图 4-47

②在光标后输入一级目录标题，按 Enter 键，进入下一行，如图4-48所示。然后在"大纲"选项卡的"大纲工具"组中单击"大纲级别"选项，打开其下拉列表，选择"2 级"（如图4-49所示），即可输入二级目录标题。

图 4-48　　　　　　图 4-49

③再次按 Enter 键，进入下一行，如图4-50所示。然后在"大纲"选项卡的"大纲工具"组中单击"大纲级别"选项，打开其下拉列表，选择"3 级"（如图4-51所示），即可输入三级目录标题。

图 4-50　　　　　　图 4-51

④ 如果没有三级目录结构，直接输入正文文本级别文字即可，如图 4-52 所示。依次类推，即可创建文档的全部目录结构，效果如图 4-53 所示。

图 4-52

图 4-53

⑤ 完成上面的操作后，在"导航"窗格中即可看到目录结构效果，如图 4-54 所示。

图 4-54

⑥ 按照相同的方法，根据需要设置目录级别。设置完成后，在"关闭"选项组中单击"关闭大纲视图"按钮，即可返回到页面视图中。

⑦ 在"导航"窗格中单击目录，即可快速定位到目标位置，查看该目录下的内容，如图 4-55 所示。

图 4-55

4.2.3 图文结合的小标题设计效果

图形与文字结合的小标题，能够清晰地区分各个内容的文字，同时极度提升文档页面的整体视觉效果。下面以一篇文档为例介绍相关知识点。读者可举一反三，设计出符合自己文档需要的效果。

1. 绘制图形

① 在"插入"选项卡的"插图"组中单击"形状"下拉按钮，在展开的"矩形"或"基本形状"栏中选择"矩形"图形（如图 4-56 所示），在文档中绘制矩形，如图 4-57 所示。

图 4-56　　　　　图 4-57

② 选中图形，在"绘图工具—格式"选项卡的"形状样式"组中单击"形状填充"下拉按钮，在弹出的菜单中选择"无填充"命令，如图 4-58 所示。

③ 接着单击"形状轮廓"下拉按钮，在弹出的下拉菜单的"主题颜色"栏中单击"金色，个性色，深色 25%"，如图 4-59 所示。在展开的"形状轮廓"下拉菜单中把鼠标移到"虚线"，在打开的子菜单中选择"方点"，如图 4-60 所示。

Word / Excel / PPT 2019 高效办公从入门到精通（视频教学版）

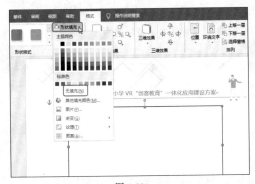

图 4-58

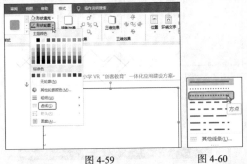

图 4-59　　　　　　图 4-60

④ 在"插入"选项卡的"文本"组中单击"文本框"下拉按钮,在弹出的菜单中单击"绘制横排文本框"命令,在文档中绘制文本框,并输入文本,如图 4-61 所示。

⑤ 选中文本,在"开始"选项卡的"字体"组中设置文字的格式(字体、字号与颜色等),如图 4-62 所示。

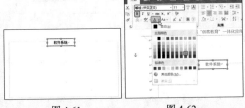

图 4-61　　　　　　图 4-62

⑥ 选中文本框,在"绘图工具—格式"选项卡的"形状样式"组中单击"形状轮廓"下拉按钮,在弹出的菜单中选择"无轮廓"命令,如图 4-63 所示。

⑦ 按照相同的方法,给另外两个部分的内容绘制相同的边框和用于输入小标题文字的文本框,如图 4-64 所示。

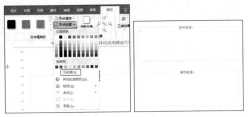

图 4-63　　　　　　图 4-64

2. 绘制图形小标题

下面需要在相应位置绘制图形组合成新的图形,并在图形上添加文本框,然后输入文字。

① 在"插入"选项卡的"插图"组中单击"形状"下拉按钮,弹出下拉菜单,在"矩形"或"基本形状"栏中单击选中矩形,如图 4-65 所示。

② 鼠标指针变成十字形状,在文档中绘制矩形,如图 4-66 所示。

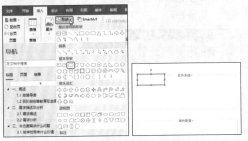

图 4-65　　　　　　图 4-66

③ 调整图形到合适的大小,在"绘图工具—格式"选项卡的"形状样式"组中单击"形状轮廓"下拉按钮,在展开的"主题颜色"列表框中单击选中"金色,个性色 4,深色 25%",鼠标指针指向"虚线",在子菜单中选择点虚线,如图 4-67 所示。

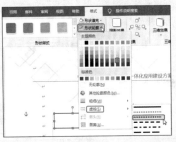

图 4-67

④ 在"形状样式"选项组中单击"形状填充"下拉按钮,在展开的"主题颜色"列表框中单击选中

"金色，个性色4，深色25%"，即可为图形填充此颜色，如图4-68所示。

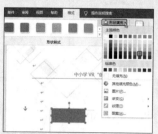

图 4-68

❺ 在"插入"选项卡的"插图"组中单击"形状"下拉按钮，弹出下拉菜单，在"基本形状"栏中单击选中平行四边形，如图4-69所示。

❻ 在图形中绘制一个小平行四边形，设置填充颜色为"白色"。选中平行四边形，按Ctrl+C组合键复制，再按Ctrl+V组合键粘贴一个相同图形，并放置如图4-70所示。

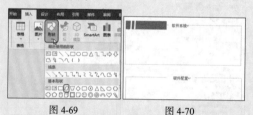

图 4-69   图 4-70

3. 添加标题文本

下面需要在文本框内添加文字。

❶ 在图形上方绘制一个文本框并输入文本，如图4-71所示。

❷ 选中文本框后单击鼠标右键，在弹出的菜单中选择"设置自选图形/图片格式"命令（如图4-72所示），打开"设置文本框格式"窗格。

图 4-71   图 4-72

❸ 单击"颜色与线条"选项卡，然后在"填充"栏中选中"无颜色"，在"线条"栏中选中"无颜

色"，如图4-73所示。

❹ 切换至"文本框"选项卡，在"内部边距"栏中设置上、下、左、右边距均为"0厘米"，如图4-74所示（此处将文本框的各个边距调整为0是为了让文本与文本框能更加接近，否则当调整字号时，会造成文本框内的文字自动分配到下一行中，不便于文本框的排版）。

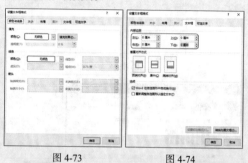

图 4-73   图 4-74

❺ 选中"最低配置"文本，在"字体"选项组中设置字体格式（包括字体、字号、颜色等），如图4-75所示。

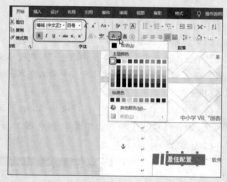

图 4-75

❻ 完成所有小标题元素的建立后，可以将它们组合成一个对象，方便复制到下面其他的位置上使用。按住Ctrl键不放，用鼠标依次点选对象，保持全部选中状态，然后单击鼠标右键，在弹出的菜单中把鼠标移到"组合"，在打开的子菜单中选择"组合"命令，将对象组合，如图4-76所示。

❼ 选中组合后的对象，按Ctrl+C组合键进行复制，按Ctrl+V组合键粘贴，并将文本框中的内容依次更改为其他合适的文本，最后依次在其他位置绘制文本框并添加文字，按照以上相同的方法设置文本格式即可，如图4-77所示。

图 4-76   图 4-77

4.2.4 带公司名称与 LOGO 的页眉效果

下面需要在文档的页眉位置设置文本说明，并添加指定图片作为 LOGO 图片。

❶ 因首页是封面，不需要设置页眉，所以在进入页眉、页脚编辑状态后，首先要在"页眉和页脚工具—设计"选项卡的"选项"组中选中"首页不同"复选框，如图 4-78 所示（选中"首页不同"复选框，即所做的页眉和页脚的设计不应用于文档第一页）。

图 4-78

❷ 双击文档页眉位置进入页眉、页脚编辑状态，直接在页脚位置输入文字。接下来，选中文本，在"开始"选项卡的"字体"组中可以设置文本的格式、大小、颜色、字形等，还可以设置文字的摆放位置，最终效果如图 4-79 所示。

图 4-79

❸ 在"页眉和页脚工具—设计"选项卡的"插入"组中单击"图片"按钮（如图 4-80 所示），打开"插入图片"对话框。

图 4-80

❹ 在左边的目录树中确定要使用图片的保存位置，选中目标图片，如图 4-81 所示。

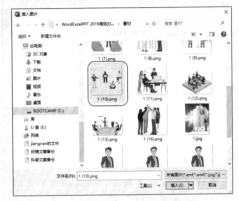

图 4-81

❺ 单击"插入"按钮，即可将图片插入到页眉中。

❻ 选中图片，在"格式"选项卡的"排列"组中单击"环绕文字"下拉按钮，在弹出的菜单中选择"四周型"选项，如图 4-82 所示。

图 4-82

❼ 返回页眉、页脚编辑页面，即可任意调整图片的大小和位置，最终效果如图 4-83 所示。

图 4-83

❽ 退出页眉、页脚编辑状态后返回文档，即可看到最终的带公司名称和 LOGO 的页眉效果，如图 4-84 所示。

图 4-84

Word / Excel / PPT 2019 高效办公从入门到精通（视频教学版）

✒ **专家提醒**

在设置页眉、页脚时，当选中"首页不同"与"奇偶页不同"复选框时，首页、奇数页、偶数页就都是单独的对象了，可以分别为它们设置不同效果的页眉与页脚。如果不选中这些复选框，那么文本的所有页都使用统一页眉、页脚效果。

4.2.5 多页文档添加页码

1. 直接插入页码

如果要编辑的"项目建设方案"文档页码较多，可以为文档添加页码，方便阅读和查找。

❶ 打开文档，在"插入"选项卡的"页眉和页脚"组中单击"页码"下拉按钮，展开下拉列表，如图 4-85 所示。

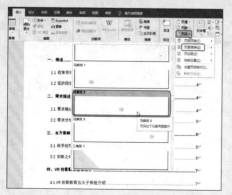

图 4-85

❷ 在下拉列表中选择页码的格式（可以在底端，也可以在顶端等），如选择"页面底端"子菜单中的

"马赛克 2"命令，即可应用页码格式到文档底部中间位置，如图 4-86 所示。

图 4-86

2. 自定义页码起始页

在长文档中，例如书稿、论文等，常常以章节为单位各自建立文档。在这种情况下，编辑页码时如果要求连续编号，这就要求我们学会设置页码的起始页。

❶ 打开文档，在"插入"选项卡的"页眉和页脚"组中单击"页码"下拉按钮，在展开的下拉菜单中选择"设置页码格式"命令（如图 4-87 所示），打开"页码格式"对话框。

图 4-87

❷ 选中"起始页码"单选按钮，并在数值框中输入值 13（这个值是根据实际情况决定的，例如正在编辑的文档是第二章，那么第一章有 12 页，则第二章的页码从 13 页开始），如图 4-88 所示。

图 4-88

❸ 单击"确定"按钮，即可看到文档的起始页码为 13。

4.2.6 题注、尾注和脚注的插入与删除

如果长文档中包含多张表格、图片以及图表等元素，可以使用"题注"功能统一为其添加标准编号，方便在文档需要的位置交叉引用。如果要进一步说明、注释文档内的重要内容，则可以使用"尾注"和"脚注"功能。

1. 插入题注

本例中需要为"项目建设方案"文档中的多张表格添加题注并完成交叉引用。

❶ 打开"项目建设方案"文档，将光标定位在第一个表格的下方位置。在"引用"选项卡的"题注"组中单击"插入题注"按钮（如图4-89所示），打开"题注"对话框。

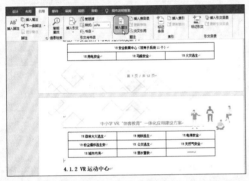

图 4-89

❷ 设置"标签"为"表格"，此时"题注"文本框中自动输入"表格1"，如图4-90所示。

图 4-90

❸ 单击"确定"按钮返回文档，此时可以看到第一张表格下方自动插入题注"表格1"，如图4-91所示。按照相同的方法依次在其他表格插入题注即可，如图4-92所示。

图 4-91

图 4-92

❹ 在文档相应位置插入括号，在"引用"选项卡的"题注"组中单击"交叉引用"按钮（如图4-93所示），打开"交叉引用"对话框。

图 4-93

❺ 在"引用哪一个题注"列表框中可以看到添加的所有表格题注，单击选中"表格3"即可，如图4-94所示。

图 4-94

❻ 单击"插入"按钮返回文档，即可看到括号内添加了"表格3"题注，如图4-95所示。

图 4-95

❼ 将鼠标指针指向"表格3"题注，会显示"按

住 Ctrl 并单击可访问链接"提示信息，按此操作即可快速跳转至表格 3。

加的两个尾注，直接输入对应的文本即可，效果如图 4-101 所示。

知识扩展

如果内置的标签不满足设置需求，可以在"题注"对话框中单击"新建标签"按钮（如图 4-96 所示），打开"新建标签"对话框。在文本框内输入标签名称为"图示"（如图 4-97 所示），单击"确定"按钮返回对话框后，即可看到自定义的"图示 1"标签，如图 4-98 所示。

图 4-96　　　　图 4-97

图 4-98

2. 插入尾注

尾注是一种对文本的补充说明，一般位于文档的末尾，用于列出引文的出处等。尾注由两个关联的部分组成，包括注释引用标记和其对应的注释文本。本例需要为文档中的 VR 和 MR 添加尾注。

❶ 打开"项目建设方案"文档，将光标定位在 VR 文本处。在"引用"选项卡的"脚注"组中单击"插入尾注"按钮，如图 4-99 所示。

❷ 按照相同的方法为 MR 文本添加尾注，标注自动显示为 ii，如图 4-100 所示。

❸ 此时会自动跳转至文档末尾处，可以看到添

图 4-99

图 4-100

图 4-101

3. 插入脚注

脚注和尾注一样，都是一种对文本的补充说明。脚注一般位于页面的底部，可以作为文档某处内容的注释。

❶ 打开"项目建设方案"文档，将光标定位在 VR 文本处。在"引用"选项卡的"脚注"组中单击"插入脚注"按钮，如图 4-102 所示。

图 4-102

❷ 此时即可在当前页面的底端插入脚注，按需输入相关文本说明即可，如图4-103所示。

图 4-103

❸ 按照相同的方法依次为文档中其他页面的相关内容设置脚注即可。

4.2.7 提取文档目录

在一些商务文档（如产品说明书、项目方案等）或者论文文档中，经常需要提取文档目录插入到正文的前面，帮助用户快速了解整个文档的层次结构及其具体内容。提取文档目录的方法如下。

❶ 打开文档，将光标置于要插入目录的位置，在"引用"选项卡的"目录"组中，单击"目录"下拉按钮，在展开的下拉菜单中选择"自定义目录"命令（如图4-104所示），打开"目录"对话框。

图 4-104

❷ 在"目录"选项卡下可以设置目录的格式。如设置"制表符前导符"为细点线，在"Web预览"栏中显示了目录在Web页面上的显示效果；单击"格式"下拉按钮，在下拉列表中列出了7种目录格式，这里选择"正式"选项，设置"显示级别"为3级，如图4-105所示。

图 4-105

❸ 单击"确定"按钮，即可根据文档的层次结构自动创建目录，效果如图4-106所示。选中目录后，可以在"开始"选项卡的"字体"组中重新设置目录文本的格式，最终效果如图4-107所示。

图 4-106

图 4-107

4.3.1 自定义目录文字格式

　　为了使提取目录的最终样式更加美观，在提取目录后，可以设置各个目录级别为不同的文字格式。

　　❶ 在"引用"选项卡的"目录"组中单击"目录"下拉按钮，在下拉菜单中单击"自定义目录"选项，打开"目录"对话框。

　　❷ 单击"修改"按钮（如图 4-108 所示），打开"样式"对话框。

图 4-108

　　❸ 在"样式"栏中选择级别，如"目录 2"，单击"修改"按钮，打开"修改样式"对话框，如图 4-109 所示。

图 4-109

　　❹ 在"格式"栏中可以分别设置字体颜色、字形、字号等，如图 4-110 所示。

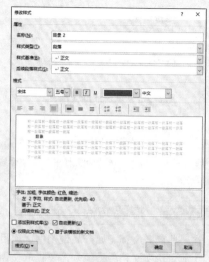

图 4-110

　　❺ 依次单击"确定"按钮，即可完成对二级目录文字格式的设置，效果如图 4-111 所示。

图 4-111

　　❻ 按相同方法可以对其他任意级别的目录的文字格式进行设置。

4.3.2 一次性选中多个操作对象

　　上面介绍过一次性选中多个对象的方法，是按住 Ctrl 键的同时用鼠标依次点选。除此之外还有一个更加快捷的办法帮助一次性选取多个对象。

　　❶ 在"开始"选项卡的"编辑"组中单击"选

Word / Excel / PPT 2019 高效办公从入门到精通（视频教学版）

择"下拉按钮，在弹出的列表中选择"选择对象"命令（如图 4-112 所示），此时鼠标指针变为 样式。

❷ 移至目标位置，按住鼠标左键不放拖动，将要选择的对象框住（如图 4-113 所示），释放鼠标即可选中这些对象。

图 4-112　　　　　　　图 4-113

4.3.3　在有色背景上添加说明文字

在文档中插入图片后，如果需要在图片中添加说明文字、设计文字等，都可以使用文本框来添加，但这里的文本框需要设置为无边框、无填充的样式。

❶ 打开目标文档，在"插入"选项卡下的"文本"组中单击"文本框"下拉按钮，在弹出的下拉菜单中选择自己需要的文本框类型，这里选择"绘制文本框"命令，如图 4-114 所示。

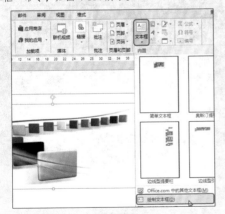

图 4-114

❷ 此时鼠标指针变成了"田"形状，在文档中需要插入文本框的位置处单击开始绘制，拖动鼠标将文本框调至期望大小，输入文字注释内容，如图 4-115 所示，依次绘制了三个文本框。

❸ 选中文本，进行字体格式设置。接着选中文本框，在"绘图工具—格式"选项卡下"形状样式"

组中单击"形状填充"下拉按钮，弹出下拉菜单，选择"无填充颜色"命令，如图 4-116 所示。

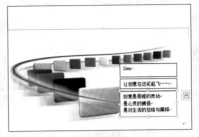

图 4-115

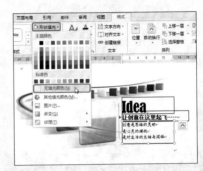

图 4-116

❹ 在"绘图工具—格式"选项卡下"形状样式"组中单击"形状轮廓"下拉按钮，弹出下拉菜单，选择"无轮廓"命令，如图 4-117 所示。

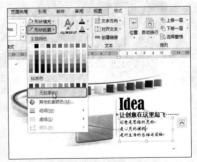

图 4-117

❺ 设置完成后，效果如图 4-118 所示。

图 4-118

第5章

文档审阅及邮件合并功能的应用

　　编辑好文档之后，下一步需要审阅和修改文档。"查找和替换"功能可以批量快速替换查找指定文本，如果要修改文档，则可以使用修订和批注功能。

　　Word 中的"邮件合并"功能还可以实现将文档和 Excel 表格数据结合，快速生成面试文档、成绩文档、准考证文档等，提高邮件发送效率。

- 文本的查找和替换
- 文档批注
- 审阅、修改文档
- 邮件合并

在多人协同编辑文档时,有时文档需要多次审核才能定稿,此时可以使用文档的批注与修订功能。如图5-1所示为审阅修订文档留下的痕迹。

图 5-1

5.1.1 审核文档时的查找与替换

"查找与替换"功能通常是在对文档中的多处相同的内容进行统一修改时使用。试想当文档编辑时出现少量失误,肉眼手工查看既不能保障完全正确,又浪费时间。因此利用程序提供的"查找与替换"功能,则可以一次性快速实现查找与替换。

1. 查找文本

❶ 打开文档,在"开始"选项卡的"编辑"组中单击"查找"下拉按钮,在弹出的菜单中选择"查找"命令,打开"导航"窗格,如图5-2所示。

图 5-2

❷ 在导航搜索框中输入文字,查找结果即显示在文本框下面,并且会在文档中以黄色高亮底纹特殊显示,例如输入"创客教育",查询结果如图5-3所示。

图 5-3

❸ 删除导航搜索框中的文字,则可清除突出显示。

2. 替换文本

查找文本达到的目的仅仅是查看目标对象,如果不仅需要查找,还需要对查找到的对象进行替换,则可以按如下步骤操作。

❶ 打开文档,在"开始"选项卡的"编辑"组中单击"替换"按钮(如图5-4所示),打开"查找与替换"对话框。

图 5-4

❷ 在"查找内容"文本框中输入"物联网",在"替换为"文本框中输入"互联网"(如图5-5所示),单击"替换"按钮,即可将光标后的文本选中,第一次出现的"物联网"替换为"互联网"。

❸ 单击"全部替换"按钮,弹出 Microsoft Word 提示框,此时已经全部替换成功,并提示有几处完成替换,如图5-6所示。

图 5-5   图 5-6

❹ 单击"确定"按钮,返回到文档中,即可看到替换结果,如图5-7所示。

图 5-7

5.1.2 添加批注文字

在审阅文档时,可以使用"批注"功能在

相应文本的旁边添加修改备注意见，他人可以查看和回复这些批注。

1. 审阅时添加批注

下面介绍如何为文档的指定文本添加批注。

❶ 选中需要添加批注的文本或段落，在"审阅"选项卡的"批注"组中单击"新建批注"按钮，如图5-8所示。

图 5-8

❷ 单击按钮后，即可插入批注（如图5-9所示），在批注框中可以输入注释，这样就可以看到哪里进行了修改。

图 5-9

2. 回复及标记批注

当有人为文档添加批注之后，编辑文档时发现有需要解释的地方，可以对他的批注进行回复。

❶ 选中要回复的批注，单击"答复"按钮，如图5-10所示。

❷ 单击按钮后，即可对批注进行回复，如图5-11所示。

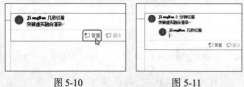

图 5-10   图 5-11

5.1.3 审阅并修改文档

在多人编辑文档时，可以启用修订功能，从而让对文档所做的修改（如删除、插入等操作）都能以特殊的标记显示出来，便于其他编辑者查看。

1. 修订文档内容

❶ 在"审阅"选项卡的"修订"组中单击"修订"下拉按钮，在展开的下拉菜单中选择"修订"命令（如图5-12所示），即可进入修订状态。

图 5-12

❷ 进入修订状态后，用户在文档中进行编辑时，Word会对修改位置进行标记，同时会在修订的左侧显示修订行，如图5-13所示。

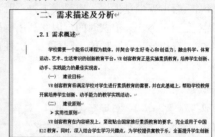

图 5-13

专家提醒

如果要停止修订，则可以再次选择"修订"下拉列表中的"修订"命令即可。

2. 接受与拒绝修订

Word文档中通过修订功能，可以非常清晰地显示修改记录，采用或是不采用这些修改意见，均可以通过接受或拒绝修订的方法去除该修改痕迹。

❶ 将光标定位到修订过的位置，然后在"审阅"选项卡的"更改"组中单击"接受"下拉按钮，在弹出的下拉菜单中选择"接受并移到下一处"命令（如图5-14所示），即可接受修订，效果如图5-15所示。

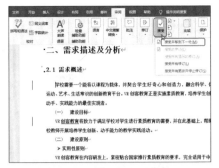

图 5-14

图 5-15

② 将光标定位到要拒绝修订的位置，然后在"审阅"选项卡的"更改"组中单击"拒绝"下拉按

钮，在弹出的下拉菜单中选择"拒绝更改"命令（如图 5-16 所示），即可拒绝修订，与此同时修订的内容被删除，效果如图 5-17 所示。

图 5-16

图 5-17

5.2 ▶ 范例应用2：群发面试通知单

如图 5-18 所示为面试通知单的文档内容，在制作面试通知单或邀请函等文档时，只有收函人姓名或称谓有所不同，而其他部分的内容完全相同时，通过邮件合并功能可以实现让所有生成的通知单或面试中人员的姓名与称谓都能自动填写，轻松地达到批量制作的目的。

图 5-18

5.2.1 创建基本文档

邮件合并主要应用的是域功能，将两个文件进行合并，主要是准备好主文档与相应的源文档，即可实现域的批量合并，从而生成批量文档，提高工作效率。邮件合并可用在批量打印请柬、批量打印工资条、批量打印学生成绩单等方面。下面以批量建立面试通知单为例讲解邮件合并功能的使用方法。

邮件合并前需要建立好主文档与数据源两个文档（主文档是 Word 文档，数据源文档是 Excel 文档）。主文档是固定不变的文档，数据源文档中的字段将作为域的形式插入到主文档中去，从而实现自动替换，一次生成多份文档的目的。

制作数据源的方法有两种，一是直接使用现有的数据源（可以在 Excel 表格中事先创建好），二是新建数据源。这里以使用现有数据源为例，具体操作如下。

1. 准备 Word 文档模板

首先编辑好面试通知单文档模板，如图 5-19 所示。

图 5-19

2. 准备应聘人员信息表

在 Excel 中准备好数据源文档，如图 5-20
所示。

图 5-20

5.2.2 主文档与收件人文档
相链接

准备好主文档与数据源文档后，可以通过
邮件合并功能让两个文档进行合并。例如上面
的面试通知单，通过合并后可以一次性生成并
填写各应聘人员姓名的批量文档。

❶ 打开"面试通知单"文档，在"邮件"选项
卡的"开始邮件合并"组中单击"开始邮件合并"
下拉按钮，在弹出的列表中选择"信函"命令，如
图 5-21 所示。

❷ 继续在"开始邮件合并"组中单击"选择收
件人"下拉按钮，在弹出的列表中选择"使用现有列
表"命令，如图 5-22 所示。打开"选取数据源"对
话框。

图 5-21

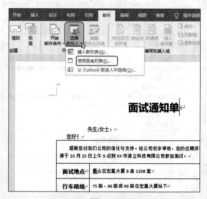

图 5-22

❸ 选中"应聘人员信息表"工作表（如图 5-23
所示），单击"打开"按钮弹出"确认数据源"对话
框，如图 5-24 所示。

图 5-23

图 5-24

④再次单击"确定"按钮，弹出"选择表格"对话框，选中其中的表即可，如图5-25所示。

图 5-25

⑤单击"确定"按钮，此时 Excel 数据表与 Word 已经关联好了。

5.2.3 筛选收件人

数据源表格中记录了全部待合并的人员信息，在默认情况下会对所有人发出通知。如果不是所有人员都需要通知面试，则需要对数据源进行筛选，例如本例的数据表中有一列记录了应聘职位的信息，现在只想对"销售代表"人员生成面试通知单，其筛选操作如下。

①打开"面试通知单"文档，在"邮件"选项卡的"开始邮件合并"组中单击"编辑收件人列表"命令，如图5-26所示，打开"邮件合并收件人"对话框。

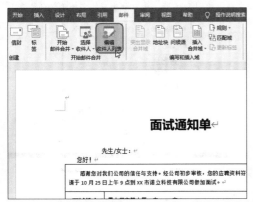

图 5-26

②单击应聘岗位右侧的筛选按钮，在列表中选择"销售代表"，如图5-27所示。

③单击"确定"按钮，即可筛选出"销售代表"的应聘记录，如图5-28所示。

④单击"确定"按钮，即可完成收件人的筛选。

图 5-27

图 5-28

知识扩展

如果要对被录取的人员发放面试通知，可以在"应聘人员信息表"中添加一列是否被录取的数据（如图5-29所示），再使用筛选功能筛选出"是"列数据即可，如图5-30所示。

姓名	应聘岗位	性别	年龄	学历	联系电话	电子邮件	是否录取
杨威	销售专员	男	32	本科	1815810XXXX	QI@sina.com	是
杨菲	销售代表	女	20	大专	1305605XXXX	xinwei@163.com	否
王美英	销售代表	女	22	大专	1515855XXXX	wang@sohu.com	否
徐凌	会计	男	23	本科	1832692XXXX	1826921360@126.com	是
陈依依	销售专员	女	25	大专	1535521XXXX	yoyo@sina.com	否
王莉	区域经理	女	27	本科	1365223XXXX	wl@163.com	否
陈治平	区域经理	男	29	本科	1585546XXXX	chen@163.com	是
张海	区域经理	男	29	大专	1520252XXXX	j.j@163.com	否
李晓云	渠道/分销专员	男	20	本科	1396685XXXX	jaangt@163.com	否
蒋尖	销售专员	男	18	本科	1374562XXXX	13745627812@163.com	否
姚瑞	客户经理	女	32	大专	1244375XXXX	1244375602@qq.com	否
于馨	文案策划	女	23	本科	1594563XXXX	waxian@sohu.com	是
吴丽萍	销售专员	女	33	本科	1512341XXXX	wuliu@163.com	否
蔡娟娟	区域经理	女	24	大专	1301232XXXX	caixiao@163.com	否
周慧	销售专员	男	24	本科	1835212XXXX	zhouxeibei@163.com	否
查越文	采购员	女	26	本科	1818828XXXX	cha@126.com	否
郜俊	销售代表	男	27	大专	1835605XXXX	18356059512@126.com	是
王宝	销售代表	男	22	本科	1596632XXXX	WangR@126.com	否
邵强	营销经理	男	27	本科	1307533XXXX	hn@126.com	是
晶繁	销售专员	男	29	大专	1311758XXXX	xia@126.com	否
甲锦丽	客户经理	男	20	本科	1306325XXXX	hy@163.com	否
宋倩倩	渠道/分销专员	男	28	本科	1306323XXXX	songqn@126.com	是

图 5-29

图 5-30

5.2.4 插入合并域

设置好收件人列表后，下一步需要在主文档中插入"姓名"域，最后再合并的时候会自动导入所有"销售代表"应聘岗位的人员姓名，并显示在指定位置。

❶ 将光标定位于需要插入域的位置上（如填写姓名的位置），在"邮件"选项卡的"编写和插入域"组中单击"插入合并域"下拉按钮，在弹出的下拉菜单中选择"姓名"命令（如图 5-31 所示），即可完成"姓名"域的插入，结果如图 5-32 所示。

图 5-31

图 5-32

❷ 如果实际应用中还需要插入其他域，则可以按照相同的方法，在其他需要插入合并域的地方插入相对应的合并域即可。

5.2.5 进行邮件合并并群发电子邮件

插入合并域后，即可开始进行邮件合并操作，最后在批量发送邮件。

❶ 在"邮件"选项卡的"完成"组中单击"完成并合并"下拉按钮，在弹出的下拉菜单中选择"编辑单个文档"命令（如图 5-33 所示），打开"合并到新文档"对话框。

图 5-33

❷ 选中"全部"单选按钮，再单击"确定"按钮（如图 5-34 所示），即可进行邮件合并，生成批量文档，如图 5-35 所示为自动生成的文档（部分数据）。

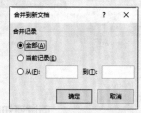

图 5-34

图 5-35

❸ 继续在"邮件"选项卡的"完成"组中单击"完成并合并"下拉按钮，在弹出的下拉菜单中选择

"发送电子邮件"命令（如图 5-36 所示），打开"合并到电子邮件"对话框。

图 5-36

④ 单击"收件人"文本框的下拉按钮，选择"电子邮件"选项，在"主题行"文本框中输入"面

5.3 妙招技法

5.3.1 批量制作标签

标签可以用于邮件发送的地址标签、档案封存的张贴标签、考试姓名的座位标签等。使用 Word 中的邮件合并功能，通过插入域可以一次性批量生成标签。下面通过实例介绍创建标签的方法。

❶ 首先在 Excel 中准备好数据源文档，如图 5-38 所示。

❷ 在"邮件"选项卡的"开始邮件合并"组中单击"开始邮件合并"下拉按钮，在弹出的菜单中选择"标签"命令（如图 5-39 所示），打开"标签选项"对话框。

图 5-38　　　　图 5-39

❸ 单击"新建标签"按钮（如图 5-40 所示），打开"标签详情"对话框。在"标签名称"文本框中输入标签的名称，并对标签的尺寸进行设置，具体如图 5-41 所示。

试通知单"，在"发送记录"栏中选中"全部"单选按钮。单击"确定"按钮即可群发电子邮件，如图 5-37 所示。

图 5-37

 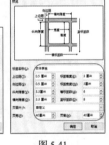

图 5-40　　　　　　图 5-41

④ 单击"确定"按钮，返回"标签选项"对话框中，再次单击"确定"按钮，此时进入 Word 页面效果。在"邮件"选项卡的"编写和插入域"组中单击"插入合并域"下拉按钮，依次将"姓名""性别""出生年月""入学年月""毕业年月"选项插入到文档中，如图 5-42 所示。

图 5-42

❺ 在"邮件"选项卡的"编写和插入域"组中单击"更新标签"按钮，如图 5-43 所示。

图 5-43

⑥ 在"邮件"选项卡的"编写和插入域"组中单击"预览效果"按钮（如图 5-44 所示），即可查看标签，效果如图 5-45 所示。

图 5-44

图 5-45

⑦ 新建的标签相当于表格，在"表格工具—布局"选项组中单击"查看网格线"按钮，即可添加网格线，让各个标签区别开来，如图 5-46 所示。

图 5-46

⑧ 建立完成后的标签可以打印出来，经过裁剪后用于档案袋标签的张贴。

5.3.2 高级查找

如果只是普通的查找，则利用"导航"窗格就可以实现，如果想实现一些达到特殊格式的筛选，则必须要打开"查找与替换"对话框进行设置。例如下面的替换要求，是将文档中所有用括号表示的文本都以特殊格式显示出来。

❶ 打开文档，在"开始"选项卡的"编辑"组中单击"查找"下拉按钮，在弹出的菜单中选择"高级查找"命令（如图 5-47 所示），打开"查找和替换"对话框。

图 5-47

❷ 单击"更多"按钮，展开"查找内容"文本框。在"查找内容"输入框中输入"(*)"，选中"使用通配符"复选框，如图 5-48 所示。

❸ 单击"阅读突出显示"下拉按钮，在弹出的下拉菜单中选择"全部突出显示"命令，如图 5-49 所示。

图 5-48   图 5-49

❹ 关闭"查找和替换"对话框，回到文档中可以看到所有以括号表示的文本都以特殊格式突出显示出来，如图 5-50 所示。

图 5-50

在 Word 文档中使用通配符有两种格式，一个是"？"，它代表单个字符，如果固定查找两个字符，就使用"？？"，依次类推；再如"？市场"这个查找对象，就是查找所有"市场"文字前包含一个字的对象。另一个通配符是"*"，它代表多个字符。使用此通配符需注意要有一个让程序判断的标志，否则只使用"*"是没有任何意义的。例如《*》""*""（*）"，程序会以《》""""作为标志，即无论书名号或是双引号内有多少文字，凡是带这个符号的对象都将被找到。

知识扩展

在较长的 Word 文档中，有时需要准确定位到某一页或某一行，这时可以使用"查找"功能中的"定位"选项来实现。

打开"查找和替换"对话框，单击"定位"选项卡，在"定位目标"列表框中选择"行"，在"输入行号"文本框中输入行数 8，单击"定位"按钮，如图 5-51 所示。

图 5-51

5.3.3　替换文本并显示特殊格式

如果对设置的某项替换不能完全确认无误，则可以在进行替换时设置让替换后的文本显示特殊的格式，方便对替换后的文本进行二次审核。

❶ 打开文档，在"开始"选项卡的"编辑"组中单击"替换"按钮，打开"查找和替换"对话框，并单击"更多"按钮，打开隐藏的菜单。

❷ 在"查找内容"输入框中输入"创客教育"，

在"替换为"输入框中输入""创客教育""，如图 5-52 所示。

❸ 单击"更少"按钮打开隐藏选项。单击光标定位在"替换为"文本框中，单击左下角的"格式"按钮，在展开的下拉列表中选中"字体"选项（如图 5-53 所示），弹出"查找字体"对话框。

图 5-52　　　　　　　图 5-53

❹ 将字形设置为"加粗"，"字体颜色"设置为"深红色"，单击"确定"按钮（如图 5-54 所示），返回"查找和替换"对话框。

❺ 单击"全部替换"按钮弹出提示对话框，提示共有几处被替换，如图 5-55 所示。单击"确定"按钮，替换后的效果如图 5-56 所示。

图 5-54　　　　　　　图 5-55

图 5-56

第6章

表格的建立与数据编辑

  不管是建立哪一种符合办公需求的表格，比如办公用品采购表、参会人员签到表、员工信息管理表等，都需要在表格中输入数据并美化表格。表格的框架设置包括边框、底纹、行高、列宽的调整；表格文本的设置包括竖排字体、字形设置；另外，允许表格按需求批量填充数据等。

  为了简化表格内规律数据的输入过程，还可以使用"数据验证"功能建立可选择输入序列，既提高了工作效率也增加了数据录入的正确性。

- 保存、重命名工作簿
- 设置表格文本、边框底纹
- 调节表格行高、列宽
- 设置文字竖排效果
- 在表格中填充数据
- 数据验证

6.1 范例应用1：办公用品采购申请表

"办公用品采购申请表"是日常办公中常见的表格之一，它可以便于我们统计各部门办公用品采购申请情况，并且可作为下次申请情况的参考。

办公用品采购申请表根据企业性质不同会略有差异，但其主体元素一般大同小异，下面以如图6-1所示的范例来介绍此类表格的创建方法。

图 6-1

图 6-2   图 6-3

图 6-4

6.1.1 保存工作簿并重命名工作表

创建工作簿后需要保存下来才能反复使用，因此使用 Excel 程序创建表格时的首要工作是保存工作簿。如果一个工作簿中使用多张不同的工作表，那么还需要根据表格用途重命名工作表（工作表的默认名称为 Sheet1、Sheet2、Sheet3……）。

1. 保存工作簿

创建工作簿后我们可以先对工作簿执行保存操作，以防操作内容丢失，在后续的编辑过程中，可以一边操作一边更新保存。

❶ 在工作表中输入表格的基本内容，然后在快速访问工具栏中单击"保存"（）按钮，如图6-2所示。

❷ 在展开的面板中单击"浏览"按钮（如图6-3所示），打开"另存为"对话框。

❸ 设置好保存位置，在"文件名"文本框中输入工作簿名称，单击"保存"按钮（如图6-4所示），即可将新建的工作簿保存到指定的文件夹中。

专家提醒

在新建工作簿后第一次保存时，单击"保存"按钮，会打开面板提示设置保存位置与文件名等。如果已经保存了当前工作簿（即首次保存后），单击"保存"按钮则会覆盖原文档保存内容（即随时更新保存）。如果想将工作簿另存到其他位置，则可以使用"文件"选项卡中的"另存为"命令，打开"另存为"对话框重新设置保存位置进行保存即可。

2. 重命名工作表

创建新工作簿并保存至指定文件夹之后，可以打开"办公用品采购申请表"。看到默认工作表数量为一个，并且默认名称为"Sheet1"，下面介绍重命名工作表的技巧。

❶ 双击 Sheet1 工作表标签，进入编辑状态，如图6-5所示。

❷ 直接输入新名称即可完成工作表的重命名，按 Enter 键确认即可，效果如图 6-6 所示。

图 6-5　　　　　　　　　图 6-6

6.1.2　标题文本的特殊化设置

标题文本的特殊化设置，能够清晰地区分标题与表格内容文本，同时提升表格的整体视觉效果。标题文字的格式一般包括跨表居中设置，以及字体格式设置。

❶ 选中 A1:E1 单元格区域，在"开始"选项卡的"对齐方式"组中单击"合并后居中"按钮，如图 6-7 所示。

❷ 保持选中状态，在"开始"选项卡的"字体"选项组中，重新设置字体与字号，设置后标题可以达到如图 6-8 所示的效果。

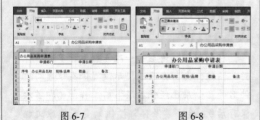

图 6-7　　　　　　　　　图 6-8

✍ 专家提醒

合并居中后，文字是垂直与水平都居中的状态，有时几个单元格需要合并但文字不一定要居中，这时可以单击"对齐方式"组中的这几个按钮重新更改对齐方式，可以设置左对齐、右对齐等。

6.1.3　表格边框底纹的自定义设置

Excel 2019 默认下显示的网格线只是用于

辅助单元格编辑，实际上这些线条是不存在的（通过进入打印预览状态下可以看到），如果要打印编辑好的表格，则需要为其添加边框。另外，为了美化表格或增强表达效果，特定区域的底纹设置也是很常用的一项操作。

1. 设置表格区域边框

边框一般设置在表格标题或表格表头除外的编辑区域，添加操作如下。

❶ 打开表格后，首先选中 A4:E20 单元格区域，在"开始"选项卡的"对齐方式"组中单击对话框启动器按钮（如图 6-9 所示），打开"设置单元格格式"对话框。

❷ 单击"边框"标签，在"样式"列表中选择线条样式。在"颜色"列表中选择要使用的线条颜色，在"预置"中单击"外边框"和"内部"按钮（如图 6-10 所示），即可将设置的样式和颜色同时应用到表格内外边框中，如图 6-11 所示。

❸ 设置完成后，单击"确定"按钮，即可看到边框的效果，如图 6-12 所示。

图 6-9　　　　　　　　　图 6-10

图 6-11　　　　　　　　　图 6-12

2. 设置单元格的部分框线修饰表格

单元格的框线并非是选中哪一块区域就一定设置全部的外边框与内边框，也可以只应用部分框线来达到修饰表格的目的。

Word / Excel / PPT 2019 高效办公从入门到精通（视频教学版）

❶选中 C2 单元格，按上一例中相同的方法打开"设置单元格格式"对话框。同样的先设置线条样式与颜色，然后在选择应用范围时，只要选中下框线按钮即可，如图 6-13 所示。同理如果想将线条应该于其他位置，则可以选择相应的按钮。

❷此时可以看到设置的部分框线效果，如图 6-14 所示 C2 和 E2 单元格。

图 6-13

图 6-14

3. 设置表格底纹

底纹设置一方面可以突显一些数据，同时合理的底纹效果也可以起到美化表格的作用。

❶选中 A4:E4 单元格区域，在"开始"选项卡的"字体"组中单击"填充颜色"下拉按钮，在下拉菜单中选择一种填充色，鼠标指针指向时可预览，单击即可应用，如图 6-15 所示。

❷返回表格后，可以看到如图 6-16 所示的底纹效果。

图 6-15　　　　　图 6-16

6.1.4　长文本的强制换行

在 Word 文档中想换一行时可以按 Enter 键，而在 Excel 单元格输入文本时却无法通过按 Enter 键换行。Excel 单元格中的文本不会自动换行，因此在输入文字时，若想让整体排版效果更加合理，有时需要强制换行。下面介绍具体操作方法。

❶输入"说明："文字后，按 Alt+Enter 组合

键，即可进入下一行，可以看到光标在下一行中闪烁，如图 6-17 所示。

❷输入第一条文字后，按 Alt+Enter 组合键再切换到下一行输入即可，如图 6-18 所示。

图 6-17　　　　　图 6-18

6.1.5　任意调节单元格的行高和列宽

如果表格默认的行高和列宽不满足设计需求，则还可以根据实际需要调节单元格的行高或列宽。比如表格标题所在行一般可通过增大行高、放大字体来提升整体视觉效果。

1. 调整单行单列

用户可以直接使用鼠标调整行、列边线的位置，达到表格设计需求。

❶鼠标指针指向要调整行的边线上，直到光标变为双向对拉箭头（如图 6-19 所示），按住鼠标左键向下拖动即可增大行高（如图 6-20 所示），释放鼠标即可显示效果如图 6-21 所示。

图 6-19　　　　　图 6-20

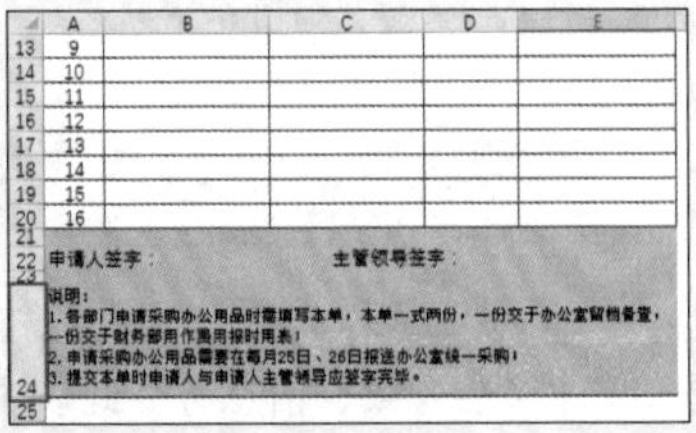

图 6-21

② 同理要调节列宽时，只要将鼠标指针指向要调整列的边线上，按住鼠标左键向右拖动增大列宽、向左拖动减小列宽，如图 6-22 所示。

图 6-22

图 6-25

2. 调整连续或不连续的多行多列

要一次调整多行的行高或多列的列宽，关键在于调整之前要准确选中要调整的行或列。选中之后，调整的方法与单行单列的调整方法一样。

下面介绍一次性选中连续行（列）和不连续行（列）的方法。

❶ 如果要一次性调整的行（列）是连续的，那么在选取时可以在要选择的起始行（列）的行标（列标）上单击鼠标，然后按住鼠标左键不放进行拖动即可选中多行或多列，如图 6-23 所示。释放鼠标左键即完成连续多列列宽的调整，如图 6-24 所示。

图 6-26

| 图 6-23 | 图 6-24 |

❷ 如果要一次性调整的行（列）是不连续的，则可以首先选中第一行（列），按住 Ctrl 键不放，再依次在要选择的其他行（列）的行标（列标）上单击，即可选择多个不连续的行（列），如图 6-25 所示。

❸ 按住鼠标左键拖动，释放鼠标左键即可完成不连续的多列列宽的调整，如图 6-26 所示。

知识扩展

如果要精确调整表格的行高和列宽，可以在选中行、列后，在"开始"选项卡的"单元格"组中单击"格式"下拉按钮，在打开的下拉列表中选择"行高"或"列宽"命令（如图 6-27 所示），即可分别打开"行高"对话框（如图 6-28 所示）和"列宽"对话框（如图 6-29 所示）。根据实际情况在数值框内输入数值即可。

图 6-27

图 6-28

图 6-29

6.2 ▶ 范例应用2：参会人员签到表

"参会人员签到表"是在公司会议中常见的表格之一，一般在公司会议之前都会有一个签到表，便于统计参会人数、信息等。此表主要包含会议名称、会议日期、参会人员姓名、单位、职务等相关信息，如图 6-30 所示。

Word / Excel / PPT 2019 高效办公从入门到精通（视频教学版）

图 6-30

6.2.1 为表头文字添加 会计用下画线

标题文字添加下画线效果是一种很常见的修饰标题的方式，下面为本例的标题添加会计用下画线效果。

❶ 在"开始"选项卡的"字体"组中单击对话框启动器按钮（如图 6-31 所示），打开"设置单元格格式"对话框。

图 6-31

❷ 在"下划线"栏中单击下拉按钮，在展开的下拉列表中选择"会计用单下划线"命令（如图 6-32 所示），单击"确定"按钮，即可得到下画线效果，如图 6-33 所示。

图 6-32   图 6-33

6.2.2 设置文字竖排效果

默认的文字方向是横向显示的，如果表格中需要将长文本显示在指定列宽的单元格内，那么除了使用"强制换行"功能，还可以设置文字为"竖排"效果。

❶ 打开表格选中 G4 单元格，在"开始"选项卡的"对齐方式"组中单击"方向"下拉按钮，在弹出的列表中选择"竖排文字"命令，如图 6-34 所示。

❷ 此时可以看到 G4 单元格内的文字已竖排显示，效果如图 6-35 所示。

图 6-34   图 6-35

6.2.3 隔行底纹的美化效果

在前面我们学习了连续单元格的底纹设置，本例中介绍隔行底纹的美化效果。

❶ 先为表格包含列标识在内的区域添加边框线，然后按住 Ctrl 键不放，依次选中需要设置底纹的单元格区域，如图 6-36 所示。

❷ 在"开始"选项卡的"字体"组中单击"填充颜色"下拉按钮，在弹出的下拉列表中选择"浅灰色"（如图 6-37 所示），即可为选中的单元格设置纯色填充的底纹效果。鼠标指向时可即时预览，单击即可应用。

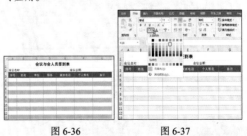

图 6-36   图 6-37

6.2.4　将公司名称添加为页眉

下面介绍如何为制作好的表格添加页眉，并在页眉显示公司名称。

❶ 打开表格，在"视图"选项卡的"工作簿视图"组中单击"页面布局"按钮（如图 6-38 所示），进入页眉、页脚视图。

❷ 在页眉的第一个区域输入公司名称，并在"开始"选项卡的"字体"组中分别设置页眉字体的颜色、字形等格式，如图 6-39 所示。

图 6-40

知识扩展

在页面视图状态下，拉到最底部，可以看到页脚设置区域，直接单击其中的第一个区域部分，并输入相关页脚内容即可，如图 6-41 所示。

图 6-41

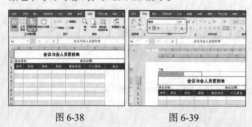

图 6-38　　　　图 6-39

❸ 设置完毕后，在任意空白处单击，即可退出页眉、页脚编辑状态，可以预览表格中的页眉效果，

6.3　范例应用3：员工信息管理表

员工信息数据是任何一家企业都必须做出统计的数据，根据员工信息表格，可以使用公式计算出很多有用的数据（本书第9章会介绍公式在人事信息数据表中的应用）。

如图 6-42 所示的表格，可以从员工的基本信息中，提取出生日期，并通过公式计算得到工龄。性别和学历等有规律的数据还可以设置数据验证，实现数据的快速准确输入。

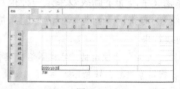

图 6-42

6.3.1　员工工号的批量填充

员工信息管理表最基础的数据就是员工的

工号，关于工号的组成，各个公司的要求都是不同的，但是都有一定规律可循。比如要输入 NL 开头的序号，需要使用表格的填充功能。

1. 填充连续序列

表格中的填充柄不但可以实现数据和公式的复制，还可以实现连续序列的快速填充。

首先在 A3 单元格输入起始员工编号 NL001（如图 6-43 所示），拖动 A3 单元格右下角的填充柄向下填充数据，释放鼠标左键后，即可看到连续员工编号的填充效果，如图 6-44 所示。

图 6-43

图 6-44

Word / Excel / PPT 2019 高效办公从入门到精通（视频教学版）

2. 填充不连续序列

❶ 首先分别输入第一个和第二个编号 NL001、NL006，选中 A3:A4 单元格区域，将鼠标光标移至 A4 单元格的右下角，如图 6-45 所示。

❷ 拖动右下角的填充柄向下复制编号，即可看到员工编号按照指定的等差值填充不连续的序列，效果如图 6-46 所示。

图 6-45   图 6-46

6.3.2 填充以 0 开头的编号

当我们直接在单元格内输入以 0 开始的编号时，会自动省略掉 0，在这种情况下可以通过一些小技巧来避免。

❶ 选中 A3 单元格，依次输入 "'001"，如图 6-47 所示。

❷ 按 Enter 键后，即可输入以 0 开头的编号，拖动右下角的填充柄向下至 A20 单元格，释放鼠标左键后，即可完成以 0 开头编号的快速填充，效果如图 6-48 所示。

图 6-47   图 6-48

6.3.3 相同部门的一次性填充

如果已经事先在相关单元格内输入了各部

门名称，则可以使用一次性填充功能，将下方的空白单元格快速填充和上部单元格相同的内容。本例中需要使用 "定位条件" 功能。

❶ 打开表格后，选中要填充所属部门的所有包含数据和空白的单元格区域，按 F5 键打开 "定位" 对话框，如图 6-49 所示。单击 "定位条件" 按钮，打开 "定位条件" 对话框。

❷ 选中 "空值" 单选按钮即可，如图 6-50 所示。

图 6-49   图 6-50

❸ 单击 "确定" 按钮返回表格，此时可以看到所有空白单元格都已被选中。

❹ 在编辑栏中输入公式：=E3（如图 6-51 所示），按 Ctrl+Enter 组合键后，即可快速填充上方的部门名称，完成部门的一次性快速填充，效果如图 6-52 所示。

图 6-51   图 6-52

6.3.4 约束日期的规范录入

在员工信息管理表中，需要输入每位员工的入职时间，为了能确保录入正确格式的入职时间，比如 2020/1/2，可以在 "设置单元格格式" 对话框中设置好日期的格式。

1. 使用内置日期

❶ 打开表格，分别选中要输入日期的两列单元

格区域，在"开始"选项卡的"数字"组中单击右下角的对话框启动器按钮（如图 6-53 所示），打开"设置单元格格式"对话框。

图 6-53

❷ 在左侧"分类"列表中单击"日期"，在右侧"类型"列表中选择一种合适的日期类型即可，如图 6-54 所示。

❸ 单击"确定"按钮返回表格，当在相应单元格内输入日期时，会自动返回指定的日期格式，效果如图 6-55 所示。

图 6-54   图 6-55

2. 自定义日期格式

除了默认格式可以更改外，用户还可以自定义日期格式（需要注意的是，自定义格式是以现有格式为基础，生成的自定义数字格式），具体操作如下。

❶ 在"开始"选项卡的"数字"组中单击对话框启动器按钮，打开"设置单元格格式"对话框。在"分类"列表框中单击"自定义"按钮，拖动"类型"列表框右侧的滚动条，单击选中"yyyy/m/d h:mm"选项，如图 6-56 所示

❷ 在"类型"文本框中单击定位光标，将格式更改为 mm-dd-yy 样式，如图 6-57 所示。

❸ 单击"确定"按钮，返回到工作表中，即可看到日期显示为 mm-dd-yy 格式，如图 6-58 所示。

图 6-56   图 6-57

图 6-58

6.3.5 设置"性别"列的选择输入序列

我们在人事信息表中输入员工所属部门、性别、职位、学历等有规律可循的数据时，为了提高输入的准确性和速度，可以使用表格的"数据验证"功能，通过设置自动填写序列，实现相同数据的快速填充。

❶ 选中 C3:C20 单元格区域，在"数据"选项卡的"数据工具"组中单击"数据验证"按钮（如图 6-59 所示），打开"数据验证"对话框。

❷ 设置"允许"条件为"序列"，在"来源"文本框中输入"男,女"（注意要在英文半角状态输入法下输入","），如图 6-60 所示。

图 6-59   图 6-60

❸ 单击"确定"按钮返回表格，单击 C3 单元格

Word / Excel / PPT 2019 高效办公从入门到精通（视频教学版）

后，可以在打开的下拉列表显示可选择序列"男"或"女"，如图 6-61 所示。

④ 依次在下拉列表中选择对应的员工性别即可，效果如图 6-62 所示。

图 6-61 　　　　　图 6-62

知识扩展

打开"数据验证"对话框后，可以事先在表格空白区域输入好序列名称（部门），利用拾取器按钮拾取 C3:C6 单元格区域即可，如图 6-63 所示。

图 6-63

6.3.6　工龄的计算

下面需要根据每位员工的入职时间和离职时间，计算员工的工龄。

① 选中 J3 单元格，在编辑栏中输入公式：
=IF(I3<>"",YEAR(I3)-YEAR(D3), (YEAR (TODAY())-YEAR(D3)))

按 Enter 键，即可根据第一位员工的入职时间和离职时间计算出该员工的工龄，如图 6-64 所示。

图 6-64

② 选中 J3 单元格，将光标移到 J3 单元格的右下角，待光标变成十字形状后，按住鼠标左键向下拖动进行公式填充，即可计算出所有员工的工龄，如图 6-65 所示。

图 6-65

6.3.7　突出显示工龄超过 5 年的记录

完成员工信息管理表的数据录入之后，下面需要使用"条件格式"功能将工龄大于等于 5 年的记录以特殊格式突出显示。

① 选中"工龄"列的单元格区域，在"开始"选项卡的"样式"组中单击"条件格式"下拉按钮，在展开的下拉菜单中可以选择条件格式，此处选择"突出显示单元格规则"子菜单中的"大于"命令，如图 6-66 所示。打开"大于"对话框。

图 6-66

② 设置单元格值大于 5 显示为"浅红填充色深红色文本"，如图 6-67 所示。

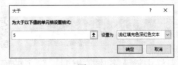

图 6-67

③ 单击"确定"按钮回到工作表中，即可看到工龄 5 年以上的单元格显示为特殊格式，效果如图 6-68 所示。

图 6-68

Word / Excel / PPT 2019 高效办公从入门到精通（视频教学版）

知识扩展

在设置满足条件的单元格显示格式时，默认格式为"浅红填充色深红色文本"，可以单击右侧的下拉按钮，从下拉列表中重新选择其他格式（如图 6-69 所示），或单击下拉列表中的"自定义格式"命令，打开"单元格格式设置"对话框来自定义特殊的格式。

图 6-69

6.3.8 筛选剔除已离职数据

下面需要使用表格的"筛选"功能将已经离职的人员筛选出来，只需要判断"离职日期"列是否空白即可。

❶ 选中表格编辑区域任意单元格，在"数据"选项卡的"排序和筛选"组中单击"筛选"按钮，如

6.4 ▶ 妙招技法

在表格中输入各类数据时，除了前面介绍的各种技巧之外，还可以设置在填充时排除工作日、设置时间按分钟数递增填充，以及让数据区域同增（同减）同一数值等。

图 6-70 所示，则可以在表格所有列标识上添加筛选下拉按钮。

图 6-70

❷ 单击要进行筛选的字段右侧按钮，如此处单击"离职日期"列标识右侧的下拉按钮，在下拉菜单中取消选中"空白"复选框，选中"全选"复选框，如图 6-71 所示。

图 6-71

❸ 单击"确定"按钮，即可筛选出所有满足条件的记录（即包含离职日期的单元格），如图 6-72 所示。

员工信息管理表

图 6-72

6.4.1 填充日期时排除非工作日

有时在批量输入日期时只想输入工作日日

期（如在建立值日表或考勤表时）。对此，在填充日期时可以进行填充选项的选择，从而实现只填充工作日日期。

❶ 打开工作簿后，首先在 A3 单元格输入第一个日期 2020/3/1，再将鼠标指针指向 A3 单元格右下角位置，如图 6-73 所示。

❷ 拖动 A3 单元格右下角的填充柄至 A19 单元格即可填充所有 3 月份的日期。单击"自动填充选项"下拉按钮，在弹出的菜单中选中"填充工作日"单选按钮，如图 6-74 所示。此时可以看到表格中只填充了工作日日期，如图 6-75 所示。

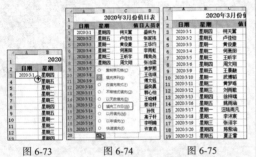

图 6-73　　　　图 6-74　　　　图 6-75

6.4.2　填充时间按分钟数递增

由于表格中想要每间隔 10 分钟统计一次网站的点击数，所以要在"分钟"列实现以 10 分钟递增的显示效果，但在输入首个时间进行填充时，默认的填充效果却是以小时递增（如图 6-76 所示），要解决此问题可以按如下方法操作。

	A	B	C
1	日期	分钟	点击数
2	2020/5/1	8:00:00	
3	2020/5/1	9:00:00	
4	2020/5/1	10:00:00	
5	2020/5/1	11:00:00	
6	2020/5/1	12:00:00	
7	2020/5/1	13:00:00	
8	2020/5/1	14:00:00	

图 6-76

❶ 在 B2 单元格中输入起始时间"8:00:00"，在 B3 单元格中输入间隔 10 分钟后的时间"8:10:00"（此操作的关键在于这两个填充源的设置）。选中 B2:B3 单元格区域，当出现黑色十字型时，向下拖动，如图 6-77 所示。

❷ 拖动至填充结束释放鼠标后，即可得到按分钟数递增的结果，如图 6-78 所示。

图 6-77 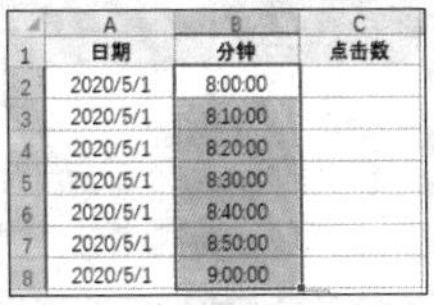　　　　　　图 6-78

6.4.3　让数据区域同增（同减）同一数值

表格汇总了员工工资，现在需要在工资发放时同时统一给予 350 元的补贴。这里可以使用"选择性粘贴"功能中的"加""减""乘""除"运算规则实现一次性计算。

❶ 选中 E2 单元格，按 Ctrl+C 组合键执行复制，如图 6-79 所示。

❷ 选中 C2:C9 单元格区域（此列数据当前与 B 列一样，是复制过来的），在"开始"选项卡的"剪贴板"组中单击"粘贴"下拉按钮，在打开的下拉列表中选择"选择性粘贴"命令（如图 6-80 所示），打开"选择性粘贴"对话框。在"运算"栏下选中"加"单选按钮，如图 6-81 所示。

❸ 单击"确定"按钮完成设置，此时可以看到"实际发放"列中所有工资都统一加上了数字 350，并得到新的工资，如图 6-82 所示。

图 6-79 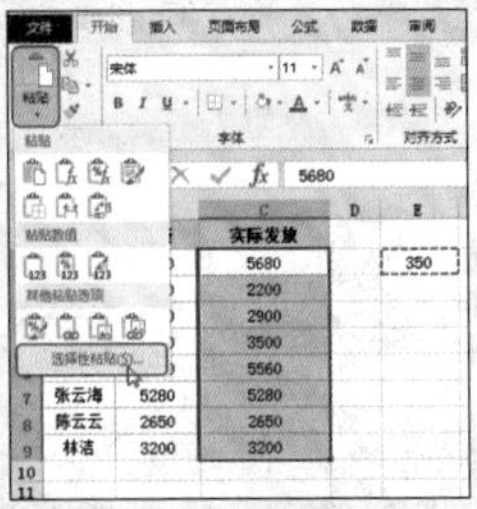　　　　　　图 6-80

图 6-81 　　　　　　图 6-82

第 7 章

表格数据的筛查和分类汇总

数据筛选常用于对数据库的分析。通过设置筛选条件可以快速将数据库中满足指定条件的数据记录筛选出来，使得数据的查看更具针对性。分类汇总，顾名思义，就是先分类再汇总，即将同一类的数据自动添加合计或小计，如按部门统计总销售额、统计档案表中的男女人数、统计各班级的考试平均成绩等。此功能是数据库分析过程中一个非常实用的功能。

- 单条件快速排序
- 双关键字排序
- 自定义排序

- 添加筛选按钮
- 高级筛选
- 分类汇总

7.1 范例应用1：库存商品明细表

商品库存表中包含了商品的基本明细和库存数量，为了快速查看哪些商品库存充足，以及哪些商品库存告急，可以按照商品的品牌或者产品名称对库存量排序。如图7-1所示，分别按照品牌和产品名称对库存数量进行了降序排列。

	A	B	C	D
1	编码	品牌	产品名称	库存数量
2	G-0002	雅姿养颜	VB 小	20
3	G-0003	雅姿养颜	VC 大	14
4	G-0001	雅姿养颜	蛋白质粉	41
5	D-0003	雅姿个护	雅姿®浓缩素口水	21
6	D-0004	雅姿个护	雅姿®保湿爽肤喷雾	15
7	D-0005	雅姿个护	雅姿®持久造型定型水	15
8	D-0002	雅姿个护	雅姿®清爽造型者喱	65
9	D-0001	雅姿个护	雅姿®深层修护润发乳	12
10	E-0004	雅姿辅销品	雅姿·粉底液取用器	18
11	E-0003	雅姿辅销品	雅姿·化妆笔	15
12	E-0004	雅姿辅销品	雅姿·两用粉饼盒	22
13	E-0002	雅姿辅销品	营养餐盒	15
14	A-0002	雅漾	精纯弹力眼精华	45
15	A-0005	雅漾	唇后护理霜	14
16	A-0001	雅漾	特效滋养霜	8
17	A-0003	雅漾	微脂囊全效明眸明唇喱	13
18	A-0004	雅漾	阳光防护凝露	15

图 7-1

7.1.1 快速排序查看极值

通过排序可以快速得出指定条件下的最大值、最小值等信息。下面需要将所有商品的库存数量从高到低降序排序。

❶将光标定位在"库存数量"列任意单元格中，在"数据"选项卡中的"排序和筛选"选项组中单击"降序"按钮，如图7-2所示。

图 7-2

❷单击按钮后，即可看到整张工作表按"库存数量"从大到小排列，如图7-3所示。

	A	B	C	D
1	编码	品牌	产品名称	库存数量
2	B-0003	欧兰素	毛孔清透洁面乳	65
3	D-0002	雅姿个护	雅姿®清爽造型者喱	65
4	C-0002	遥之泉	珍珠白脱活精	55
5	A-0002	雅漾	精纯弹力眼精华	45
6	C-0003	遥之泉	珍珠白晶彩绚颜修容霜	44
7	G-0001	雅姿养颜	蛋白质粉	41
8	E-0004	雅姿辅销品	雅姿·两用粉饼盒	22
9	D-0003	雅姿个护	雅姿·浓缩素口水	21
10	G-0002	雅姿养颜	VB 小	20
11	E-0004	雅姿辅销品	雅姿·粉底液取用器	18
12	A-0004	雅漾	阳光防护凝露	15
13	C-0003	遥之泉	珍珠白晶采紧致敏颜部菁华	15
14	C-0004	遥之泉	珍珠白同护提套装	15
15	D-0004	雅姿个护	雅姿®保湿爽肤喷雾	15
16	D-0005	雅姿个护	雅姿®持久造型定型水	15
17	E-0002	雅姿辅销品	营养餐盒	15
18	E-0003	雅姿辅销品	雅姿·化妆笔	15
19	A-0005	雅漾	唇后护理霜	14
20	B-0004	欧兰素	水氧活能清润菁露	14
21	G-0003	雅姿养颜	VC 大	14
22	A-0003	雅漾	微脂囊全效明眸明唇喱	13
23	B-0002	欧兰素	毛孔紧致清透礼盒	13

图 7-3

📖 **专家提醒**

如果要执行从低到高排序，则可以单击"升序"按钮。

7.1.2 满足双关键字的排序

双关键字排序用于当按第一个关键字排序时出现重复记录，再按第二个关键字排序的情况下。例如在本例中，可以先按"品牌"进行排序，然后再根据"产品名称"进行排序，从而方便查看同一品牌各种商品的库存情况。

❶选中表格编辑区域任意单元格，在"数据"选项卡中的"排序和筛选"选项组中，单击"排序"按钮（如图7-4所示），打开"排序"对话框。

❷在"主要关键字"下拉列表中选择"品牌"，在"次序"下拉列表中选择"降序"，如图7-5所示。

图 7-4　　　　图 7-5

❸单击"添加条件"按钮，在下拉列表中添加"次要关键字"。

❹在"次要关键字"下拉列表中选择"产品名称"，在"次序"下拉列表中选择"升序"，如图7-6所示。

❺ 单击"确定"按钮可以看到表格中首先按"品牌"降序排序，对于相同品牌的商品按"产品名称"升序排序，如图7-7所示。

开的下拉菜单中选择"职称"选项，然后单击"次序"下拉按钮，在展开的列表中选择"自定义序列"选项（如图7-8所示），打开"自定义序列"对话框。

❸ 在"输入序列"文本框中按职称的高低顺序输入序列，如图7-9所示。

图7-6　　　　　　图7-7

图7-8　　　　　　图7-9

7.1.3 自定义排序规则

程序可以根据数值的大小进行排序，也可以按文本首字、终字的顺序进行排序，但是在实际工作中想达到的排序结果，程序并不能都识别，例如按学历、职位、地域等排序。如果想要实现这种效果，则还可以自定义排序规则，下面介绍按职称从高到低排序（即按"教授—副教授—讲师—助教"）的顺序方法。

❶ 选中工作表的任意单元格，在"数据"选项卡的"排序和筛选"组中单击"排序"按钮，打开"排序"对话框。

❷ 单击"主要关键字"右侧的下拉按钮，在展

❹ 单击"确定"按钮返回"排序"对话框中，在"次序"下即可看到所引用的职称序列，如图7-10所示。

❺ 单击"确定"按钮返回工作表，即可看到工作表已按所设定的职称顺序显示的排序效果，如图7-11所示。

图7-10　　　　　　图7-11

7.2 范例应用2：工资核算表的筛查分析

"工资核算表"是公司财务管理中的重要表格之一，包含了每位员工的基本工资、各项奖金以及扣款金额、个人所得税，并最终算出实发工资额等数据。如图7-12所示为筛选出了"设计部"的工资记录，如图7-13所示为使用"高级筛选"功能筛选出满足多个条件的工资记录。

7.2.1 筛选查看某部门的工资数据

本例中需要筛选"设计部"的工资记录，可以直接设置筛选条件为"设计部"即可。

❶ 选中表格编辑区域任意单元格，在"数据"选项卡的"排序和筛选"组中单击"筛选"按钮（如图7-14所示），则可以在表格所有列标识上添加自动筛选按钮。

❷ 单击要进行筛选的字段右侧按钮，如此处单击"部门"列标识右侧下拉按钮，在下拉菜单中取消选中"全选"复选框，选中"设计部"复选框，如图7-15所示。

❸ 单击"确定"按钮，即可筛选出所有满足条件的记录（即部门为"设计部"的记录），如图7-16所示。

图7-12

图7-13

Word / Excel / PPT 2019 高效办公从入门到精通（视频教学版）

图 7-14

图 7-15

图 7-16

7.2.2 筛选查看工资额大于8000元的记录

本例需要将工资核算表中实发工资大于8000元的记录筛选出来，可以使用数字筛选功能。

❶ 选中表格编辑区域任意单元格，在"数据"选项卡的"排序和筛选"组中单击"筛选"按钮，则可以在表格所有列标识上添加筛选下拉按钮。

❷ 单击"实发工资"列标识右侧下拉按钮，在打开的菜单中用鼠标指向"数字筛选→大于"，如图 7-17 所示，打开"自定义自动筛选方式"对话框。

图 7-17

❸ 设置大于数值为 8000，如图 7-18 所示。

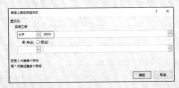

图 7-18

❹ 单击"确定"按钮，即可筛选出所有满足条件的记录（即实发工资大于8000元的记录），如图 7-19 所示。

图 7-19

7.2.3 高级筛选

采用高级筛选方式可以将筛选到的结果存放到其他位置上，以便于得到单一的分析结果，便于使用。在高级筛选方式下可以实现只满足一个条件的筛选（即"或"条件筛选），也可以实现同时满中两个条件的筛选（即"与"条件筛选）。

1. "与"条件筛选（筛选出同时满足多条件的所有记录）

工资核算表中统计了员工的部门、工龄和实发工资数据，下面需要使用高级筛选功能的"与"条件，将销售部中工龄大于5年且实发工资在8000元（包含）以上的记录筛选出来。

❶ 在空白处设置条件，注意要包括列标识，如图 7-20 所示，N2:P3 单元格区域为设置的条件。

图 7-20

❷ 在"数据"选项卡的"排序和筛选"组中单击"高级"按钮（如图 7-21 所示），打开"高级筛选"对话框。

❸ 在"列表区域"中设置参与筛选的单元格区域（可以单击右侧的 按钮在工作表中选择），在"条件区域"中设置条件单元格区域，选中"将筛选结果复制到其他位置"单选按钮，再在"复制到"中设置要将筛选后的数据放置的起始位置，如图 7-22 所示。

❹ 单击"确定"按钮即可筛选出同时满足多个

条件的记录，如图 7-23 所示。

图 7-21　　　　　　　　図 7-22

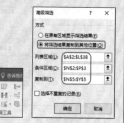

图 7-23

2. "或"条件筛选（筛选出满足多条件中任意条件的所有记录）

下面需要使用"或"条件高级筛选，将工龄在 10 年以上或者实发工资在 8000 元以上的工资记录筛选出来，只要满足其中一个条件即可。

❶ 在空白处设置条件，注意要包括列标识，如图 7-24 所示，N2:O4 单元格区域为设置的条件。

❷ 在"数据"选项卡的"排序和筛选"组中单击"高级"按钮，打开"高级筛选"对话框。

❸ 在"列表区域"中设置参与筛选的单元格区域（可以单击右侧的 圙 按钮在工作表中选择），在"条件区域"中设置条件单元格区域，选中"将筛选结果复制到其他位置"单选按钮，再在"复制到"中设置要将筛选后的数据放置的起始位置，如图 7-25 所示。

图 7-24　　　　　　　　图 7-25

❹ 单击"确定"按钮即可筛选出满足条件的记录，如图 7-26 所示。

图 7-26

7.3　范例应用3：日常费用管理的月汇总统计

在日常费用管理表格中包括了不同日期下各部门不同费用类别的支出统计数据，使用分类汇总功能可以轻松按部门、费用类别来统计总支出额。

如图 7-27 所示为表格按部门汇总的费用支出总额，如图 7-28 所示为按费用类别统计的支出总额。

图 7-27　　　　　　　　图 7-28

7.3.1　按部门汇总日常费用

在创建分类汇总前需要对所汇总的数据进行排序，即将同一类别的数据排列在一起，然后将各个类别的数据按指定方式汇总。例如在本例中，首先要按"产生部门"字段进行排序，然后进行分类汇总设置。

❶ 选中"产生部门"列中任意单元格。在"数据"选项卡的"排序和筛选"组中，单击"降序"按钮（如图 7-29 所示）进行排序，结果如图 7-30 所示。

❷ 在"数据"选项卡中的"分级显示"选项组中，单击"分类汇总"按钮，如图 7-31 所示。打开"分类汇总"对话框。

❸ 单击"分类字段"设置框右侧下拉按钮，在下拉列表中选中"产生部门"字段，在"选定汇总项"列表框中选中"支出金额"复选框，如图 7-32 所示。

❹ 设置完成后，单击"确定"按钮，即可显

Word / Excel / PPT 2019 高效办公从入门到精通（视频教学版）

示分类汇总后的结果（汇总项为"支出金额"），如图 7-33 所示。

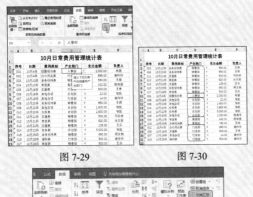

图 7-29　　　　　　图 7-30

图 7-31

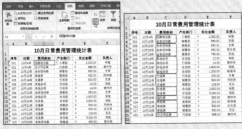

图 7-32　　　　　　图 7-33

7.3.2　按费用类别汇总日常费用

本例中需要按费用类别统计日常支出总费用，首先要按"费用类别"字段进行排序，然后进行分类汇总设置。

❶ 选中"费用类别"列中任意单元格。在"数据"选项卡的"排序和筛选"组中，单击"降序"按钮（如图 7-34 所示）进行排序，结果如图 7-35 所示。

❷ 在"数据"选项卡中的"分级显示"选项组中，单击"分类汇总"按钮，打开"分类汇总"对话框。

❸ 单击"分类字段"设置框右侧下拉按钮，在下拉列表中选中"费用类别"字段，在"选定汇总项"列表框中选中"支出金额"复选框，如图 7-36 所示。

❹ 设置完成后，单击"确定"按钮，即可显示分类汇总后的结果（汇总项为"支出金额"），如图 7-37 所示。

图 7-36　　　　　　图 7-37

7.3.3　复制使用分类汇总的结果

将表格数据按照分类汇总统计，最终显示出分类汇总的结果后，其他条目实际是被隐藏了，如果将汇总结果复制到其他位置使用，默认会连同隐藏的数据一并复制。如图 7-38 所示是分类汇总的结果，其只显示了分类汇总条目，其他明细条目被隐藏，当复制此结果到别处使用时，却连同所有隐藏的数据都被复制了，如图 7-39 所示。下面介绍如何复制使用分类汇总结果。

图 7-38　　　　　　图 7-39

❶ 选中显示分类汇总结果的单元格区域，在"开始"选项卡的"编辑"组中单击"查找和替换"下拉按钮，在打开的下拉列表中选择"定位条件"命

令（如图 7-40 所示），打开"定位条件"对话框。

图 7-40

❷ 选中"可见单元格"单选按钮（如图 7-41 所示），单击"确定"按钮即可在工作表中选中所有可见单元格。按 Ctrl+C 组合键复制（如图 7-42 所示），选择要粘贴到的位置后，按 Ctrl+V 组合键进行粘贴即可，效果如图 7-43 所示。

❸ 删除不需要的列数据并调整表格，得到如图 7-44 所示表格。

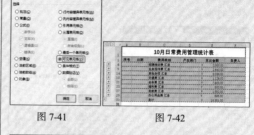

图 7-41　　　　　　图 7-42

图 7-43　　　　　　图 7-44

7.4 妙招技法

前面范例介绍了很多排序和筛查数据，以及分类汇总数据的技巧，下面介绍如何按照底纹颜色、图标进行排序。将设置了条件格式的数据按指定要求排序，也可以通过排序功能对数据排序实现多层数据的分类汇总。

7.4.1 按底纹颜色排序

为了突出表格中的数据而为单元格添加了底纹或者条件格式的话，会显示不同的单元格颜色，下面介绍如何使用排序功能将单元格按照相同颜色重新排序。

❶ 打开工作表，选中"平均分"列数据任意单元格（单元格区域中有不同颜色底纹设置），切换到"数据"选项卡的"排序和筛选"组单击"排序"按钮（如图 7-45 所示），打开"排序"对话框。

图 7-45

❷ 设置"主要关键字"为"平均分"，"排序依

据"为"单元格颜色"，"次序"选择"黄色底纹效果"，设置显示位置为"在顶端"，如图 7-46 所示。

❸ 单击"确定"按钮，即可将黄色底纹单元格区域显示在顶端，如图 7-47 所示。

图 7-46　　　　　　图 7-47

7.4.2 按图标排序

"条件格式"中经常会使用图标集为不同范围的数据单元格添加相应的图标，本例中是将优秀业绩数据添加红色旗帜图标，下面需要使用排序功能将旗帜所在单元格显示在区域顶端以便突出显示优秀数据。

❶ 打开工作表，选中"销量"列数据任意单元格（单元格区域中有红色旗帜图标），切换到"数据"选项卡的"排序和筛选"组中单击"排序"按钮（如图 7-48 所示），打开"排序"对话框。

❷ 设置"主要关键字"为"销量"，"排序依据"为"条件格式图标"，"次序"为红色旗帜图标，再设置排序规则为"在顶端"，如图 7-49 所示。

❸单击"确定"按钮,即可将红色旗帜图标单元格显示在顶端,如图7-50所示。

图7-48

图7-49　　　　　图7-50

7.4.3　多层分类汇总

前面介绍的范例中都是单字段分类汇总,下面需要实现多级别分类汇总,比如按系列统计各类商品的销售数据。

❶打开工作表,选中"系列"列数据任意单元格,切换到"数据"选项卡的"排序和筛选"组中单击"降序"按钮,如图7-51所示,即可将相同的系列名称汇总在一起。

❷继续选中"商品"列数据任意单元格,切换到"数据"选项卡的"排序和筛选"组中单击"降序"按钮,如图7-52所示,即可将相同的商品名称汇总在一起。

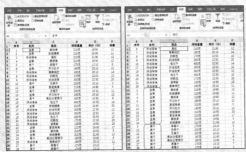

图7-51　　　　　图7-52

❸最终数据排序结果如图7-53所示。打开"分类汇总"对话框,设置"分类字段"为"系列","汇总方式"为"求和","选定汇总项"为"销量",如

图7-54所示。

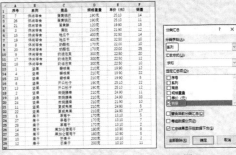

图7-53　　　　　图7-54

❹单击"确定"按钮,即可按系列名称汇总销量值,如图7-55所示。

图7-55

❺再次打开"分类汇总"对话框,设置二级"分类字段"为"商品","汇总方式"为"求和","选定汇总项"为"销量",取消选中"替换当前分类汇总"复选框(如图7-56所示)。单击"确定"按钮,即可按商品名称再次汇总销量值,如图7-57所示。

图7-56　　　　　图7-57

🖊专家提醒

如果要替换第一次的分类汇总执行新的分类汇总计算,则可以选中"替换当前分类汇总"复选框。

第
数据透视分析报表
8
章

分析数据除了可以使用筛选和排序、分类汇总功能，还可以为数据创建数据透视表，将某一类数据汇总统计，比如按月统计销售数据、按费用类别统计总支出额、按学历统计占百分比值等，用户可以通过设置不同的字段名称、字段位置、字段顺序以及值汇总方式，对大数据表格执行分类汇总统计。

- 了解数据透视表的结构和作用
- 创建数据透视表
- 数据透视表的字段设置
- 企业人事信息分析报表

8.1 了解数据透视表

数据透视表是一种交互式报表，可以快速分类汇总比较大量的数据。如果要分析相关的汇总值，尤其是在要合计较大的列表并对每个数字进行多种比较时，则可以使用数据透视表。通过行和列字段的不同设置，可以快速查看不同的统计结果。

8.1.1 数据透视表的作用

数据透视表有机地综合了数据排序、筛选、分类汇总等数据分析的优点，在建立数据表之后，通过鼠标拖动来调节字段的位置，可以快速获取不同的统计结果，即表格具有动态性。用户还可以调整分类汇总的方式从而计算不同的汇总额，如计数或平均值等。另外，我们还可以根据数据透视表直接生成图表（即数据透视图），从而更直观地查看数据分析结果。

在如图 8-1 所示的表格中，通过创建数据透视表，只需要轻拖几个字段就可以快速统计出每个销售部门的提成总额（实际工作中可能会有更多条数据，这里只列举部分数据进行讲解）。

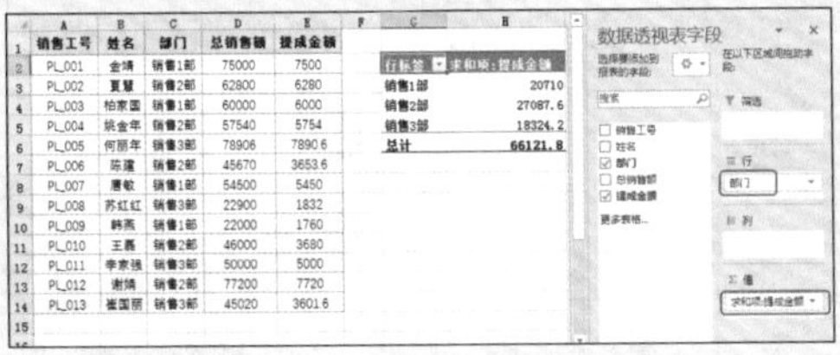

图 8-1

例如如图 8-2 所示的数据透视表，通过字段的分组设置，还可以统计出各个提成金额区间中对应的人数。

销售工号	姓名	部门	总销售额	提成金额
PL_001	金靖	销售1部	75000	7500
PL_002	夏慧	销售2部	62800	6280
PL_003	柏家国	销售1部	60000	6000
PL_004	姚金年	销售2部	57540	5754
PL_005	何丽年	销售3部	78906	7890.6
PL_006	陈建	销售2部	45670	3653.6
PL_007	唐敏	销售1部	54500	5450
PL_008	苏红红	销售3部	22900	1832
PL_009	韩燕	销售1部	22000	1760
PL_010	王磊	销售2部	46000	3680
PL_011	李家强	销售3部	50000	5000
PL_012	谢娟	销售2部	77200	7720
PL_013	崔国丽	销售3部	45020	3601.6

行标签	求和项：提成金额
销售1部	20710
销售2部	27087.6
销售3部	18324.2
总计	66121.8

行标签	人数
5000以下	5
5000-6000	5
6000以上	3
总计	13

图 8-2

例如如图 8-3 所示表格中的员工加班记录表，一位员工可能对应多条加班记录，数据表是按日期逐条记录的，因此在月末需要对每位员工的总加班费进行核算。虽然数据看上去杂乱找不到任何规律，但利用数据透视表可以很轻松地做出统计。建立数据透视表，添加"姓名""加班小时数""加班费统计"几个字段到相应的区域中即可得到统计结果，如图 8-4 所示。

7月份加班记录表

编号	姓名	加班时间	加班类型	开始时间	结束时间	加班小时数	加班费统计
001	胡莉	2020/7/2	平常日	17:30	21:30	4	75
002	王青	2020/7/2	平常日	18:00	22:00	4	75
003	何以玫	2020/7/3	平常日	17:30	22:30	5	93.75
004	王飞扬	2020/7/4	公休日	17:30	22:00	4.5	168.75
005	童瑶瑶	2020/7/4	公休日	17:30	21:00	3.5	131.25
006	王青	2020/7/5	公休日	9:00	17:30	8.5	318.75
007	吴晨	2020/7/6	平常日	9:00	17:30	8.5	159.375
008	胡莉	2020/7/7	平常日	17:30	20:00	2.5	46.875
009	钱毅力	2020/7/8	平常日	18:30	22:00	3.5	65.625
010	王飞扬	2020/7/9	平常日	17:30	22:00	4.5	84.375
011	管一非	2020/7/10	平常日	17:30	22:00	4.5	84.375
012	童瑶瑶	2020/7/10	平常日	17:30	21:00	3.5	65.625
013	胡莉	2020/7/11	公休日	17:30	21:30	4	150
014	吴晨	2020/7/12	公休日	9:00	17:30	8.5	318.75
015	胡莉	2020/7/13	平常日	9:00	17:30	8.5	159.375
016	王青	2020/7/14	平常日	17:30	20:00	2.5	46.875
017	王飞扬	2020/7/15	平常日	18:00	22:00	4	75
018	胡莉	2020/7/15	平常日	17:30	22:00	4.5	84.375
019	钱毅力	2020/7/16	平常日	17:30	22:00	4.5	84.375
020	王飞扬	2020/7/17	平常日	18:00	21:00	3	56.25
021	胡莉	2020/7/18	公休日	18:00	21:30	3.5	131.25
022	管一非	2020/7/19	公休日	9:00	17:30	8.5	318.75
023	胡莉	2020/7/20	平常日	9:00	17:30	8.5	159.375
024	何以玫	2020/7/20	平常日	9:00	17:30	8.5	159.375

图 8-3

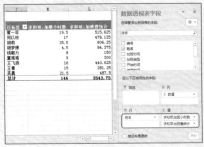

图 8-4

通过上面几个例子可以看到，通过数据透视表可以得到我们所需要的各种统计分析结果，同时它对数据分析是非常有用和必要的。

8.1.2 数据透视表的结构

数据透视表创建完成后，就可以在工作表中显示数据透视表的结构与组成元素，有专门用于编辑数据透视表的菜单，并显示字段列表，如图 8-5 所示。

图 8-5

数据透视表中的元素一般包含字段、项、Σ 数值和报表筛选，下面我们来逐一认识这些元素的作用。

1. 字段

建立数据透视表后，源数据表中的列标识都会产生相应的字段，如图 8-6 所示，"选择要添加到报表的字段"列表中显示的都是字段。

图 8-6

对于字段列表中的字段，根据其设置不同又分为行字段、列字段和数值字段。如图 8-6

所示的数据透视表中，"系列"字段被设置为行标签、"销售员"字段被设置为列标签、"销售金额"字段被设置为数值字段。

2. 项

项是字段的子分类或成员。如图 8-6 所示，行标签下的具体系列名称以及列标签下的具体销售员姓名都称作项。

3. Σ 数值

Σ 数值是用来对数据字段中的值进行合并的计算类型。数据透视表通常为包含数字的数据字段使用 SUM 函数，而为包含文本的数据字段使用 COUNT 函数。建立数据透视表并设置汇总后，可选择其他汇总函数，如AVERAGE、MIN、MAX 和 PRODUCT。

4. 报表筛选

字段下拉列表显示了可在字段中显示的项的列表，利用下拉列表可以进行数据的筛选。当包含⏷按钮时，则可单击打开下拉列表，如图 8-7、图 8-8 所示。

| 图 8-7 | 图 8-8 |

8.2 ▶ 范例应用1：销售数据多角度分析

销售报表中一般会按照销售日期统计不同类别商品的销量量和销售单价，并计算出总销售额，本节会使用数据透视表添加相应字段并设置值字段显示方式，得到如图 8-9 所示的按商品类别统计售额金额，以及如图 8-10 所示的按月份统计销售金额。

图 8-9

图 8-10

8.2.1 创建数据透视表

数据透视表的创建是基于已经建立好的数据表而建立的，需要在建立前对表格进行整理，保障没有数据缺漏，没有双行标题等。下面介绍创建数据透视表的步骤。

❶ 打开数据表，选中数据表中任意单元格。切换到"插入"选项卡的"表格"组中单击"数据透视表"按钮，如图 8-11 所示，打开"创建数据透视表"对话框。

❷ 在"选择一个表或区域"框中显示了当前要建立数据透视表的数据源（默认情况下将整张数据表作为建立数据透视表的数据源），如图 8-12 所示。

图 8-11   图 8-12

❸ 单击"确定"按钮即可新建一张工作表，该工作表即为数据透视表，默认是空白的数据透视表，并且显示全部字段，字段就是表格中所有的列标识，如图 8-13 所示。

图 8-13

建立数据透视表后就会显示出"数据透视表字段"窗格，这个窗格的显示样式是可以更改的（如图 8-14 所示）。可以让"字段节和区域节并排"显示，也可以让"字段节和区域节层叠"显示（如图 8-15 所示）。

图 8-14   图 8-15

8.2.2 添加字段获取统计结果

默认建立的数据透视表只是一个框架，要得到相应的分析数据，则要根据实际需要合理地设置字段。不同的字段布局可以得到不同的统计结果。本例依旧沿用 8.2.1 节中创建的数据透视表，来介绍添加字段的方法。

❶ 建立数据透视表并选中后，在字段列表中选中"系列"字段，按住鼠标不放将字段拖至"行标签"框中（如图 8-16 所示）释放鼠标，即可设置"系列"字段为行标签。

❷ 在字段列表中选中"销售金额"字段，按住鼠标不放将字段拖至"值"框中（如图 8-17 所示）释放鼠标，即可设置"销售金额"字段为值标签。

图 8-16   图 8-17

❸ 添加字段的同时，数据透视表会显示相应的统计结果，如图 8-18 所示，得到的统计结果是统计出了每种商品系列的总销售金额。

图 8-18

当数据表涉及多级分类时，还可以设置多个字段为同一标签，此时可以得到不同的统计结果。例如本例中可以添加"系列"与"店铺"两个字段都为行标签。

❶ 在上面已设置的字段的基础上，接着选中"店铺"字段，按住鼠标不放将字段拖至"行标签"框中，注意要放置在"系列"字段的下方（如图 8-19 所示）释放鼠标，得到的统计结果如图 8-20 所示，先按各系列统计销售金额，再将各系列按店铺统计销售金额。

图 8-19

图 8-20

❷ 如果拖动时将"系列"字段放置在"店铺"字段的下方，得到的统计结果如图 8-21 所示。

图 8-21

知识扩展

添加字段后，如果想获取其他统计结果时，可以随时删除字段，然后再重新添加字段。当要删除字段时，可以在区域中选中字段向外拖（如图 8-22 所示）即可删除字段，或者也可以在字段列表中取消选中字段。

图 8-22

8.2.3 调整字段变换统计结果

建立初始的数据透视表后，可以对数据透视表进行一系列的编辑操作，例如改变字段的显示顺序、更改统计字段的算法等，可以达到不同的统计目的；也可以移动删除数据透视表、优化数据透视表的显示效果等。

1. 调整字段的显示顺序

添加多个字段为同一标签后，可以调整其显示顺序，不同的显示顺序，其统计结果也有所不同。

在"行标签"列表中单击要调整的字段，在打开的下拉菜单中选择"上移"或"下移"命令（如图 8-23 所示）即可调整字段的显示顺序。可对比调整前后的统计结果是否一样，如图 8-24 所示。

Word / Excel / PPT 2019 高效办公从入门到精通（视频教学版）

图 8-23

图 8-24

2. 更改默认的汇总方式

当设置了某个字段为数值字段后，数据透视表会自动对数据字段中的值进行合并计算。其默认的计算方式为：如果字段下是数值，则数据会自动使用 SUM 函数进行求和运算；如果字段下是文本数据，则数据会自动使用 COUNT 函数进行计数统计。如果想得到其他的计算结果，如求最大或最小值、求平均值等，则需要修改数值字段中值的合并计算类型。

❶ 在"值"列表框中选中要更改其汇总方式的字段，单击即可打开下拉菜单，选择"值字段设置"命令（如图 8-25 所示），打开"值字段设置"对话框。

图 8-25

❷ 单击"值汇总方式"标签，在列表中可以选

择汇总方式，如此处选择"平均值"，如图 8-26 所示。

❸ 单击"确定"按钮即可更改默认的求和汇总方式为求平均值，如图 8-27 所示。从数据透视表中可以看到各系列商品在各个店铺的平均销售额。

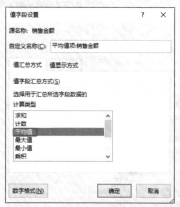

图 8-26

图 8-27

专家提醒

针对此数据透视表，如果设置值汇总方式为最大、最小值，那么还可以直观查看到各个店铺中各商品的最大销售额和最小销售额数据。

3. 更改数据透视表的值显示方式

设置了数据透视表的数值字段之后，还可以设置值显示方式。比如本例需要按系列统计各种商品在各个店铺销售额的占比。

❶ 选中数据透视表，在"值"列表框中单击要更改其显示方式的字段，在打开的下拉菜单中选择"值字段设置"命令（如图 8-28 所示），打开"值字段设置"对话框。

❷ 单击"值显示方式"标签，在下拉列表中选择"总计的百分比"选项，如图 8-29 所示。

图 8-28　　　　　图 8-29

❸ 单击"确定"按钮，在数据透视表中可以看到统计出了各系列商品在各个店铺的销售额占比，如图 8-30 所示。

图 8-30

8.2.4　建立月统计报表

数据透视表中按日期统计了对应的销售金额，由于日期过于分散，统计效果较差，此时可以对日期进行分组，从而得出各个月份的销售金额汇总。

❶ 选中"销售日期"标识下的任意单元格，切换到"数据透视表工具—分析"选项卡的"组合"组中单击"分组选择"按钮（如图 8-31 所示），打开"组合"对话框。

图 8-31

❷ 在"步长"列表中选中"月"，如图 8-32 所示。

❸ 单击"确定"按钮，可以看到数据透视表即可按月汇总统计结果，如图 8-33 所示。

图 8-32　　　　　图 8-33

8.2.5　解决标签名称被折叠问题

如果设置多于一个字段为某一标签，则通过折叠字段可以查看汇总数据，通过展开字段可以查看明细数据。

❶ 选中行标签下任意单元格，如图 8-34 所示，在"数据透视表工具—分析"选项卡的"活动字段"组中单击"折叠字段"按钮，即可折叠显示到上一级统计结果，如图 8-35 所示。

图 8-34　　　　　图 8-35

❷ 执行上面的命令会折叠或显示全部字段，如果只想折叠或打开单个字段，则单击目标字段前面的➖或➕即可，如图 8-36 所示。

图 8-36

8.3 范例应用2：企业人事信息分析报表

在"人事信息数据表"中记录了每个员工的年龄、学历、部门、入职日期、工龄等信息（如图8-37所示），针对建立完成的"人事信息数据表"，我们可以通过建立数据透视表进行多项数据分析。

图8-37

本节使用数据透视表功能，根据人事信息数据表中的各类数据进行分析，比如分析公司各学历占比（如图8-38所示），分析公司各年龄段人数占比（如图8-39所示），以及公司各个工龄段人数占比，如图8-40所示。这些数据透视表分析结果可以帮助企业更好地了解公司人才结构和员工稳定性，以便未来能更好地制定利于公司发展的计划和制度。

图8-38   图8-39   图8-40

8.3.1 员工学历层次分析报表

已知表格按学历统计了员工信息，下面需要单独根据"学历"列数据创建透视表，分析各个学历的占比。

❶ 在"人事信息数据表"中选中"学历"列单元格区域，在"插入"选项卡的"表格"组中单击"数据透视表"按钮，如图8-41所示，打开"创建数据透视表"对话框。

❷ 在"选择一个表或区域"框中显示了选中的单元格区域，以及选中"新工作表"单选按钮，如图8-42所示。

图8-41   图8-42

❸ 单击"确定"按钮，即可新建工作表显示数据透视表。本例只选中了一列数据来创建数据透视表，因此只有一个字段，同一字段可以添加到不同的标签中。将"学历"字段添加为行标签字段，接着再添加"学历"为数值字段（默认汇总方式为计数），如图8-43所示。

图8-43

❹ 在"值"区域单击"学历"下拉按钮，在其下拉菜单中选择"值字段设置"命令，打开"值字段设置"对话框，单击"值显示方式"标签，在列表中选择"总计的百分比"显示方式，在"自定义名称"框中输入名称为"人数占比"，如图8-44所示。

❺ 单击"确定"按钮回到数据透视表中，可以看到各个学历人数占总人数的百分比的统计结果，如图8-45所示。

图8-44   图8-45

8.3.2 建立各学历人数分析图表

创建数据透视表统计出企业学历层次后，还可以创建图表将其直观地表现出来。

❶ 选中数据透视表任意单元格，切换到"数据透视表工具—分析"选项卡的"工具"组，单击"数据透视图"按钮，如图 8-46 所示。

图 8-46

❷ 打开"插入图表"对话框，在左侧选择"饼图"选项，接着选择"饼图"子图表类型，单击"确定"按钮，如图 8-47 所示。

图 8-47

❸ 单击"确定"按钮，返回工作表中，即可看到新建的数据透视图，如图 8-48 所示。

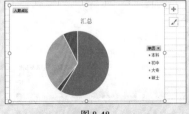

图 8-48

❹ 选中图表，在"数据透视图工具—设计"选项卡的"图表样式"组中单击"其他"下拉按钮（如图 8-49 所示），从展开的样式列表中可以选择套用样式来快速美化图表，如图 8-50 所示。

图 8-49

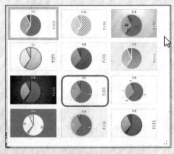

图 8-50

❺ 例如选择"样式 10"后，可以让图表达到如图 8-51 所示的效果。

图 8-51

8.3.3 员工年龄层次分析报表

根据人事信息数据表中的"年龄"列数据，还可以对员工的年龄层次进行分析，以分析企业员工的年龄结构。

❶ 在"人事信息数据表"中选中"年龄"列单元格区域，在"插入"选项卡的"表格"组单击"数据透视表"按钮，如图 8-52 所示，打开"创建数据透视表"对话框。

❷ 在"选择一个表或区域"框中显示了选中的单元格区域，以及选中"新工作表"单选按钮，如图 8-53 所示。

图 8-52

图 8-53

❸ 单击"确定"按钮，即可新建工作表显示数据透视表。将"年龄"字段添加为行标签字段，接着再添加"年龄"为数值字段，如图 8-54 所示。

图 8-54

❹ 在"值"区域单击"年龄"下拉按钮，在其下拉菜单中选择"值字段设置"命令，打开"值字段设置"对话框，单击"值汇总方式"标签，在列表中选择"计数"汇总方式，在"自定义名称"框中输入名称为"人数"，如图 8-55 所示。

❺ 单击"确定"按钮回到数据透视表中，可以看到各个年龄的人数统计，如图 8-56 所示。

图 8-55

图 8-56

8.3.4 按年龄分组统计人数

在 8.3.3 节已经按年龄统计了人数，下面需要对年龄进行分组，统计哪个年龄段人数最多，让数据分析结果更加直观有意义。

❶ 选中任意单元格，在"数据透视表—分析"选项卡的"组合"组中单击"分组选择"按钮（如图 8-57 所示），打开"组合"对话框。

图 8-57

❷ 设置"步长"值为 5 即可，如图 8-58 所示。

107

③ 单击"确定"按钮完成设置，返回数据透视表后，即可看到各个年龄段的统计人数结果，如图8-59所示。

图 8-58

图 8-59

8.3.5 员工稳定性分析报表

本例需要根据员工的工龄数据建立数据透视表，并按照工龄来分组统计不同工龄段的人数，以此分析公司员工的稳定性。

① 在"人事信息数据表"中选中数据区域，在"插入"选项卡的"表格"组中单击"数据透视表"按钮（如图8-60所示），打开"创建数据透视表"对话框。以默认的选项在新工作表中创建数据透视表即可，如图8-61所示。

图 8-60　　　　图 8-61

② 添加"工龄"字段为行标签字段，再添加"姓名"字段为值字段，如图8-62所示。

③ 将"行标签"更改为"工龄"，将"计数项：姓名"更改为"人数"，如图8-63所示。

图 8-62　　　　图 8-63

④ 选中"工龄"字段下任意单元格，在"数据透视表工具—分析"选项卡的"组合"组中单击"分组

图 8-64

⑤ 根据需要设置"步长"（本例中设置为3），如图8-65所示。

⑥ 单击"确定"按钮返回到数据透视表中，即可看到按指定步长分段显示工龄并显示出每个分段下的人数，如图8-66所示。从统计结果中可以看到员工主要分布在9～11年工龄段，说明企业员工还是相对稳定的。

图 8-65　　　　

图 8-66

8.3.6 显示各工龄人数占比

本例需要更改值字段的显示方式为"总计的百分比"，按百分比数值统计各工龄段人数占比情况。

① 选中数据区域并单击鼠标右键，在弹出的下拉菜单中选择"值字段设置"命令（如图8-67所示），打开"值字段设置"对话框。单击"值显示方式"标签，在列表中选择"总计的百分比"显示方式，在"自定义名称"框中输入名称为"人数"，如图8-68所示。

② 单击"确定"按钮回到数据透视表中，可以看到各个年龄段人数占总人数的百分比的统计结果，将"行标签"更改为"工龄"，在第二行输入表格标题，如图8-69所示。

图 8-67　　　图 8-68　　　图 8-69

Word / Excel / PPT 2019 高效办公从入门到精通（视频教学版）

在 8.2 节、8.3 节中介绍了很多创建数据透视表的范例，下面通过几个小技巧介绍如何自动更新数据透视表，以及其他实用的透视表数据分析方法。

8.4.1 自动更新透视表的数据源

在日常工作中，除了使用固定的数据创建数据透视表进行分析外，很多情况下数据源表格是实时变化的，比如销售数据表需要不断地添加新的销售记录数据，这样在创建数据透视表后，如果想得到最新的统计结果，则每次都要手动重设数据透视表的数据源，非常麻烦。遇到这种情况就可以按如下方法创建动态数据透视表。

❶ 选中数据表中任意单元格，切换到"插入"选项卡，在"表格"组中单击"表格"按钮（如图 8-70 所示），打开"创建表"对话框。

❷ "创建表"对话框中"表数据的来源"默认自动显示为当前数据表单元格区域，如图 8-71 所示。

图 8-70 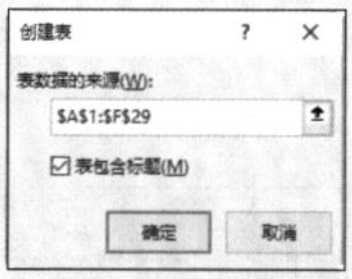　　　　　　　图 8-71

❸ 单击"确定"按钮完成表的创建（此时即创建了一个名为"表1"的动态名称）。继续在"插入"选项卡"表格"组中单击"数据透视表"按钮（如图 8-72 所示），打开"创建数据透视表"对话框。

❹ 在"表/区域"文本框中输入"表1"，如图 8-73 所示。

❺ 单击"确定"按钮，即可创建一张空白的动

态数据透视表。添加字段以达到统计目的，如图 8-74所示。

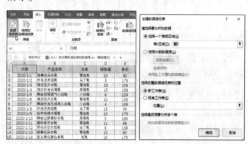

图 8-72　　　　　　　图 8-73

图 8-74

❻ 切换到数据源表格工作表中，添加新数据，如图 8-75 所示。

❼ 再切换到数据透视表中，刷新透视表，可以看到对应的数据实现了更新，如图 8-76 所示。

	日期	产品名称	分类	销售量	单价	销售金额
17	2020/1/16	磨砂格子女靴	雪地靴	4	69	276
18	2020/1/17	韩板时尚内增高小白鞋	小白鞋	6	169	1014
19	2020/1/18	贴布刺绣中筒靴	雪地靴	4	179	716
20	2020/1/19	时尚流苏短靴	马丁靴	10	189	1890
21	2020/1/20	韩板过膝磨砂长靴	高筒靴	5	169	845
22	2020/1/21	亮伦风切尔西靴	马丁靴	4	139	556
23	2020/1/22	甜美芙朵女靴	雪地靴	5	90	450
24	2020/1/23	复古歉花撞色单靴	短靴	5	179	895
25	2020/1/24	简约百搭小皮靴	马丁靴	4	149	596
26	2020/1/25	例拉时尚长筒靴	雪地靴	15	179	2685
27	2020/1/26	例拉时尚长筒靴	高筒靴	8	159	1272
28	2020/1/27	磨砂格子女靴	雪地靴	5	69	345
29	2020/1/28	亮伦风切尔西靴	马丁靴	5	139	695
30	2020/1/29	亮拉时尚长筒靴	高筒靴	5	159	795
31	2020/1/30	复古歉花撞色单靴	短靴	5	179	895
32						
33						

图 8-75

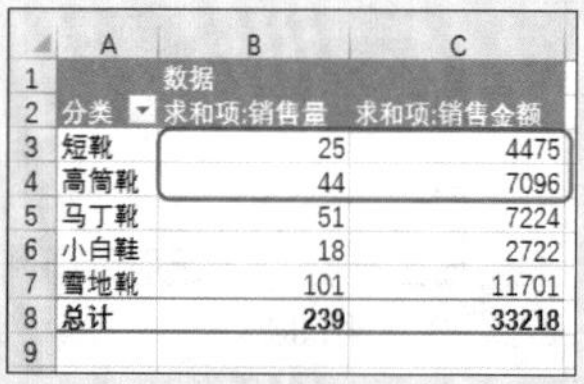

	A	B	C
1		数据	
2	分类	求和项:销售量	求和项:销售金额
3	短靴	25	4475
4	高筒靴	44	7096
5	马丁靴	51	7224
6	小白鞋	18	2722
7	雪地靴	101	11701
8	总计	239	33218
9			

图 8-76

8.4.2 更改值的显示方式——按日累计注册量

在数据透视表中添加了值字段后，其显示方式也是可以更改的。数据透视表内置了 15 种"值显示方式"，用户可以灵活地选择"值显示方式"来查看不同的数据显示结果。例如本例透视表按日统计了某网站的注册量，下面需要将每日的注册量逐个相加，得到按日累计的注册量数据。

❶ 创建数据透视表后，将"注册量"字段添加两次到"∑ 值"区域，如图 8-77 所示。然后更改第二个"注册量"字段名称为"累计注册量"（直接在 C4 单元格中删除原名称，输入新名称即可）。

图 8-77

❷ 在"累计注册量"字段下方任意单元格单击鼠标右键，在弹出的菜单中选择"值显示方式"命令，在打开的子菜单中选择"按某一字段汇总"命令（如图 8-78 所示），打开"值显示方式（求和项：注册量）"对话框。

图 8-78

❸ 保持默认设置的"基本字段"为"统计日期"

即可，如图 8-79 所示。

❹ 单击"确定"按钮完成设置，此时可以看到"累计注册量"字段下方的数据已逐一累计相加，得到每日累计注册量，如图 8-80 所示。

图 8-79   图 8-80

8.4.3 刷新后保留源格式

数据透视表建立完成后，后期会依据实际需要调整好列宽、设置字体格式、设置特殊区域的底纹等，但在执行刷新命令后，有时这些格式会自动消失，又自动恢复到默认状态。通过如下设置可以让数据透视表刷新后仍保持原格式。

❶ 在数据透视表内右击，在弹出的菜单中选择"数据透视表选项"命令（如图 8-81 所示），打开"数据透视表选项"对话框。

❷ 单击"布局和格式"选项卡，取消选中"更新时自动调整列宽"复选框，同时选中"更新时保留单元格格式"复选框，如图 8-82 所示。

图 8-81   图 8-82

❸ 单击"确定"按钮，即可实现数据透视表刷新后仍然保留源格式。

第9章

实用的函数运算

表格数据的专业计算离不开函数和公式，不同的计算要求需要选择不同类型的函数。比如统计函数可以计算销售数据、工资数据等，日期与时间函数可以统计员工信息、公司应收账款等，查找函数可以查询员工档案，财务函数可以管理公司固定资产。

- 公式与函数基础知识
- 逻辑函数应用
- 日期与时间函数应用
- 查找函数应用
- 统计函数应用
- 财务函数应用

9.1 了解公式与函数

公式是为了解决某个计算问题而设定的计算式。例如"=1+2+3+4"是公式，"=（3+5）×8"也是公式。而在 Excel 中设定某个公式后，则并非只是常量间的运算，它会牵涉到对数据源的引用，还会引入函数完成特定的数据计算，因为如果只是常量的加减乘除，那么就和使用计算器来运算没有区别了。因此公式计算是 Excel 中的一项非常重要的功能。

公式是 Excel 工作表中进行数据计算的等式，以 = 开头，如"=1+2+3+4+5"就是一个公式。等号后面可以包括函数、单元格引用、运算符和常量。但是只用表达式的公式只能解决简单的计算，如果要想完成特殊的计算或进行较为复杂的数据计算，那么就必须要使用函数了。

9.1.1 公式与函数的巨大用途

要想熟练使用公式进行数据运算，首先需要了解什么是公式，什么是函数，了解公式与函数的区别和用途，下面介绍一些公式与函数的基本操作技巧和基础知识。

1. 公式

输入公式的正确顺序是：首先输入 =，再输入函数（也可以没有函数），然后再输入公式表达式（左括号和右括号、运算符、引用单元格），最后再按 Enter 键实现公式计算。这也就是包含函数、引用、运算符和常量全部内容或者其中之一（如图 9-1 所示）。完成第一个单元格的公式输入并得到结果后，可以直接拖动填充柄实现公式的快速向右、向下的复制，依次计算出所有公式的结果。

图 9-1

2. 函数

关于加、减、乘、除等运算，只需要将运

算符号和单元格地址结合，就能执行计算。如图 9-2 所示，使用单元格依次相加的办法计算总和，原则上并没有什么错误。

但试想一下，如果表格中有更多条数据，多达几百上千条，我们还是要这样一个个加吗？那么即使是再简单的工作，其耗费的时间也是惊人的。这时候使用一个函数则可以立即解决这样的问题，如图 9-3 所示。

图 9-2 　　　　　　　图 9-3

SUM 函数是一个专门用于求和的函数（后面的实例中会具体介绍 SUM 函数的多种应用），如果单元格的条目特别多，利用鼠标拖动选择单元格区域时容易出错，也可以直接输入单元格的地址，例如输入"=SUM(B2:B1005)"则会对 B2 到 B1005 间的所有单元格进行求和运算。

除此之外，有些函数能解决的问题，普通数学表达式是无法完成的，例如 SUMIF 函数，它可以先进行条件判断，然后只对满足条件的数据进行行求和。这样的运算是普通数学表达式无论如何也完成不了的。如图 9-4 所示的工作表中需要根据员工的销售额返回其销售排名，使用的是专业的排位函数，针对这样的统计需求，如果不使用函数而只使用表达式，那么显然无法得到想要的结果。

图 9-4

所以想要完成各式各样复杂特殊的计算，

Word / Excel / PPT 2019 高效办公从入门到精通（视频教学版）

就必须使用函数。函数是公式运算中非常重要的元素。同时如果能很好地学习函数，还可以利用函数的嵌套技巧来解决众多计算难题。嵌套使用时是将某个函数的返回结果作为另一个函数的参数来使用。有时为了达到某一计算要求，需要在公式中嵌套多个函数，此时则需要用户对各个函数的功能及其参数有详细的了解。

所以函数的学习并非一朝一夕的事情，多看多练，应用得多了，使用起来才能更加自如。

函数的结构以函数名称开始，后面是左括号、以逗号分隔的参数，接着则是标志函数结束的右括号。例如公式 =IF(E3>=20000,"达标","不达标")，其中 = 为公式的起始，IF 为函数的名称，括号内以逗号分隔的是参数。

函数必须要在公式中使用才有意义，单独的函数是没有意义的。在单元格中只输入函数，返回的是一个文本而不是计算结果，如图 9-5 所示。

另外，如果只引用单元格地址而缺少函数，也不能返回正确值，如图 9-6 所示。

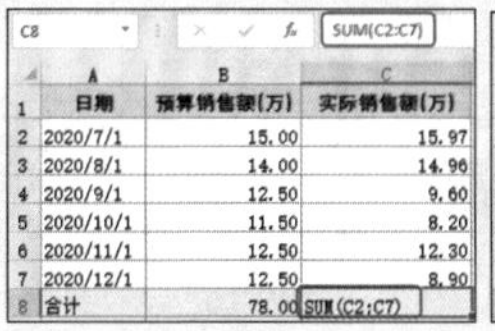

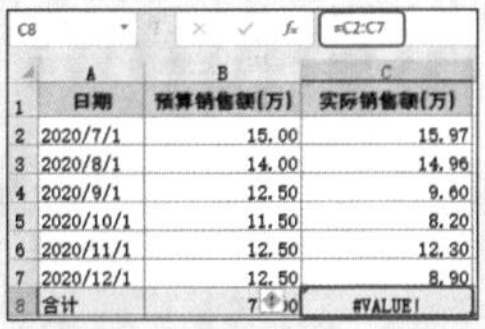

图 9-5   图 9-6

函数参数类型举例如下。

● 公式 "=SUM(B2:B10)" 中，括号中的 "B2:B10" 就是函数的参数，且是一个变量值。

● 公式 "=IF(D3=0,0,C3/D3)" 中，括号中 "D3=0""0""C3/D3" 分别为 IF 函数的 3 个参数，且参数为常量和表达式两种类型。

● 公式 "=VLOOKUP($A$9,$A$2:$D$6,COLUMN(B1))" 中，除了使用了变量值作为参数，还使用了函数表达式 "COLUMN(B1)" 作为参数（以该表达式返回的值作为 VLOOKUP 函数的

3 个参数），这个公式是函数嵌套使用的例子。

9.1.2　复制公式完成批量计算

在 Excel 中进行数据运算的最大特点是：在设置好一个公式后，可以通过复制公式的办法快速完成多个计算。例如本例中完成 D2 单元格公式的建立后，很显然我们并不只是想计算出这一种产品的销售金额，而是需要依次计算出所有产品的销售金额，这时可以通过复制公式的方法快速得到批量计算结果。

① 选中 D2 单元格，将鼠标指针指向此单元格右下角，直至出现黑色十字型，如图 9-7 所示。

② 按住鼠标左键向下拖动，放开鼠标后，拖动过的单元格即可显示出计算结果，如图 9-8 所示。

图 9-7   图 9-8

◆专家提醒

也可以直接双击 D2 单元格右下角的填充柄实现公式快速复制。

9.1.3　公式中对数据源的引用

在使用公式进行数据运算时，除了将一些常量运用到公式中外，最主要的是引用单元格中的数据来进行计算，我们称之为对数据源的引用。在引用数据源计算时可以采用相对引用方式，也可以采用绝对引用方式，也可以引用其他工作表或工作簿中的数据。本节将分别介绍几种数据源的引用方式。

1. 相对数据源引用

公式运算中需要引用单元格地址，而单元格的引用方式包括相对引用和绝对引用，在不同的应用场合需要使用不同的应用方式。在编辑公式时，当选择某个单元格或单元格区域参与运算时，其默认的引用方式是相对引用方

式，显示为 A1、A2:B2 这种形式。采用相对方式引用的数据源，当将公式复制到其他位置时，公式中的单元格地址也会随之改变。

❶ 选中 E2 单元格，在编辑栏输入公式：
=(D2-C2)/C2

按 Enter 键即可计算出商品"天之蓝"的利润率，如图 9-9 所示。

❷ 建立首个公式后需要通过复制公式批量计算出其他商品的利润率，因此可以选中 E2 单元格，拖动右下角的填充柄至 E11 单元格，即可计算出其他商品的利润率，如图 9-10 所示。

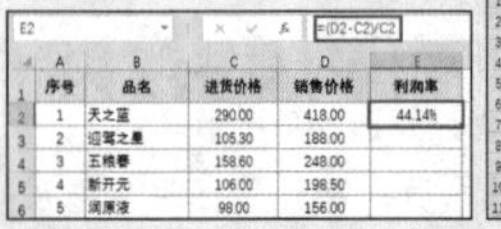

图 9-9 　　　　　　图 9-10

下面我们来看复制公式后单元格的引用情况，选中 E5 单元格，在公式编辑栏显示该单元格的公式为 =(D5-C5)/C5，如图 9-11 所示。选中 E9 单元格，在公式编辑栏显示该单元格的公式为 =(D9-C9)/C9，如图 9-12 所示。

图 9-11　　　　　　图 9-12

通过对比 E2、E5、E9 单元格的公式可以发现，当向下复制 E2 单元格的公式时，采用相对引用的数据源也发生了相应的变化，这正是计算其他产品利润率时所需要的正确公式（复制公式是批量建立公式求值的一个最常见办法，有效避免了逐一输入公式的烦琐程序）。所以，在这种情况下，用户需要使用相对引用的数据源。

2. 绝对数据源引用

绝对引用是指把公式移动或复制到其他单元格中，公式的引用位置保持不变。要判断公式中用了哪种引用方式很简单，它们的区别就在于单元格地址前面是否有 $ 符号。$ 符号表示"锁定"，添加了 $ 符号的就是绝对引用。

如图 9-13 所示的"培训成绩表"，我们在 E2 单元格输入公式"=$C$2+$D$2"计算该员工的总成绩，按 Enter 键，即可得到计算结果。向下填充 E2 单元格的公式，得到如图 9-14 所示的结果，所有的单元格得到的结果相同，没有变化。

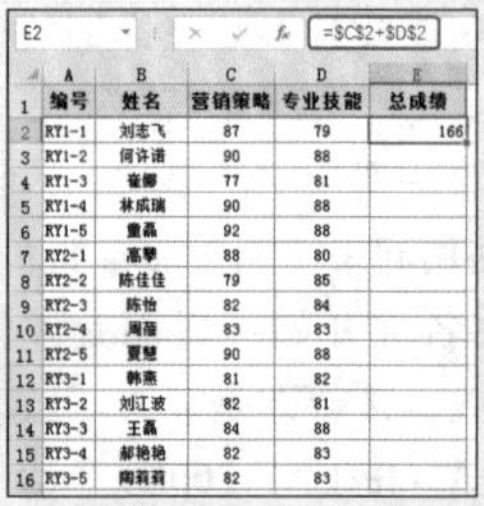

图 9-13 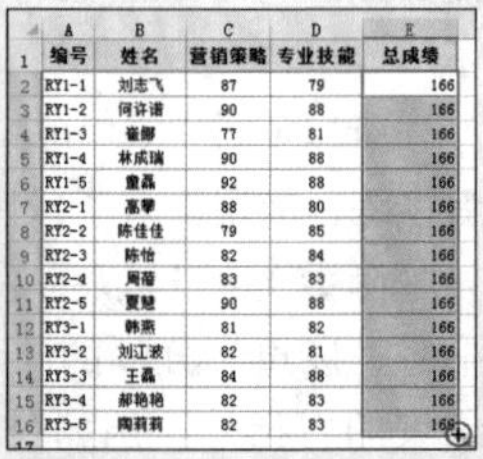　　　　　　图 9-14

分别查看其他单元格的公式，如 E3 单元格，可以看到 E3 单元格的公式是"=$C$2+$D$2"，如图 9-15 所示；如 E7 单元格，可以看到 E7 单元格的公式是"=$C$2+$D$2"，如图 9-16 所示。

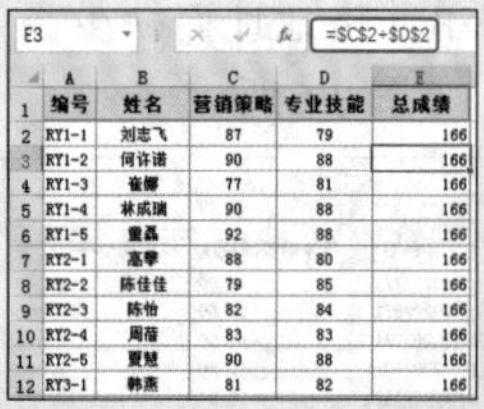

图 9-15 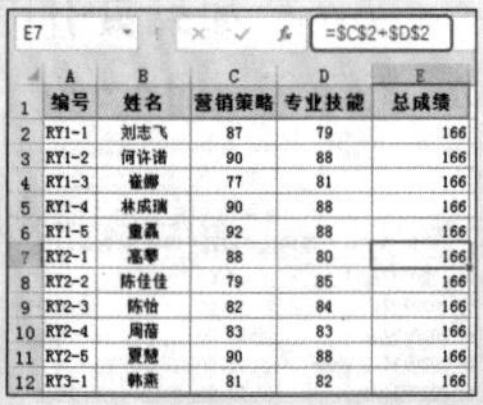　　　　　　图 9-16

因为所有的公式都一样，所以计算结果也一样，这就是绝对引用，不会随着位置的改变，而改变公式中引用单元格的地址。

显然上面分析的这种情况下使用绝对引用方式是不合理的，那么哪种情况需要使用绝对引用方式呢？

在如图 9-17 所示的表格中，我们要计算各个部门的销售金额占总销售金额的百分比时，首先在 D2 单元格中输入公式"=C2/SUM(C2:C8)"，计算"杨佳丽"的占比。

我们向下填充公式到 D3 单元格时，得到的就是错误的计算结果（被除数的计算区域发生了变化），如图 9-18 所示。

Word / Excel / PPT 2019 高效办公从入门到精通（视频教学版）

图 9-17　　　　　　　图 9-18

这是因为被除数总销售额，即 SUM(C2:C8) 是个定值，而我们采用了相对引用的方式，使得在填充公式时，单元格引用位置发生变化。所以这一部分求和区域需要使用绝对引用方式。

❶ 选中 D2 单元格，在编辑栏输入公式：

=C2/SUM($C$2:$C$8)

除数（各销售人员的销售额）用相对引用，被除数（总销售额求和）用绝对引用，如图 9-19 所示。

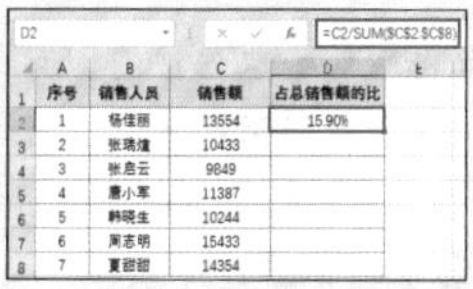

图 9-19

❷ 选中 D2 单元格，拖动右下角的填充柄至 D8 单元格，即可计算出其他销售人员的销售额占总销售额的百分比，如图 9-20 所示。选中 D4 单元格，在公式编辑栏中可以看到该单元格的公式为：=C4/SUM($C$2:$C$8)，如图 9-21 所示。

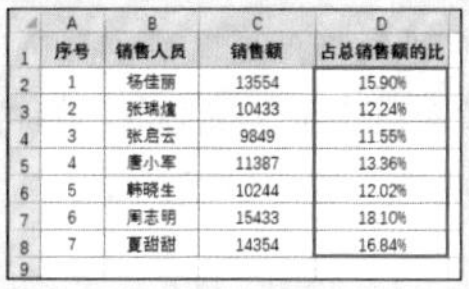

图 9-20 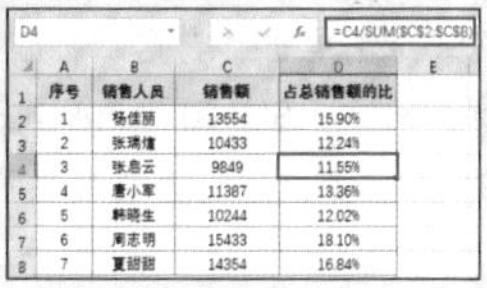　　　　　　　图 9-21

通过对比 D2、D4 单元格的公式可以发现，当向下复制 D2 单元格的公式时，采用绝对引用的数据源未发生任何变化。本例中求取了第一个销售人员的销售额占总销售额的比例后，要计算出其他员工的销售额占总销售额的比例，公式中"SUM($C$2:$C$8)"这一部分是不需要发生变化的，所以采用绝对引用。

3. 引用当前工作表之外的单元格

日常工作中会不断产生大量数据，并且数据会根据属性不同记录在不同的工作表中。而在进行数据计算时，相关联的数据则需要进行合并计算或引用判断等，这自然就造成建立公式时通常要引用其他工作表中的数据进行判断或计算。

在引用其他工作表的数据进行计算时，需要按如下格式来引用：工作表名！数据源地址。下面通过一个例子来介绍如何引用其他工作表中的数据进行计算。

❶ 在"成绩统计表"中选中目标单元格，在公式编辑栏中应用"=AVERAGE()"函数，将光标定位到括号中，如图 9-22 所示。

❷ 在"员工培训成绩统计分析表"的工作表名称标签上单击，切换到"员工培训成绩统计分析表"中，选中要参与计算的数据，如图 9-23 所示。

图 9-22　　　　　　　图 9-23

❸ 如果此时公式输入完成了，则按 Enter 键结束输入（如图 9-24 所示已得出计算值），如果还未建立完成，可以在"成绩统计表"工作表标签上单击切换回去，继续完成公式。

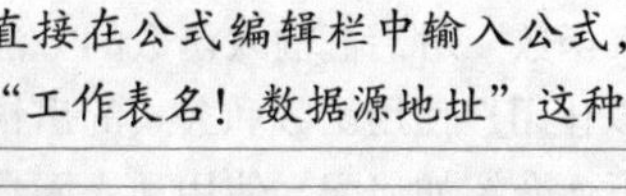

图 9-24

> **专家提醒**
>
> 在需要引用其他工作表中的单元格时，也可以直接在公式编辑栏中输入公式，但注意使用"工作表名！数据源地址"这种格式。

9.1.4 初学者对函数的学习方法

根据前面的介绍了解了函数的基础知识之后，接下来就可以根据实际需要在表格中将函数应用于公式中进行计算了。用户可以直接在编辑栏中输入函数，也可以打开"插入函数"对话框选择合适的函数，根据提示设置参数值。

1. 直接输入函数

在公式中加入函数的方法非常简单，用户可以直接在编辑栏中输入函数。对于熟悉的函数，建议新用户应该多尝试直接输入函数的操作，这样可以加深对函数，尤其是函数结构的理解。

❶ 首先选择要输入公式的单元格 D2，在编辑栏中输入 "=AV"，此时会在编辑栏下方打开以 "AV" 开头的所有函数名称，如图 9-25 所示。

❷ 直接双击列表中 "AVERAGE" 函数名称即可自动在编辑栏输入 "=AVERAGE("，如图 9-26 所示。

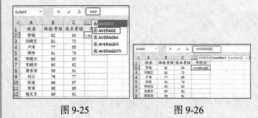

图 9-25　　　　　　　图 9-26

❸ 继续在编辑栏输入公式余下部分 "=AVERAGE(B2:C2"，如图 9-27 所示。

❹ 最后输入右括号 ")"，按 Enter 键后，即可根据输入的公式返回计算结果，如图 9-28 所示。

图 9-27　　　　　　　图 9-28

2. 通过 "插入函数" 对话框输入

除了直接输入函数外，Excel 还提供了利用 "插入函数" 对话框输入函数的方法，这种方法可以让用户使用函数和公式的出错率尽量降低。下面介绍如何配合使用插入函数向导来正确输入公式。

❶ 打开表格选中 F2 单元格，单击编辑栏左侧的 "插入函数" 按钮（如图 9-29 所示），打开 "插入函数" 对话框，选择 SUMIF 函数（如图 9-30 所示），打开 "函数参数" 对话框。

❷ 单击第一个参数值右侧的拾取器按钮（如图 9-31 所示），返回表格后拾取如图 9-32 所示 "店铺" 列单元格区域。

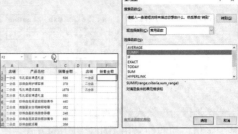

图 9-29　　　　　　　图 9-30

图 9-31　　　　　　　图 9-32

❸ 再次单击右侧拾取器按钮即可返回表格，可以看到如图 9-33 所示引用的单元格区域。按照相同的方法，依次在其他参数文本框中使用拾取器按钮引用其他单元格区域，如图 9-34 所示。

图 9-33　　　　　　　图 9-34

❹ 单击 "确定" 按钮返回表格，可以看到输入的公式 "=SUMIF(A2:A16,E2,C2:C16)"，按 Enter 键后即可计算出指定店铺的总销售额，如图 9-35 所示。

图 9-35

专家提醒

如果要获得有关该函数更多的解释说明和用法，则可以在 "函数参数" 对话框中单击下方的 "有关该函数的帮助" 链接即可。

9.2 ▶ 范例应用1：员工年度考核成绩表

"员工年度考核成绩表"是公司对员工进行年度考核的重要表格之一，在考核成绩表中主要包含了考核员工的基本信息，各科成绩，以及总成绩、平均成绩、合格情况和名次等相关信息，如图9-36所示。

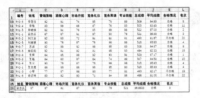

图 9-36

9.2.1 计算总成绩、平均成绩

在考核表中可以根据各科成绩，使用求和函数 SUM、求平均值函数 AVERAGE 分别计算总分和平均分。

❶ 选中 I2 单元格，在编辑栏输入公式：
=SUM(C2:H2)

按 Enter 键，即可计算出第一位员工的年度考核总成绩，如图9-37所示。

图 9-37

❷ 选中 I2 单元格，鼠标指针指向 I2 单元格右下角，当其变为黑色十字形时，向下拖动填充柄填充公式，即可得到所有员工的年度考核总成绩，如图9-38所示。

❸ 选中 J2 单元格，在编辑栏输入公式：
= AVERAGE (C2:H2)

按 Enter 键，即可计算出第一位员工的平均成绩，如图9-39所示。

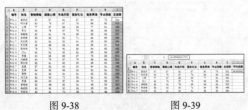

图 9-38　　　　　　图 9-39

❹ 选中 J2 单元格，鼠标指针指向 J2 单元格右下角，当其变为黑色十字形时，向下拖动填充柄填充公式，即可得到每位员工的平均成绩。选中平均成绩列数据，在"开始"选项卡的"数字"组中单击"减少小数位数"按钮，如图9-40所示。将分数保留两位小数位数。

图 9-40

9.2.2 判断合格情况、名次

利用逻辑函数 IF，可以实现根据分数判断合格情况，也可以使用 RANK 函数对考核结果排名次。

1. 判断合格情况

本例中设定的合格条件是单科成绩全部大于80，或者总成绩大于500，反之则为考核不合格。

❶ 选中 K2 单元格，在编辑栏输入公式：
=IF(OR(AND(C2>80,D2>80,E2>80,F2>80,G2>80, H2>80),I2>500)," 合格 "," 不合格 ")

按 Enter 键，即可根据第一位员工的总成绩和各科成绩判断出合格情况，如图9-41所示。

图 9-41

❷ 选中 K2 单元格，鼠标指针指向 K2 单元格右下角，当其变为黑色十字形时，向下拖动填充柄填充公式，即可判断出所有员工合格情况，如图9-42所示。

第 9 章　实用的函数运算

117

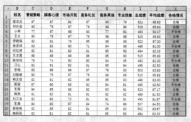

图 9-42

2. 统计名次

计算出总成绩后，利用 RANK 函数可以对总成绩的高低进行排名，以直观显示出每位员工的名次。

❶ 选中 L2 单元格，在编辑栏输入公式：

=RANK(I2,$I$2:$I$23)

按 Enter 键，即可根据第一位员工的总成绩判断出名次，如图 9-43 所示。

❷ 选中 L2 单元格，鼠标指针指向 L2 单元格右下角，当其变为黑色十字形时，向下拖动填充柄填充公式，即可判断出所有员工的名次，如图 9-44 所示。

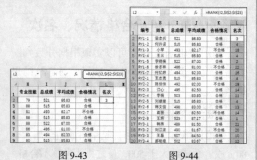

图 9-43　　　　图 9-44

9.2.3　查询任意员工的考核成绩

下面需要根据统计好的员工考核成绩表，根据指定员工姓名返回对应的各项成绩，形成一个简易的员工考核成绩查询表。利用 LOOKUP 函数可以实现这种查询。首先需要在表格下面建立查询标识行。

❶ 选中"姓名"标签上下任意单元格，在"数据"选项卡的"排序和筛选"组中单击"升序"按钮（如图 9-45 所示），即可将数据按姓名升序排列，如图 9-46 所示。

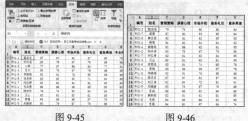

图 9-45　　　　　　　图 9-46

这一步排序操作是为了后面使用 LOOKUP 函数做准备的。LOOKUP 函数可从单行或单列区域或者从一个数组返回值。其第一个参数为查找目标，第二个参数为查找区域，而这个查找区域的数据必须要按升序排列才能实现正确查找。

❷ 选中 B26 单元格，在编辑栏输入公式：

=LOOKUP($A$26,$B$1:$B$23,C1:C23)

按 Enter 键，即可根据第一位员工的姓名返回成绩，如图 9-47 所示。

图 9-47

❸ 选中 B26 单元格，鼠标指针指向 B26 单元格右下角，当其变为黑色十字形时，向右拖动填充柄填充公式，即可返回该员工的所有科目成绩，如图 9-48 所示。

图 9-48

❹ 更改其他员工姓名，即可依次返回对应的成绩，如图 9-49 所示。

图 9-49

9.3 范例应用2：培训学员管理表

“培训学员管理表”经常用于各种培训教育机构，它可以便于对每位学员信息情况进行系统的管理，也便于及时了解学员缴费是否到期。下面以如图 9-50 所示的范例来介绍此类表格的创建方法。

培训学员管理表

	学员姓名	性别	所在班级	交费周期	金额	最近续费日期	到期日期	提醒续费
3	侯孟杰	男	初级A班	年交	5760	2019/1/22	2020/1/22	到期
4	刘瑞	男	初级B班	半年交	2800	2020/10/2	2021/4/2	
5	周家栋	男	高级A班	半年交	3600	2019/11/28	2020/5/28	到期
6	刘媛	女	高级A班	半年交	3601	2019/1/10	2019/7/10	到期
7	张慧颖	女	中级B班	年交	6240	2020/7/10	2021/7/10	
8	刘鑫	男	高级B班	年交	7200	2020/7/25	2021/7/25	
9	王婷婷	女	中级A班	半年交	5500	2020/1/5	2020/7/5	到期
10	张欣	女	初级A班	年交	5760	2020/10/6	2021/10/6	
11	刘丽丽	女	初级B班	半年交	2800	2020/10/6	2021/4/6	
12	王宁	男	高级A班	半年交	3600	2020/10/6	2021/4/6	
13	江兵	男	高级A班	半年交	3601	2020/10/6	2021/4/6	
14	万利丽	女	中级B班	年交	6240	2020/10/6	2021/10/6	
15	王超	男	高级B班	年交	7200	2020/10/6	2021/10/6	
16	张得	男	中级A班	半年交	5500	2020/10/6	2021/4/6	
17	王云南	男	初级A班	年交	5760	2020/10/13	2021/10/13	
18	杨旭	男	初级B班	半年交	2800	2020/10/25	2021/4/25	
19	黎宁	男	高级A班	半年交	3600	2020/3/15	2020/9/15	到期
20	杨丽梅	女	高级A班	半年交	3601	2020/10/16	2021/4/16	
21	王涛	男	中级B班	年交	6240	2020/10/17	2021/10/17	
22	詹千羽	男	高级B班	年交	7200	2020/7/18	2021/7/18	
23	刘明	男	中级A班	半年交	5500	2020/10/19	2021/4/19	
24	李娜	女	中级A班	半年交	5500	2020/1/20	2020/7/20	到期

图 9-50

9.3.1 计算续费到期日期

在学员信息管理表中，学员缴费周期有两种，分别是“年交”和“半年交”。可以通过最近缴费日期来计算出到期日期，可以使用 EDATE 函数建立一个公式，从而计算出到期日期，具体操作如下。

❶ 选中 G3 单元格，在编辑栏输入公式：

=IF(D3=" 年交 ",EDATE(F3,12),EDATE(F3,6))

按 Enter 键，即可计算出第一位学员缴费到期日期，如图 9-51 所示。

G3 =IF(D3="年交",EDATE(F3,12),EDATE(F3,6))

培训学员管理表

	学员姓名	性别	所在班级	交费周期	金额	最近续费日期	到期日期
3	侯孟杰	男	初级A班	年交	5760	2019/1/22	2020/1/22
4	刘瑞	男	初级B班	半年交	2800	2020/10/2	
5	周家栋	男	高级A班	半年交	3600	2019/11/28	
6	刘媛	女	高级A班	半年交	3601	2019/1/10	
7	张慧颖	女	中级B班	年交	6240	2020/7/10	
8	刘鑫	男	高级B班	年交	7200	2020/7/25	
9	王婷婷	女	中级A班	半年交	5500	2020/1/5	

图 9-51

❷ 选中 G3 单元格，将鼠标指针指向 G3 单元格右下角，当其变为黑色十字形时，向下拖动填充柄填充公式，即可得到所有学员缴费的到期日期，如图 9-52 所示。

培训学员管理表

	学员姓名	性别	所在班级	交费周期	金额	最近续费日期	到期日期
3	侯孟杰	男	初级A班	年交	5760	2019/1/22	2020/1/22
4	刘瑞	男	初级B班	半年交	2800	2020/10/2	2021/4/2
5	周家栋	男	高级A班	半年交	3600	2019/11/28	2020/5/28
6	刘媛	女	高级A班	半年交	3601	2019/1/10	2019/7/10
7	张慧颖	女	中级B班	年交	6240	2020/7/10	2021/7/10
8	刘鑫	男	高级B班	年交	7200	2020/7/25	2021/7/25
9	王婷婷	女	中级A班	半年交	5500	2020/1/5	2020/7/5
10	张欣	女	初级A班	年交	5760	2020/10/6	2021/10/6
11	刘丽丽	女	初级B班	半年交	2800	2020/10/6	2021/4/6
12	王宁	男	高级A班	半年交	3600	2020/10/6	2021/4/6
13	江兵	男	高级A班	半年交	3601	2020/10/6	2021/4/6
14	万利丽	女	中级B班	年交	6240	2020/10/6	2021/10/6
15	王超	男	高级B班	年交	7200	2020/10/6	2021/10/6
16	张得	男	中级A班	半年交	5500	2020/10/6	2021/4/6
17	王云南	男	初级A班	年交	5760	2020/10/13	2021/10/13
18	杨旭	男	初级B班	半年交	2800	2020/10/25	2021/4/25

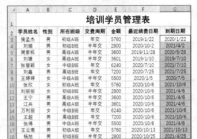

图 9-52

9.3.2 判断学员费用是否到期及缴费提醒

在 9.3.1 节介绍了学员缴费到期日期的计算公式，现在可以设计一个公式来显示学员目前费用是否到期，以及在离到期日期五天（包含第五天）之内的显示“提醒”，未到期的显示“空白”。可以使用 IF 函数配合 TODAY 函数建立公式，从而实现自动判断。

❶ 选中 H3 单元格，在编辑栏输入公式：

=IF(G3-TODAY()<=0," 到期 ",IF(G3-TODAY()<=5," 提醒 ",""))

按 Enter 键，即可判断出第一位学员续费提醒，如图 9-53 所示。

H3 =IF(G3-TODAY()<=0,"到期",IF(G3-TODAY()<=5,"提醒",""))

培训学员管理表

	学员姓名	性别	所在班级	交费周期	金额	最近续费日期	到期日期	提醒续费
3	侯孟杰	男	初级A班	年交	5760	2019/1/22	2020/1/22	到期
4	刘瑞	男	初级B班	半年交	2800	2020/10/2	2021/4/2	
5	周家栋	男	高级A班	半年交	3600	2019/11/28	2020/5/28	
6	刘媛	女	高级A班	半年交	3601	2019/1/10	2019/7/10	
7	张慧颖	女	中级B班	年交	6240	2020/7/10	2021/7/10	
8	刘鑫	男	高级B班	年交	7200	2020/7/25	2021/7/25	
9	王婷婷	女	中级A班	半年交	5500	2020/1/5	2020/7/5	
10	张欣	女	初级A班	年交	5760	2020/10/6	2021/10/6	
11	刘丽丽	女	初级B班	半年交	2800	2020/10/6	2021/4/6	

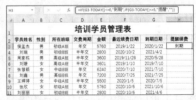

图 9-53

❷ 选中 H3 单元格，将鼠标指针指向 H3 单元格右下角，当其变为黑色十字形时，向下拖动填充柄填充公式，即可依次判断出其他学员的续费提醒，如图 9-54 所示。

培训学员管理表

	学员姓名	性别	所在班级	交费周期	金额	最近续费日期	到期日期	提醒续费
3	侯孟杰	男	初级A班	年交	5760	2019/1/22	2020/1/22	到期
4	刘瑞	男	初级B班	半年交	2800	2020/10/2	2021/4/2	
5	周家栋	男	高级A班	半年交	3600	2019/11/28	2020/5/28	到期
6	刘媛	女	高级A班	半年交	3601	2019/1/10	2019/7/10	到期
7	张慧颖	女	中级B班	年交	6240	2020/7/10	2021/7/10	
8	刘鑫	男	高级B班	年交	7200	2020/7/25	2021/7/25	
9	王婷婷	女	中级A班	半年交	5500	2020/1/5	2020/7/5	到期
10	张欣	女	初级A班	年交	5760	2020/10/6	2021/10/6	
11	刘丽丽	女	初级B班	半年交	2800	2020/10/6	2021/4/6	
12	王宁	男	高级A班	半年交	3600	2020/10/6	2021/4/6	
13	江兵	男	高级A班	半年交	3601	2020/10/6	2021/4/6	
14	万利丽	女	中级B班	年交	6240	2020/10/6	2021/10/6	
15	王超	男	高级B班	年交	7200	2020/10/6	2021/10/6	
16	张得	男	中级A班	半年交	5500	2020/10/6	2021/4/6	

图 9-54

9.4 范例应用3：销售员业绩奖金核算

本例需要根据10月份的销售记录表（如图9-55所示），统计每一位业务员的销售业绩并计算奖金，如图9-56所示。还需要根据第三季度的销售业绩数据表格，统计每一位业务员的季度奖金，如图9-57所示。

图9-55

图9-56　　　　图9-57

9.4.1 业绩提成核算

为了计算每位业务员的奖金，可以利用图9-55所示的销售记录汇总表中的销售额数据，统计出每位业务员在当月的总销售额，再按照不同的提成率计算奖金。

本例规定：如果业绩小于等于2000，则提成率为0.03；业绩在2000到5000之间，提成率为0.05；业绩在5000以上的提成率为0.08。

❶ 切换至"销售员业绩奖金计算"工作表，选中B2单元格，在编辑栏输入公式：

=SUMIF('10份销售记录表'!\$J\$3:\$J\$37,A2,'10份销货记录表'!\$I\$3:\$I\$37)

按Enter键，即可计算出第一位业务员的销售业绩，如图9-58所示。

图9-58

❷ 选中C2单元格，在编辑栏输入公式：

=IF(B2<=2000,B2*0.03,IF(B2<=5000,B2*0.05,B2*0.08))

按Enter键，即可计算出第一位业务员的奖金额，如图9-59所示。

❸ 选中B2:C2单元格区域并向下填充公式，依次得到每位销售员的销售额和奖金，如图9-60所示。

图9-59　　　　　　图9-60

9.4.2 季度业绩合并统计

已知表格统计了每位销售员在第三季度每个月的销售额，下面需要统计第三季度总业绩，并根据业绩计算奖金，假设业绩在5000元以下奖金为0元，业绩在5000到10000元之间奖金为1000元，业绩在10000元以上的奖金为2000元封顶。

❶ 选中F3单元格，在编辑栏输入公式：

=C3+D3+E3

按Enter键，即可计算出第一位员工的季度总额，如图9-61所示。

图9-61

❷ 选中G3单元格，在编辑栏输入公式：

=IF(F3<5000,0,IF(F3<10000,1000,2000))

按 Enter 键，即可计算出第一位员工的季度奖金，如图 9-62 所示。

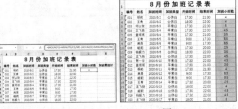

G3 =IF(F3<5000,0,IF(F3<10000,1000,2000))

员工季度业绩评估表						
员工编号	员工姓名	7月销售额	8月销售额	9月销售额	季度总额	季度奖金
NL001	王敏	¥3,520	¥850	¥1,520	¥5,890	1000
NL002	李颖	¥2,000	¥1,230	¥2,110		
NL003	马力伟	¥1,500	¥410	¥3,250		
NL004	苏菲	¥1,456	¥410	¥1,860		
NL005	钟文	¥8,200	¥1,500	¥4,250		
NL006	胡旭	¥6,030	¥1,230	¥6,100		
NL007	郑圆圆	¥4,780	¥850	¥2,850		

图 9-62

❸ 选中 F3:G3 单元格区域，将鼠标指针指向 G3 单元格右下角，当其变为黑色十字形时，向下拖动填充柄填充公式，即可得到所有员工的季度总业绩及季度奖金，如图 9-63 所示。

员工季度业绩评估表						
员工编号	员工姓名	7月销售额	8月销售额	9月销售额	季度总额	季度奖金
NL001	王敏	¥3,520	¥850	¥1,520	¥5,890	1000
NL002	李颖	¥2,000	¥1,230	¥2,110	¥5,340	1000
NL003	马力伟	¥1,500	¥410	¥3,250	¥5,160	1000
NL004	苏菲	¥1,456	¥410	¥1,860	¥3,726	
NL005	钟文	¥8,200	¥1,500	¥4,250	¥13,950	2000
NL006	胡旭	¥6,030	¥1,230	¥6,100	¥13,360	2000
NL007	郑圆圆	¥4,780	¥850	¥2,850	¥8,480	1000
NL008	韩枫	¥6,500	¥1,230	¥950	¥8,680	1000
NL009	侯娟娟	¥2,200	¥1,230	¥860	¥4,290	
NL010	孙莉	¥5,100	¥850	¥1,050	¥7,000	1000
NL011	李丽萍	¥4,400	¥850	¥1,280	¥6,530	1000
NL012	张美丽	¥1,300	¥1,230	¥2,560	¥5,090	1000
NL013	宋佳	¥1,700	¥1,230	¥758	¥3,688	
NL014	韦永辉	¥1,540	¥410	¥825	¥2,775	
NL015	梁艳	¥2,260	¥410	¥1,680	¥4,350	
NL016	朱婷婷	¥3,500	¥1,500	¥6,250	¥11,250	2000
NL017	赵子健	¥2,800	¥1,500	¥2,260	¥6,560	1000
NL018	吴立	¥1,650	¥850	¥980	¥3,480	

图 9-63

9.5 范例应用4：加班记录统计表

当员工因工作需要进行加班时，需要建立一张表格来对加班的具体明细数据进行记录。本月结束时人力资源部门需要根据“加班记录统计表”中的信息来计算员工的加班时长，并根据加班性质计算加班费用等。利用 Excel 中提供的函数、统计分析工具等都可以达到这些统计目的。如图 9-64 所示为建立的加班记录表。

员工姓名	加班日期	加班性质	开始时间	结束时间	加班时长	加班原因	加班费	人事部核实
刘志飞	2016/9/1	A	12:00:00	14:30:00	2.5	工作需要	46.875	刘丹晨
何许诺	2016/9/1	A	17:00:00	20:00:00	3	工作需要	56.25	刘丹晨
崔娜	2016/9/3	B	10:00:00	16:00:00	6	整理方案	225	刘丹晨
林成瑞	2016/9/3	B	14:30:00	18:00:00	3.5	接待客户	131.25	刘丹晨
崔娜	2016/9/5	A	19:00:00	21:00:00	2	会见客户	37.5	陈 琛
何许诺	2016/9/7	A	20:00:00	22:30:00	2.5	会见客户	46.875	郭晓溪
林成瑞	2016/9/7	A	19:00:00	21:00:00	2	完成业绩	37.5	郭晓溪
金璐忠	2016/9/12	A	19:00:00	21:00:00	2	工作需要	37.5	陈 琛
何佳怡	2016/9/12	A	20:00:00	22:00:00	2	会见客户	37.5	陈 琛
崔娜	2016/9/12	A	19:00:00	21:00:00	2	完成业绩	37.5	陈 琛
金璐忠	2016/9/13	A	19:00:00	21:30:00	2.5	完成业绩	46.875	陈 琛
李菲菲	2016/9/13	A	20:00:00	22:00:00	2	会见客户	37.5	谭谢生
华玉凤	2016/9/14	A	20:00:00	22:00:00	2	工作需要	37.5	谭谢生
林成瑞	2016/9/14	A	19:00:00	21:00:00	2	统计销售	37.5	谭谢生
何许诺	2016/9/14	A	19:30:00	21:00:00	1.5	工作需要	28.125	谭谢生
林成瑞	2016/9/16	C	10:00:00	13:00:00	3	工作需要	168.75	简 菲
张军	2016/9/16	C	10:30:00	13:00:00	2.5	会见客户	140.625	简 菲
李菲菲	2016/9/19	A	20:00:00	22:00:00	2	会见客户	37.5	简 菲
何佳怡	2016/9/19	A	19:30:00	22:00:00	2.5	工作需要	46.875	简 菲

图 9-64

9.5.1 计算加班时长

加班记录是需要按实际加班情况逐条记录的，每条记录都需要记录开始时间与结束时间，根据加班时间可以计算每条加班记录的加班费。

假设员工日平均工资为 150 元，平时加班费每小时为 18.75 元，双休日加班费为平时加班的两倍。有了这些已知条件后，可以设置公式来计算加班费。

❶ 选中 G3 单元格，在编辑栏输入公式：

=(HOUR(F3)+MINUTE(F3)/60)-(HOUR(E3)+MINUTE(E3)/60)

按 Enter 键，即可计算出第一项加班记录的加班小时数，如图 9-65 所示。

❷ 选中 G3 单元格，将鼠标指针指向 G3 单元格右下角，当其变为黑色十字形时，向下拖动填充柄填充公式，即可得到每条加班记录的加班小时数，如图 9-66 所示。

G3 =(HOUR(F3)+MINUTE(F3)/60)-(HOUR(E3)+MINUTE(E3)/60)

8月份加班记录表							
编号	姓名	加班时间	加班类型	开始时间	结束时间	加班小时数	加班费统计
001	胡莉	2020/8/2	公休日	17:30	21:30	4	
002	王青	2020/8/2	公休日	18:00	22:00		
003	何以玫	2020/8/3	平常日	17:30	22:30		
004	王飞扬	2020/8/4	平常日	17:30	22:00		
005	童瑶瑶	2020/8/4	平常日	17:30	21:00		
006	王青	2020/8/5	平常日	9:00	17:30		
007	吴晨	2020/8/6	平常日	9:00	17:30		
008	胡莉	2020/8/7	平常日	17:30	20:00		
009	钱毅力	2020/8/8	公休日	18:30	22:00		

图 9-65

8月份加班记录表						
编号	姓名	加班时间	加班类型	开始时间	结束时间	加班小时数
001	胡莉	2020/8/2	公休日	17:30	21:30	4
002	王青	2020/8/2	公休日	18:00	22:00	4
003	何以玫	2020/8/3	平常日	17:30	22:30	5
004	王飞扬	2020/8/4	平常日	17:30	22:00	4.5
005	童瑶瑶	2020/8/4	平常日	17:30	21:00	3.5
006	王青	2020/8/5	平常日	9:00	17:30	8.5
007	吴晨	2020/8/6	平常日	9:00	17:30	8.5
008	胡莉	2020/8/7	平常日	17:30	20:00	2.5
009	钱毅力	2020/8/8	公休日	18:30	22:00	3.5
010	王飞扬	2020/8/9	公休日	17:30	22:00	4.5
011	管一非	2020/8/10	平常日	17:30	22:00	4.5
012	童瑶瑶	2020/8/10	平常日	17:30	21:00	3.5
013	胡莉	2020/8/11	平常日	17:30	21:30	4
014	吴晨	2020/8/12	平常日	9:00	17:30	8.5
015	胡莉	2020/8/13	平常日	9:00	17:30	8.5
016	王青	2020/8/14	平常日	17:30	20:00	2.5
017	王飞扬	2020/8/15	公休日	18:00	22:00	4
018	胡莉	2020/8/15	公休日	17:30	22:00	4.5
019	钱毅力	2020/8/16	公休日	17:30	22:00	4.5
020	王飞扬	2020/8/17	平常日	18:00	21:00	3

图 9-66

专家提醒

提取 F3 单元格中时间的小时数，再将 F3 单元格的分钟数提取，除以 60 转化为小时数，二者相加为 F3 单元格中时间的小时数；按相同方法转换 E3 单元格中的时间，再取差值得到的就是加班小时数。

9.5.2 计算加班费

下面需要根据加班类型（平常日和公休日

加班）计算加班费。

❶ 选中 H3 单元格，在编辑栏输入公式：
=IF(D3=" 平常日 ",G3*18.75,G3*(18.75*2))

按 Enter 键，即可计算出第一项加班记录的加班费，如图 9-67 所示。

图 9-67

❷ 选中 H3 单元格，将鼠标指针指向 H3 单元格右下角，当其变为黑色十字形时，向下拖动填充柄填充公式，即可得到每条加班记录的加班费，如图 9-68 所示。

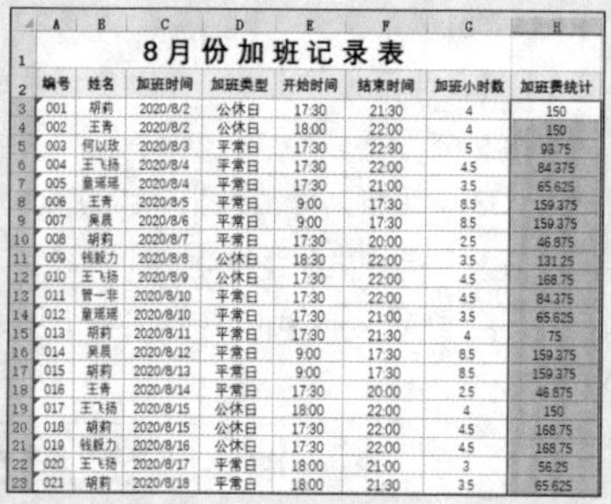

图 9-68

9.5.3 员工月加班费核算

由于一位员工可能涉及多条加班记录，因此当完成了对本月所有加班记录的统计后，需要对每位加班人员的加班费进行汇总统计。

❶ 在空白位置上建立"姓名"与"加班费"列标识，注意"姓名"是不重复的所有存在加班记录的员工，如图 9-69 所示。

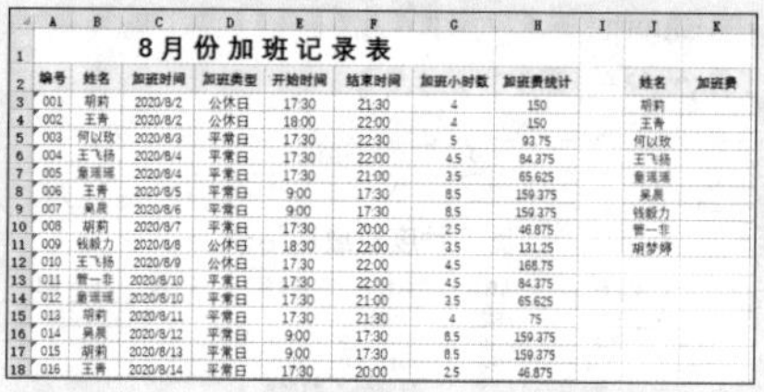

图 9-69

❷ 选中 K3 单元格，在编辑栏输入公式：
=SUMIF($B$2:$B$32,J3,$H$3:$H$32)

按 Enter 键，即可统计出"胡莉"这名员工的加班费总金额，如图 9-70 所示。

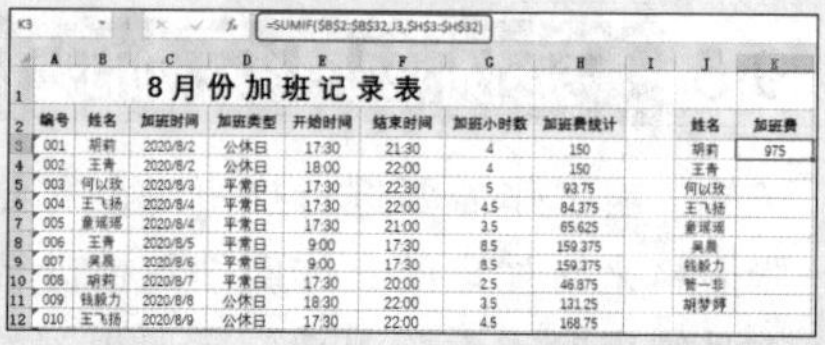

图 9-70

❸ 选中 K3 单元格，将鼠标指针指向 K3 单元格右下角，当其变为黑色十字形时，向下拖动填充柄填充公式即可利用 SUMIF 函数求解出每一位员工的加班费合计金额，如图 9-71 所示。

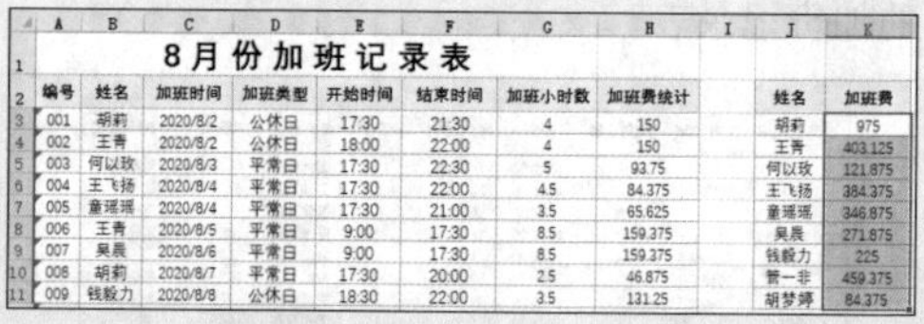

图 9-71

💡专家提醒

在统计每位员工的加班费时，可以在其他工作表中建立统计表，也可以如本例操作一样在当前表格中建立统计表。得到的统计表转换为数值后可以随意移到其他位置上使用。

9.6 ▶ 范例应用5：应收账款管理表

应收账款表示企业在销售过程中被购买单位所占用的资金。企业应及时收回应收账款以弥补企业在生产经营过程中的各种耗费，保证企业持续经营；对于被拖欠的应收账款应采取措施，组织催收；对于确实无法收回的应收账款，凡符合坏账条件的，应在取得有关证明并按规定程序报批后，做坏账损失处理。

对于企业产生的每笔应收账款可以建立

Word / Excel / PPT 2019 高效办公从入门到精通（视频教学版）

Excel 表格来统一管理，并利用函数或相关统计分析工具进行统计分析，从统计结果中获取相关信息，从而做出正确的财务决策。如图 9-72、图 9-73 所示为应收账款管理中需要用到的表格。

图 9-72

图 9-73

9.6.1　计算账款到期日期

下面根据到期日期判断各项应收账款是否到期，可以使用 EDATE 函数实现。

❶ 选中 E2 单元格，在编辑栏输入公式：

=EDATE(C2,D2)

按"Enter"键，即可计算出第一项应收账款的到期日期，如图 9-74 所示。

❷ 选中 E2 单元格，将鼠标指针指向 E3 单元格右下角，当其变为黑色十字形时，向下拖动填充柄填充公式，即可得到每条应收账款的到期日期，如图 9-75 所示。

图 9-74 　　　　　图 9-75

9.6.2　判断账款目前状态

应收账款记录表包括"公司名称""开票日期""应收金额""付款期""是否到期"等信息。未收金额及是否到期可以根据当前应收金额的实际情况用公式计算得到。

❶ 新建工作簿，并将其命名为"应收账款记录表"。将 Sheet1 工作表重命名为"应收账款记录表"，建立如图 9-76 所示的列标识，对表格进行格式设置以使其更加便于阅读。

❷ 选中 F4 单元格，在编辑栏中输入公式：

=D4-E4

按 Enter 键即可得到第一条账款的未收金额，如图 9-77 所示。

图 9-76　　　　　图 9-77

❸ 选中 F4 单元格，向下填充公式到 F21 单元格，一次性计算出其他记录中各款项的未收金额，如图 9-78 所示。

❹ 选中 H4 单元格，在编辑栏中输入公式：

=IF((C4+G4)<$C$2," 是 "," 否 ")

按 Enter 键即可判断第一条记录的目前状态是否到期，如图 9-79 所示。

图 9-78　　　　　图 9-79

❺ 选中 H4 单元格，向下填充公式到 H21 单元格，一次性判断出其他记录中各款项是否到期，如图 9-80 所示。

图 9-80

❻ 选中 I4 单元格，在编辑栏中输入公式：

123

=IF($C$2-(C4+G4)<0,D4-E4,0)

按 Enter 键即可判断第一条记录的未到期金额，如图 9-81 所示。

⑦ 选中 I4 单元格，向下填充公式到 I21 单元格，一次性判断出其他记录中各款项的未到期金额，如图 9-82 所示。

图 9-81　　　　　图 9-82

9.6.3　计算各账款的账龄

使用公式计算出各笔应收账款的账龄后，就可以采取措施对账龄较长或金额较大的账款进行催收。

❶ 在"应收账款记录表"表的右侧建立账龄分段列标识（因为各个账龄段的未收金额的计算源数据来源于"应收账款记录表"，因此将统计表建立在此处更便于对数据的引用），如图 9-83 所示。

图 9-83

❷ 选中 K4 单元格，在编辑栏中输入公式：

=IF(AND($C$2-(C4+G4)>0,$C$2-(C4+G4)<=30),D4-E4,0)

按 Enter 键即可得到 0 到 30 天逾期未收金额，如图 9-84 所示。

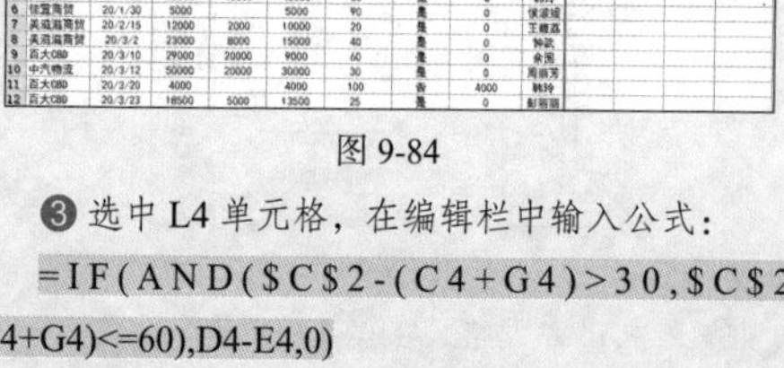

图 9-84

❸ 选中 L4 单元格，在编辑栏中输入公式：

=IF(AND($C$2-(C4+G4)>30,$C$2-(C4+G4)<=60),D4-E4,0)

按 Enter 键即可得到 30 到 60 天逾期未收金额，如图 9-85 所示。

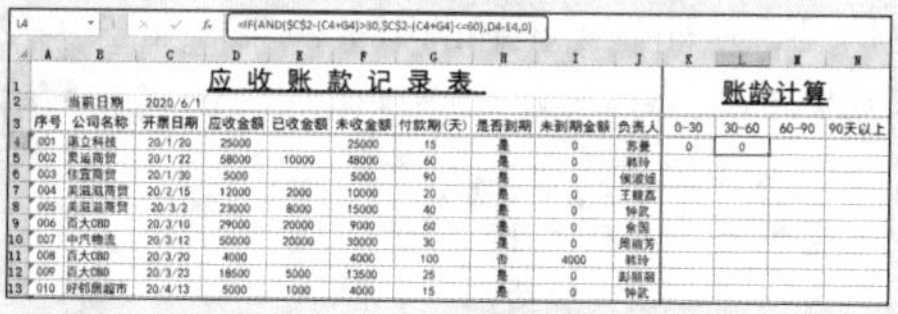

图 9-85

❹ 选中 M4 单元格，在编辑栏中输入公式：

=IF(AND($C$2-(C4+G4)>60,$C$2-(C4+G4)<=90),D4-E4,0)

按 Enter 键即可得到 60 到 90 天逾期未收金额，如图 9-86 所示。

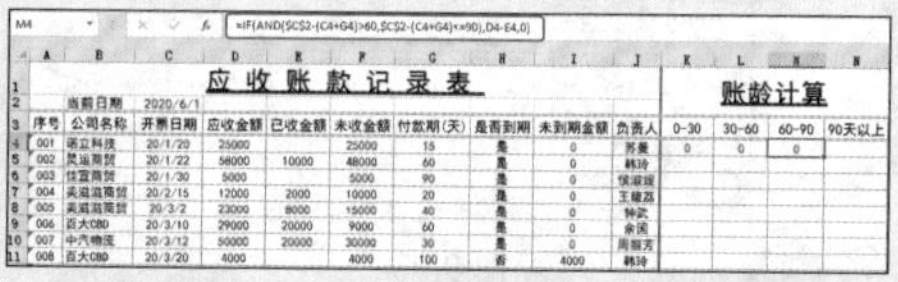

图 9-86

❺ 选中 N4 单元格，在编辑栏中输入公式：

=IF($C$2-(C4+G4)>90,D4-E4,0)

按 Enter 键即可得到 90 天以上逾期未收金额，如图 9-87 所示。

图 9-87

❻ 选中 K4:N4 单元格区域，向下填充公式至 N21 单元格，即可得到所有账款记录下不同账龄期间的逾期未收金额，如图 9-88 所示。

图 9-88

9.6.4　统计各客户在各个账龄区间的应收款

统计出各客户信用期内及各个账龄区间的

Word / Excel / PPT 2019 高效办公从入门到精通（视频教学版）

应收金额，可以让财务人员清楚地了解哪些客户是企业的重点债务对象。

❶ 插入新工作表，将工作表标签重命名为“分客户分析应收账款账龄”。输入表格名称及各项列标识并对表格进行格式设置，如图 9-89 所示。

❷ 在表格中输入公司名称，选中 B3 单元格，在编辑栏输入公式：

=SUMIF(应收账款记录表 !$B$4:$B$25,$A3, 应收账款记录表 !I$4:I$25)

按 Enter 键，即可计算出“佳宜商贸”在信用期的金额，如图 9-90 所示。

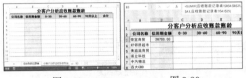

图 9-89

图 9-90

❸ 选中 C3 单元格，在编辑栏输入公式：

=SUMIF(应收账款记录表 !$B$4:$B$25,$A3, 应收账款记录表 !K$4:K$25)

按 Enter 键，计算出“佳宜商贸”在 0 到 30 天账龄内应收账款金额，如图 9-91 所示。

❹ 选中 C3 单元格，将光标定位到该单元格区域右下角，当出现黑色十字型时，按住鼠标左键向右拖动至 F3 单元格，释放鼠标即可快速返回各账龄区间内的应收账款金额，如图 9-92 所示。

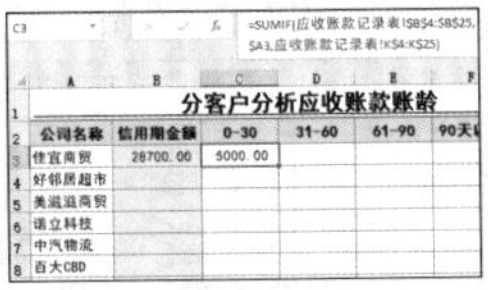

图 9-91

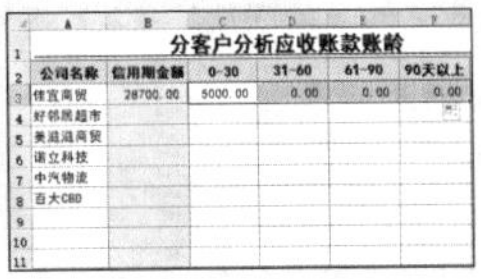

图 9-92

专家提醒

由于在“应收账款记录表”中，“0-30”“30-60”“60-90”“90 天以上”几列是连续显示的，所以在设置了 C3 单元格的公式（注意公式中对数据源的相对与绝对引用方式）后，可以利用复制公式的方法快速完成其他单元格公式的设置。

❺ 选中 G3 单元格，在编辑栏中输入公式：

=SUM(C3:F3)

按 Enter 键，计算出“佳宜商贸”应收账款合计金额，如图 9-93 所示。

❻ 选中 B3:G3 单元格区域，将光标定位到该单元格区域右下角，当出现黑色十字型时，按住鼠标左键向下拖动，释放鼠标即可快速返回各客户信用期内及各个账龄区间的应收账款金额，如图 9-94 所示。

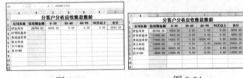

图 9-93

分客户分析应收账款账龄

公司名称	信用期金额	0-30	30-60	60-90	90天以上	合计
佳宜商贸	28700.00	5000.00	0.00	0.00	0.00	5000.00
好邻居超市	11000.00	4000.00	0.00	0.00	0.00	4000.00
美滋滋商贸	17900.00	15000.00	0.00	10000.00	0.00	25000.00
谌立科技	14000.00	0.00	0.00	0.00	25000.00	25000.00
中汽物流	13600.00	30000.00	0.00	0.00	0.00	30000.00
百大CBD	4000.00	13500.00	0.00	0.00	0.00	13500.00

图 9-94

9.7 范例应用6：库存数据的月末核算

为了更好地管理商品，可以建立商品库存表，按日统计商品的库存量、分管仓库名称以及点货人，如图 9-95 所示为多条件统计入库产品的总数量。

入库日期	点货人	编码	名称	库存数量	仓库
2020/9/1	刘宇飞	LWG009	热轧卷	56	A仓库
2020/9/1	刘宇飞	LWG010	螺纹钢	120	C仓库
2020/9/1	王娜娜	LWG011	圆钢	33	C仓库
2020/9/1	刘宇飞	LWG014	螺纹钢	910	B仓库
2020/9/1	刘宇飞	LWG015	螺纹钢	554	A仓库
2020/9/1	王娜娜	LWG016	螺纹钢	110	A仓库
2020/9/1	李娜娜	LWG017	螺纹钢	90	B仓库
2020/9/1	李娜娜	LWG018	螺纹钢	600	B仓库
2020/9/1	刘宇飞	LWG019	螺纹钢	190	B仓库
2020/9/1	王娜娜	RZJ001	热轧卷	20	B仓库
2020/9/1	王娜娜	RZJ002	热轧卷	121	B仓库
2020/9/1	王娜娜	RZJ004	热轧卷	67	B仓库
2020/9/1	刘宇飞	RZJ007	热轧卷	940	B仓库
2020/9/1	刘宇飞	YG003	圆钢	546	B仓库

产品名称	仓库	库存
热轧卷	B仓库	1148

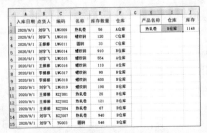

图 9-95

9.7.1 按产品名称核算总库存数（满足单条件求和）

仓库管理员统计了每日各种产品的入库数量，下面需要统计指定产品（比如热轧卷）当日的总库存数量。

❶ 选中 I2 单元格，在编辑栏输入公式：

=SUMIF(D2:D15,H2,E2:E15)

按 Enter 键，即可计算出“热轧卷”的当日库存总数量，如图 9-96 所示。

❷ 设置要统计的产品为“螺纹钢”，即可自动返回库存总数量，如图 9-97 所示。

第 9 章 实用的函数运算

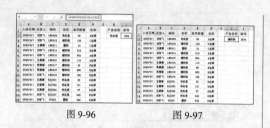

图 9-96　　　　　图 9-97

SUMIFS 函数可以实现按多条件求和，本例需要按指定仓库名称和指定产品名称统计库

存总量。

❶ 选中 J2 单元格，在编辑栏输入公式：
=SUMIFS(E2:E15,D2:D15,H2,F2:F15,I2)

按 Enter 键，即可计算出指定产品和指定仓库的库存总量，如图 9-98 所示。

❷ 更改要统计的指定产品名称和指定仓库名称，即可自动根据公式返回总库存量，如图 9-99 所示。

图 9-98　　　　　图 9-99

9.8　范例应用7：业绩考核分析表

公司对各个部门员工的业绩进行了考核，需要根据统计表数据统计参与考核的总人数、达标的人数，以及按部门统计达标人数，并统计最高分和最低分。如图 9-100 所示为员工业绩考核分析表的分析计算结果。本节使用 COUNT、COUNTIF、COUNTIFS 函数可以按条件求单元格个数，使用 MAXIFS 和 MINIFS 函数可以按条件求最大值和最小值。

图 9-100

9.8.1　统计参与考核的总人数

员工考核表统计了考核分数，缺席考核的人员分数显示为空白，下面需要使用 COUNT 函数统计参与考核的总人数。

选中 G2 单元格，在编辑栏输入公式：
=COUNT(E2:E29)

按 Enter 键，即可统计出参与考核的总人数，如图 9-101 所示。

图 9-101

9.8.2　统计考核分数达标的人数

假设公司员工考核成绩达标的标准是 85 分，下面需要根据分数统计达标的总人数。这里需要使用 COUNTIF 函数统计满足指定条件的单元格个数。

选中 H2 单元格，在编辑栏输入公式：
=COUNTIF(E2:E29,">=85")

按 Enter 键，即可统计出考核分数大于等于 85 分的总人数，如图 9-102 所示。

Word / Excel / PPT 2019 高效办公从入门到精通（视频教学版）

图 9-102

图 9-104

9.8.3 分部门统计考核分数达标的人数

已知表格按不同的部门名称统计了考核分数，下面需要统计各个不同客服分部门考核达标的总人数。这里可以使用 COUNTIFS 函数将满足多条件的单元格个数统计出来。

❶ 选中 H2 单元格，在编辑栏输入公式：

=COUNTIFS($E$2:$E$29,">=85",$B$2:$B$29,G2)

按 Enter 键，即可统计出"客服一部"的考核达标人数，如图 9-103 所示。

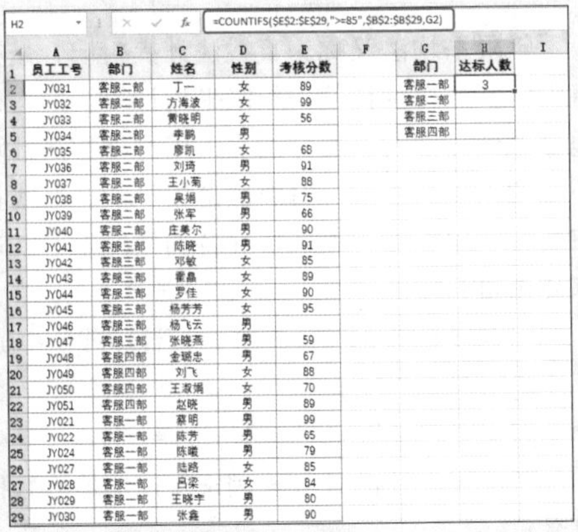

图 9-103

❷ 选中 H2 单元格，鼠标指针指向 H2 单元格右下角，当其变为黑色十字形时，向下拖动填充柄填充公式，即可得到各个部门的达标总人数，如图 9-104 所示。

9.8.4 统计各部门的最高分、最低分

下面需要根据各部门员工的考核分数，统计各个部门的最高分和最低分，使用 Excel 2019 的新增函数 MAXIFS 和 MINIFS 函数可以实现按指定条件求最大值和最小值，而不是只能够在一组数据集中求最大值和最小值。本例是默认忽略了 0 值统计最大值和最小值。

❶ 选中 H2 单元格，在编辑栏输入公式：

=MAXIFS($E$2:$E$29,$B$2:$B$29,G2)

按 Enter 键，即可统计出"客服一部"的最高分，如图 9-105 所示。

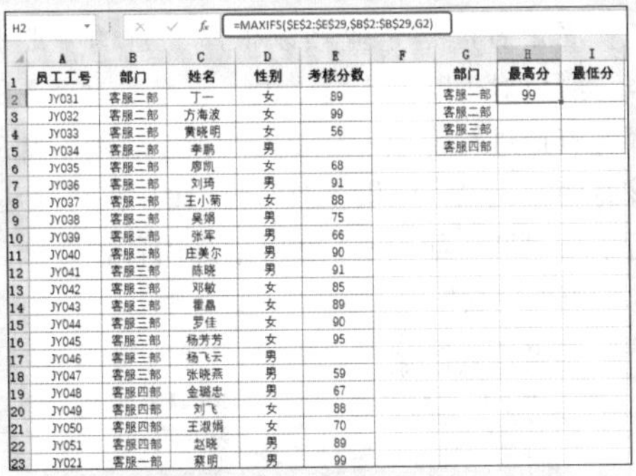

图 9-105

❷ 选中 H2 单元格，鼠标指针指向 H2 单元格右下角，当其变为黑色十字形时，向下拖动填充柄填充公式，即可得到各个部门的最高分，如图 9-106 所示。

127

图 9-106

图 9-107

③ 选中 I2 单元格，在编辑栏输入公式：

=MINIFS($E$2:$E$29,$B$2:$B$29,G2)

按 Enter 键，即可统计出"客服一部"的最低分，如图 9-107 所示。

④ 选中 I2 单元格，鼠标指针指向 I2 单元格右下角，当其变为黑色十字形时，向下拖动填充柄填充公式，即可得到各个部门的最低分，如图 9-108 所示。

图 9-108

9.9 ▶ 范例应用8：固定资产折旧计算表

固定资产是指企业为生产产品、提供劳务、出租或者经营管理而持有的、使用时间超过 12 个月的、价值达到一定标准的非货币性资产，包括房屋、建筑物、机器、机械、运输工具以及其他与生产经营活动有关的设备、器具、工具等。

固定资产是企业赖以生产经营的主要资产，所以对于财务人员来说，有必要对企业的固定资产进行管理，对于资产报废、新增都应该有明细记录，以供企业对公司的固定资产进行估值判断，如图 9-109 所示是用各种方法计算的折旧额数据。

图 9-109

9.9.1 SLN 函数——计算折旧（年限平均法）

年限平均法又称为直线法计提折旧，是指将固定资产按预计使用年限平均计算折旧均衡地分摊到各期的一种方法。采用这种方法计算的每期（年、月）折旧额都是相等的。直线折旧法是应用在不考虑减值准备的情况下，其计算公式如下。

固定资产年折旧率 =（1 − 预计净残值率）/ 预计使用寿命（年）

固定资产月折旧率 = 年折旧率 /12

固定资产月折旧额 = 固定资产原值 * 月折旧率

在 Excel 中有专门用于计算折旧额的函数，SLN 函数就是用于计算某项资产在一个期间的线性折旧值。

Word / Excel / PPT 2019 高效办公从入门到精通（视频教学版）

❶ 选中 I3 单元格，在编辑栏中输入公式：

=SLN(E3,G3,D3*12)

按 Enter 键，即可返回第一项固定资产按"直接折旧法"计算得到的折旧额，如图 9-110 所示。

❷ 选中 I3 单元格，鼠标指针指向 I3 单元格右下角，当其变为黑色十字形时，向下拖动填充柄填充公式，即可得到每条固定资产的折旧值，如图 9-111 所示。

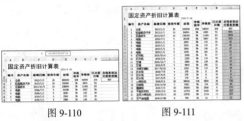

图 9-110　　　　　　图 9-111

9.9.2　SYD 函数——计算折旧（年数总和法）

年数总和法又称总和年法、折旧年限积数法、年数比率法、级数递减法，是固定资产加速折旧法的一种。它是将固定资产的原值减去残值后的净额乘以一个逐年递减的分数计算确定固定资产折旧额的一种方法。

逐年递减分数的分子代表固定资产尚可使用的年数，分母代表使用年数的逐年数字之总和，假定使用年限为 n 年，分母即为 $1+2+3+\cdots\cdots+n=n(n+1)\div 2$，相关计算公式如下。

年折旧率 = 尚可使用年数 / 年数总和 × 100%

年折旧额 =（固定资产原值－预计残值）× 年折旧率

月折旧率 = 年折旧率 /12

月折旧额 =（固定资产原值－预计净残值）× 月折旧率

年数总和法主要用于以下两个方面的固定资产。

● 由于技术进步，产品更新换代较快的。

● 常年处于强震动、高腐蚀状态的。

SYD 函数是用于返回某项资产按年限总和

折旧法计算的指定期间的折旧值。

如图 9-112 所示为使用年数总和法计算某项固定资产每年的折旧，可以看到折旧额是逐年递减的。

❶ 选中 J3 单元格，在编辑栏中输入公式：

=SYD(E3,G3,D3*12,H3)

按 Enter 键，即可返回第一条按"年数总和法"计算得到的折旧额，如图 9-113 所示。

图 9-112　　　　　　图 9-113

❷ 选中 J3 单元格，拖动填充柄复制公式得到批量结果，如图 9-114 所示。

图 9-114

9.9.3　DDB 函数——计算折旧（双倍余额递减法）

双倍余额递减法是一种加速计提固定资产折旧的方法。双倍余额递减法是在不考虑固定资产残值的情况下，根据每期期初固定资产账面余额和双倍的直线法折旧率计算固定资产折旧的一种方法。

双倍余额递减法的相关计算公式如下。

年折旧率 =2/ 预计使用年限 × 100%

年折旧额 = 该年年初固定资产账面净值 × 年折旧率

月折旧额 = 年折旧额 /12

由于采用双倍余额递减法在确定固定资产折旧率时，不考虑固定资产的净残值因素，因此在连续计算各年折旧额时，如果发现使用双倍余额递减法计算的折旧额小于采用直线法计算的折旧额时，就应该改用直线法计提折旧。

DDB 函数用于采用双倍余额递减法计算一笔资产在给定期间内的折旧值。

如图 9-115 所示为使用双倍余额法计算某项固定资产每年的折旧，可以看到折旧额是加速计提的。为了方便操作，采用双倍余额递减法计提折旧的固定资产，应当在固定折旧年限到期以前两年内，将固定资产账面净值扣除预计净残值后的余额平均摊销。所以公式中使用了 If 函数进行年数的判断，即当使用年限进入到倒数第 2 年时就不再计提折旧了。

❶ 选中 K3 单元格，在编辑栏中输入公式：
=DDB(E3,G3,D3*12,H3)

按 Enter 键，即可返回第一条按"余额递减法"

计算得到的折旧额，如图 9-116 所示。

| 图 9-115 | 图 9-116 |

❷ 选中 K3 单元格，拖动填充柄复制公式得到批量结果，如图 9-117 所示。

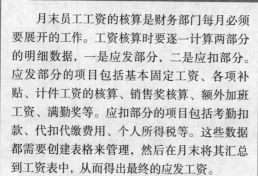

图 9-117

9.10 范例应用9：工资核算表

月末员工工资的核算是财务部门每月必须要展开的工作。工资核算时要逐一计算两部分的明细数据，一是应发部分，二是应扣部分。应发部分的项目包括基本固定工资、各项补贴、计件工资的核算、销售奖核算、额外加班工资、满勤奖等。应扣部分的项目包括考勤扣款、代扣代缴费用、个人所得税等。这些数据都需要创建表格来管理，然后在月末将其汇总到工资表中，从而得出最终的应发工资。

通过工资表生成的数据可以进行多角度的分析工作，如查看高低工资、部门工资合计统计比较、部门工资平均值比较等。如图 9-118 所示为工资核算表数据。

图 9-118

9.10.1 计算工龄工资

员工基本工资表用来统计每一位员工的基本信息、基本工资，另外还需要包含入职日期数据，因为要根据入职日期对工龄工资进行计算，工龄工资也属于工资核算的一部分。本例中规定：1 年以下的员工，工龄工资每月为 0 元；1 到 3 年工龄工资每月为 50 元；3 到 5 年工龄工资每月为 100 元；5 年以上工龄工资每月为 200 元。

1. 计算工龄

❶ 新建工作表，并将其命名为"基本工资表"，输入表头、列标识，先建立"工号""姓名""部门""基本工资"这几项基本数据。

❷ 添加"入职时间""工龄""工龄工资"几项列标识（"入职时间"数据可从人事或行政部门获取），如图 9-119 所示。

❸ 选中 F3 单元格，输入公式：
=YEAR(TODAY())-YEAR(E3)

按 Enter 键，即可计算出第一位员工的工龄，如图 9-120 所示。

图 9-119

图 9-120

④ 选中 F3 单元格，在"开始"选项卡的"数字"组中单击"数字格式"下拉按钮，打开下拉菜单，单击"常规"即可正确显示工龄，如图 9-121 所示。

⑤ 选中 F3 单元格，拖动右下角的填充柄向下填充公式，批量计算其他员工的工龄，效果如图 9-122 所示。

图 9-121　　　　图 9-122

2. 计算工龄工资

❶ 选中 G3 单元格，在编辑栏中输入公式：

=IF(F3<=1,0,IF(F3<=3,(F3-1)*50,IF(F3<=5,(F3-1)*100,(F3-1)*200))))

按 Enter 键，即可计算出第一位员工的工龄工资，如图 9-123 所示。

图 9-123

❷ 选中 G3 单元格，拖动右下角的填充柄向下填充公式，批量计算其他员工的工龄工资，如图 9-124 所示。再填写每位员工当月的各类奖金总和（考勤

奖、业绩奖金等）和各类扣款总和（保险扣款、考勤扣款等）。

图 9-124

9.10.2　核算个人所得税

个人所得税是根据应发合计金额扣除起征点后进行核算的，因此在计算出应发合计后，可以先进行个人所得税的计算。由于个人所得税的计算牵涉到税率的计算、速算扣除数的计算等，因此为避免公式过于复杂，我们可以另建一张表格专门管理个人所得税，然后通过 VLOOKUP 函数匹配到"员工月度工资表"的个人所得税部分数据。

用 IF 函数配合其他函数计算个人所得税。相关规则如下。

● 起征点为 5000。

● 税率及速算扣除数如表 9-1 所示（本表是按月统计不同纳税所得额）。

表9-1

应纳税所得额（元）	税率（%）	速算扣除数（元）
不超过 3000	3	0
3001～12000	10	210
12001～25000	20	1410
25001～35000	25	2660
35001～55000	30	4410
55001～80000	35	7160
超过 80000	45	15160

1. 计算应发工资

❶ 选中 J3 单元格，在编辑栏中输入公式：

=SUM(D3,G3:H3)-I3

按 Enter 键，即可计算出第一位员工的应发工资额，如图 9-125 所示。

② 选中J3单元格，拖动右下角的填充柄向下填充公式，批量计算其他员工的应发工资，如图9-126所示。

图9-125　　　　图9-126

2. 计算个人所得税

① 新建工作表，将其重命名为"所得税计算表"，在表格中建立相应列标识，并建立工号、姓名、部门基本数据，如图9-127所示。

图9-127

② 选中D3单元格，在编辑栏中输入公式：

=VLOOKUP(A3,工资核算表!$A:$M,10,FALSE)

按Enter键，即可从"工资核算表"中匹配得到应发工资，如图9-128所示。

③ 选中E3单元格，在编辑栏中输入公式：

=IF(D3<5000,0,D3-5000)

按Enter键，即可计算出应交税所得额，如图9-129所示。

图9-128　　　　图9-129

④ 选中F3单元格，在编辑栏中输入公式：

=IF(E3<=3000,0.03,IF(E3<=12000,0.1,IF(E3<=25000,0.2,IF(E3<=35000,0.25,IF(E3<=55000,0.3,IF(E3<=80000,0.35,0.45))))))

按Enter键，即可计算出税率，如图9-130所示。

图9-130

⑤ 选中G3单元格，在编辑栏中输入公式：

=VLOOKUP(F3,{0.03,0;0.1,210;0.2,1410;0.25,2660;0.3,4410;0.35,7160;0.45,15160},2,)

按Enter键，即可计算出速算扣除数，如图9-131所示。

图9-131

⑥ 选中H3单元格，在编辑栏中输入公式：

=E3*F3-G3

按Enter键，即可计算出应交所得税额，如图9-132所示。

图9-132

⑦ 选中D3:H3单元格区域，拖动右下角的填充柄，向下填充公式批量计算其他员工在应扣部分各个项目的数据，如图9-133所示。

图9-133

Word / Excel / PPT 2019 高效办公从入门到精通（视频教学版）

9.10.3 建立工资条

下面需要根据创建好的"工资核算表"，分别统计每位员工的工资条。

1. 计算实发工资

❶ 选中 K3 单元格，在编辑栏中输入公式：

=VLOOKUP(A3, 所得税计算表 !$A:$H,8,FALSE)

按 Enter 键，即可得到个人所得税，如图 9-134 所示。

图 9-134

❷ 选中 L3 单元格，在编辑栏中输入公式：

=J3-K3

按 Enter 键，即可计算出实发工资，如图 9-135 所示。

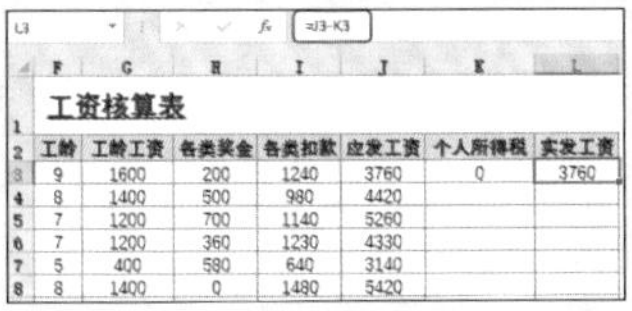

图 9-135

❸ 选中 K3:L3 单元格区域，拖动右下角的填充柄，向下填充公式批量计算其他员工的个人所得税和实发工资，如图 9-136 所示。

图 9-136

2. 建立工资条

工资核算完成后一般都需要生成工资条，工资条是员工领取工资的一个详单，便于员工详细地了解本月应发工资明细。工资条数据都是来自于"工资核算表"，可以使用 VLOOKUP 函数根据工号快速匹配获取各项明细数据，并且在生成第一位员工的工资条后，其他员工的工资条可以通过填充一次性得到。

❶ 在"工资核算表"工作表中，选中从第 2 行开始的包含列标识的数据编辑区域，在名称编辑框中定义其名称为"工资表"（如图 9-137 所示）。按 Enter 键即可完成名称的定义。

图 9-137

❷ 新建工作表并重命名为"工资条"，建立表格如图 9-138 所示。

❸ 选中 B3 单元格，在编辑栏中输入公式：

=VLOOKUP(A3, 工资表 ,2,FALSE)

按 Enter 键，即可返回第一位员工的姓名，如图 9-139 所示。

图 9-138   图 9-139

❹ 选中 C3 单元格，在编辑栏中输入公式：

=VLOOKUP(A3, 工资表 ,3,FALSE)

按 Enter 键，即可返回第一位员工的部门，如图 9-140 所示。

❺ 选中 D3 单元格，在编辑栏中输入公式：

=VLOOKUP(A3, 工资表 ,12,FALSE)

按 Enter 键，即可返回第一位员工的实发工资，如图 9-141 所示。

图 9-140   图 9-141

❻ 选中 A6 单元格，在编辑栏中输入公式：

=VLOOKUP($A3, 工资表 ,COLUMN(D1),FALSE)

按 Enter 键，即可返回第一位员工基本工资，如

图 9-142 所示。

❼ 选中 B6 单元格，在编辑栏中输入公式：
=VLOOKUP($A3,工资表,COLUMN(G1),FALSE)

按 Enter 键，即可返回第一位员工的工龄工资，如图 9-143 所示。

| 图 9-142 | 图 9-143 |

❽ 选中 B6 单元格，将光标定位到该单元格右下角，当出现黑色十字型时按住鼠标左键向右拖动至 G6 单元格，释放鼠标即可一次性返回第一位员工的各项工资明细数据，如图 9-144 所示。

❾ 选中 A2:G7 单元格区域，将光标定位到该单元格区域右下角，当其变为黑色十字形时（如图 9-145 所示），按住鼠标左键向下拖动，释放鼠标即可得到每位员工的工资条，如图 9-146 所示（拖动什么位置释放鼠标要根据当前员工的人数来决定，即通过填充得到所有员工的工资条后释放鼠标）。

| 图 9-144 | 图 9-145 |

图 9-146

9.11 妙招技法

9.11.1 自动标识周末的加班记录

在加班统计表中，可以通过条件格式的设置快速标识出周末加班的记录。此条件格式的设置需要使用公式进行判断。

❶ 选中目标单元格区域，在"开始"选项卡的"样式"组中，单击"条件格式"下拉按钮，选择"新建规则"命令（如图 9-147 所示），打开"新建格式规则"对话框。

❷ 在"选择规则类型"栏中选择"使用公式确定要设置格式的单元格"，在下面的"为符合此公式的值设置格式"文本框中输入公式：=WEEKDAY(A3,2)>5，如图 9-148 所示。

❸ 单击"格式"按钮，打开"设置单元格格式"对话框。对需要标识的单元格进行格式设置，这里以设置单元格背景颜色为"浅黄色"为例，如图 9-149 所示。

❹ 单击"确定"按钮，返回到"新建格式规则"对话框中，再次单击"确定"按钮，即可将选定单元格区域内的双休日以浅黄色填充色标识出来，如图 9-150 所示。

| 图 9-147 | 图 9-148 |

| 图 9-149 | 图 9-150 |

Word / Excel / PPT 2019 高效办公从入门到精通（视频教学版）

9.11.2 超大范围公式复制的办法

如果是小范围单元格区域内公式的复制，一般都是通过拖动填充柄填充的方式实现。但是当在超大范围进行复制时（如几百上千条数据），通过拖动填充柄既浪费时间又容易出错。此时可以按如下方法进行填充（为方便显示，本例假设有 50 余条记录）。

❶ 选中 E2 单元格，在名称框中输入要填充公式的同列最后一个单元格地址 E2:E54，如图 9-151 所示。

❷ 按 Enter 键选中 E2:E54 单元格区域，如图 9-152 所示。

图 9-151　　　　　　图 9-152

❸ 按 Ctrl+D 组合键，即可一次性将 E2 单元格的公式填充至 E54 单元格，如图 9-153、图 9-154 所示。

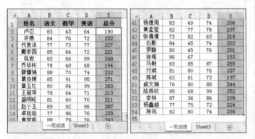

图 9-153　　　　　　图 9-154

9.11.3 将公式计算结果转换为数值

公式计算得出结果后，为方便数据使用，有时需要将计算结果转换为数值，从而更加方便移动使用。

❶ 选中 C2:C10 单元格区域，按 Ctrl+C 组合键复

制，然后再按 Ctrl+V 组合键粘贴，如图 9-155 所示。

❷ 单击粘贴区域右下角的 (Ctrl) 按钮，打开下拉菜单，单击 按钮（如图 9-156 所示），即可只粘贴数值。

图 9-155　　　　　　图 9-156

9.11.4 为什么明明显示的是数据计算结果却为 0

如图 9-157 所示表格中，当使用公式 =SUM(B2:B10) 来计算 B 列单元格中的总工资时，出现计算结果为 0 的情况。出现这种情况是因为 B 列中的数据都使用了文本格式，看似显示为数字，实际是无法进行计算的文本格式。解决方法如下。

图 9-157

选中"工资"列的数据区域，单击左上的 按钮的下拉按钮，在下拉列表中单击"转换为数字"（如图 9-158 所示），按相同的方法依次将所有文本数字都转换为数值数字，即可显示正确的计算结果，如图 9-159 所示。

图 9-158　　　　　　图 9-159

9.11.5　隐藏公式实现保护

在多人应用环境下，建立了公式求解后，为避免他人无意修改公式，可以通过设置让公式隐藏起来，以起到保护作用。

❶ 在当前工作表中，按 Ctrl+A 快捷键选中整张工作表的所有单元格。

❷ 在"开始"选项卡的"对齐方式"组中单击 按钮，打开"设置单元格格式"对话框。切换到"保护"选项卡下，取消选中"锁定"复选框，如图 9-160 所示。

❸ 单击"确定"按钮回到工作表中，选中公式所在单元格区域，如图 9-161 所示。

图 9-160　　　　图 9-161

❹ 再次打开"设置单元格格式"对话框，并再次选中"锁定"和"隐藏"复选框，如图 9-162 所示。

图 9-162

❺ 单击"确定"按钮回到工作表中。在"审阅"选项卡的"保护"组中单击"保护工作表"按钮（如图 9-163 所示），打开"保护工作表"对话框。

图 9-163

❻ 设置保护密码，如图 9-164 所示。单击"确定"按钮，提示再次输入密码，如图 9-165 所示。

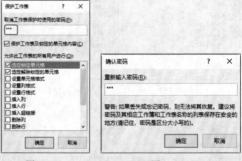

图 9-164　　　　图 9-165

❼ 设置完成后，选中输入了公式的单元格，可以看到无论是在单元格中还是在公式编辑栏中都看不到公式了，如图 9-166 所示。

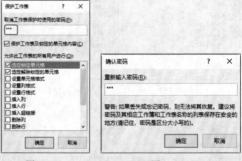

图 9-166

第

10

用图表展示数据

章

在 Excel 中可以创建非常专业的各类数据图表，用于包括销售、财务等领域在内的数据分析。通过各种类型的图表可以直观地表达数据分析结果。用户根据不同的数据分析需求可以选择柱形图、饼图、折线图等，也可以用组合图表分析不同类型的数据（比如百分比和数值数据）。图表的元素有标题、图例、数据系列、数据标签、坐标轴等，一个合适的图表不一定要包括所有图表元素，但是一定要选择最合适的元素展示数据分析。

- 根据分析目的选择图表
- 了解图表元素
- 美化图表样式

- 设置图表坐标轴
- 折线图线条格式
- 调整图表数据源

图表具有能直观反应数据的能力，在日常工作中，当需要分析某些数据时，常会应用图表来比较数据、展示数据的发展趋势。因此图表在现代商务办公中是非常重要的，比如总结报告、商务演示、招投标方案、对比销售数据等，无一能离开数据图表的应用。

将制作好的图表写进报告，可以瞬间降低文字报告的枯燥感，同时提升数据的说服力。让每个人都能直观感受到图表的可视化效果，它远比纯数据给人的脑海中留下的印象要深刻，同时它也比纯数据更易阅读，是现在商务办公人士所乐于接受的表达方式。对于初学者来说，很难有专业分析人员的水平，不论是从操作、技巧还是整体布局上，和专业人员相比都有很大的差距。本章会通过一些实用的例子帮助大家理解图表中的基础知识，经过多操作、多积累、多学习、多思考，大家自然会设计出令自己满意的图表。

10.1.1 按分析目的选择图表类型

常用的图表类型有柱形图、折线图、饼图、条形图、面积图、直方图等。除此之外，还有雷达图、箱型图、瀑布图和漏斗图，用户需要根据不同的数据分析目的选择合适的图表。无论选择哪种类型的图表，都需要了解图表包含哪些元素，比如标题、坐标轴、图例、绘图区等，设计图表时为了让其更加专业、数据表达更加清晰，需要尽量完善图表中的必要元素。

对于初学者而言，如何根据当前数据源选择一个合适的图表类型是一个难点。不同的图表类型其表达重点有所不同，因此我们首先要了解各类型图表的应用范围，学会根据当前数据源以及分析目的选用最合适的图表类型。下面介绍一些常用的图表类型。

1. 柱形图

柱形图显示一段时间内数据的变化，或者显示不同项目之间的对比。柱形图是最常用的图表之一，其具有下面的子图表类型。

● 簇状柱形图，用于比较类别间的值。如图 10-1 所示的图表，从图表中可直观比较两个月份中不同品牌销售额的对比情况。

● 堆积柱形图，显示各个项目与整体之间的关系，从而比较各类别的值在总和中的分布情况。如图 10-2 所示的图表，从中可以直观看出哪种品牌商品的销售额最高或最低。

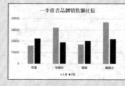
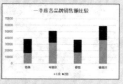

图 10-1   图 10-2

● 百分比堆积柱形图，以百分比形式比较各类别的值在总和中的分布情况。如图 10-3 所示的图表，垂直轴的刻度显示为百分比而非数值，因此图表显示了各个品牌在 1 月与 2 月所占百分比情况。

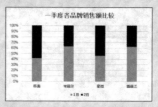

图 10-3

2. 条形图

条形图是显示各个项目之间的对比，主要用于表现各项目之间的数据差额。它可以看成是顺时针旋转 90° 的柱形图，因此条形图的子图表类型与柱形图基本一致，各种子图表类型的用法与用途也基本相同。

● 簇状条形图，用于比较类别间的值。如图 10-4 所示的图表，垂直方向表示类别（如不同品牌），水平方向表示各类别的值（如销售额）。

- 堆积条形图，显示各个项目与整体之间的关系，从而比较各类别的值在总和中的分布情况。如图10-5所示的图表，从图表中可以直观看出哪种品牌的销售额最高，哪种品牌的销售额最低。
- 百分比堆积条形图，以百分比形式比较各类别的值在总和中的分布情况。

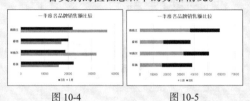

图 10-4　　　　　　　图 10-5

3. 折线图

折线图显示随时间或类别的变化趋势。折线图分为带数据标记与不带数据标记两大类，不带数据标记是指只显示折线不带标记点。

- 折线图，显示各个值的分布随时间或类别的变化趋势。如图10-6所示的图表，从图表中可以直观看到一段时间内的变化趋势。

图 10-6

- 堆积折线图，显示各个值与整体之间的关系，从而比较各个值在总和中的分布情况。
- 百分比堆积折线图，这种图表类型以百分比方式显示各个值的分布随时间或类别的变化趋势。

知识扩展

强调随时间变化的幅度时，除了折线图，也可以使用面积图。通过面积图，同样可以看到票房最高点和最低点，以及变化趋势，如图10-7所示。

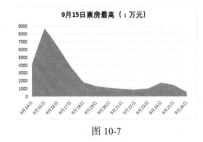

图 10-7

4. 饼图

饼图显示组成数据系列的项目在项目总和中所占的比例。饼图通常只显示一个数据系列（建立饼图时，如果有几个系列同时被选中，那么图表只绘制其中一个系列）。饼图有饼图与复合饼图两种类别。

- 饼图，显示各个值在总和中的分布情况。如图10-8所示的图表，可以直观看到各分类销售金额占比情况。
- 复合饼图，是一种将用户定义的值提取出来并显示在另一个饼图中的饼图。如图10-9所示的图表，第一个饼图为占份额较大的分类，当所占份额小于10%时被作为第二个绘图区的分类。

图 10-8　　　　　　　图 10-9

10.1.2　数据大小比较的图表

柱形图和条形图都是用来比较数据大小的图表，当数据源表格中的数据较多，而且相差不大时，为了直观比较这些数据的大小，可以创建"柱形图"图表。通过柱子的高低判断数据大小，还可以通过高低走向了解数据的整体趋势走向。

柱形图显示一段时间内数据的变化，或者显示不同项目之间的对比。下面创建堆积柱形图比较每一位业务员在全年的总业绩大小。

❶打开数据源表格后，选中表格中所有单元格

区域，在"插入"选项卡的"图表"组中单击"插入柱形图或条形图"下拉按钮，在打开的下拉列表中选择"堆积柱形图"命令，如图10-10所示。

❷ 此时可以看到系统根据选定的数据源创建了堆积柱形图，每位销售员的上半年和下半年（全年）销售业绩数据展示为高低不同的柱形图。通过柱子高度的不同来比较数据就非常直观了，如图10-11所示。

图10-10　　　　　　图10-11

10.1.3　部分占整体比例的图表

要实现对部分占整体比例的分析，最常用的就是"饼图"，不同的扇面代表不同数据占整体的比值。本例表格统计了企业员工中各学历的人数，下面需要对公司的学历层次进行分析，了解哪一种学历占总人数比例最多。除此之外，面积图和圆环图也可以达到分析部分占整体比例的目的。

1. 饼图

饼图图表中不同的扇面代表不同的数据系列，而扇面的大小，则表示该部分占整体的比例大小，也可以体现各个部分的大小关系。图10-12所示为根据公司各学历的人数做的统计，通过各个扇形的面积大小可以看到"高职"学历的人数是最多的。

图10-12

2. 面积图

折线图图表也可以用面积图表达，它可以强调数据随时间变化的趋势和幅度。如图10-13所示的面积图中，既可以观察顶部的趋势线，也可以通过观察图表的面积大小直观判断数据大小。从面积图中可以观察到全年交易额呈缓慢增长的幅度，第四季度达到最高。

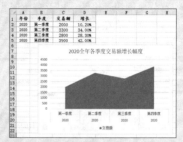

图10-13

3. 圆环图

除了饼图外，圆环图也可以表示局部与整体的关系。如图10-14所示圆环图中也可以根据各个环状图形的面积大小表达占比最大的数据和最小的数据。

图10-14

10.1.4　显示变化趋势的图表

表达随时间变化的波动、变动趋势的图表一般采用折线图。折线图是以时间序列为依据，表达一段时间里事物的走势情况。

如图10-15所示是在柱形图的基础上添加了折线图，即可让四个季度的交易额走向趋势展示得更加明显，可以看到基本上是呈现上升趋势的。这里的交易额和增长率是两种数据形式，如果全部使用柱形图表达和分析数据，那么增长率会无法显示在图表中，折线图的高低走向就可以明确地表达全年各季度的业绩是增长的还是降低的。

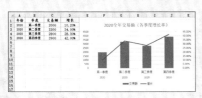

图 10-15

10.1.5 Excel 2019 新增的实用图表

除了上面介绍的常规型图表外，在 Excel 2019 中还新增了几个图表，这些图表在过去的版本中要想建立，可能需要重新组织数据源、造辅助数据并进行多步设置才能实现，在 2016 版本中就已经直接提供了一些图表类型方便我们使用。

1. 展示数据二级分类的旭日图

二级分类是指在大的一级分类下，还有下级的分类，甚至更多级别（当然级别过多也会影响图表的表达效果）。如图 10-16 所示的表格中是公司 1 月到 4 月的支出金额，其中 4 月份记录了各个项目的明细支出。

如果使用旭日图，那么既能比较各项支出金额的大小，又能比较四个月的总支出金额大小。Excel 2019 中新增了专门用以展现数据二级分类的旭日图。旭日图与圆环图类似，它是个同心圆环，最内层的圆表示层次结构的顶级，往外是下一级分类。

根据如图 10-16 所示的数据源（注意数据源的构造要遵循表格中所给的格式），选中数据源，在"插入"选项卡的"图表"组中单击"插入层次结构图表"下拉按钮，在下拉列表中可以看到"旭日图"，如图 10-17 所示。单击后即可创建图表，对图表进行格式设置可达如图 10-18 所示效果。

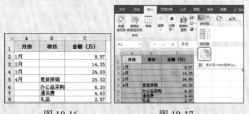

图 10-16　　　　　　图 10-17

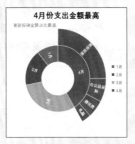

图 10-18

通过如图 10-18 所示的旭日图，既可以比较 1 月到 4 月中支出金额最高的月份，也可以通过比较得出 4 月份的支出金额里差旅报销费用最高，即达到了二级分类的效果。

2. 展示数据累计的瀑布图

瀑布图名称的来源是因为其外观看起来像瀑布，瀑布图是柱形图的变形，悬空的柱子代表数值的增减，通常用于表达数值之间的增减演变过程。瀑布图可以很直观地显示数据增加与减少后的累计情况。在理解一系列正值和负值对初始值的影响时，这种图表非常有用。

例如根据如图 10-19 所示的数据源，选中数据源，在"插入"选项卡的"图表"组中单击"插入瀑布图和股价图"下拉按钮，在下拉列表中可以看到"瀑布图"。单击后即可创建图表，对图表进行格式设置可达如图 10-20 所示效果。

图 10-19　　　　　　图 10-20

3. 直方图图表

直方图是分析数据分布比重和分布频率的利器。为了更加简便地分析数据的分布区域，Excel 2019 新增了直方图类型的图表，利用此图表可以让看似找不到规律的数据或大数据在瞬间得出分析结果，从图表中可以很直观地看到这批数据的分布区间。

本例中需要根据表格，创建分析此次大赛中参赛者得分整体分布区间的直方图。据此能在瞬间得出分析结果，从图表中可以很直观地看到这批数据的分布区间。

❶ 打开工作表，选中 A1:B17 单元格区域，切换到"插入"→"图表"选项组单击"插入统计图表"下拉按钮，在展开的下拉菜单中单击"直方图"命令（如图 10-21 所示），即可插入默认格式的直方图，如图 10-22 所示。

图 10-21　　　　图 10-22

❷ 双击水平轴，打开"设置坐标轴格式"对话框，依次按图 10-23 所示设置"箱"选项下的各个参数值。完成设置后返回到工作表中，即可得到如图 10-24 所示的统计结果。

图 10-23

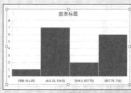

图 10-24

❸ 对图表进一步美化设置，即可得到如图 10-25 所示的效果。通过这个直方图，可以帮助用户从庞大的数据区域中找到相关的规律。例如，在本例中就可以直接地判断出分布在 411 到 514 这个分数段的人数最多。

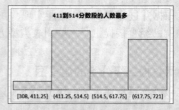

图 10-25

10.2　范例应用1：创建月销售量比较图

在公司月销售记录表中，统计了各季度各个月份的销售数据，可以根据不同的分析目的选择合适的图表创建月销售量比较图表。如图 10-26 所示为按月统计每个月的销售数据，图 10-27 所示为按月统计销售一部和销售三部的销售数据哪一个更趋于稳定增长。

图 10-26

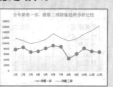

图 10-27

10.2.1　新建图表

本例中表格统计了全年各月的销售量总和，下面需要创建图表比较每个月的销量大小。

❶ 在数据表中选中月份和总销量单元格区域，切换到"插入"选项卡的"图表"组中单击"柱形图"下拉按钮，展开下拉菜单，如图 10-28 所示。

❷ 单击"条形图"子图表类型，即可新建图表，如图 10-29 所示。图表中柱子的长短代表了销售量，哪个柱子最长即表示销售量最高。这里可以直观地看到每个月的销量基本是差不多的。

图 10-28　　　　图 10-29

例如还可以创建图表对第一季度中各销售部门的总销量进行比较，操作步骤如下。

❶ 在数据表中选中指定单元格区域，切换到"插入"选项卡的"图表"组中单击"柱形图"下拉按钮，展开下拉菜单，如图 10-30 所示。

❷ 单击"堆积柱形图"子图表类型，即可新建图表，如图 10-31 所示。图表一方面可以很直观地看到在第一个季度中，"销售三部"的总销售金额是最高的，同时还可以看到各个销售部门的销售量在三个月中的分布情况。

Word / Excel / PPT 2019 高效办公从入门到精通（视频教学版）

❸选中默认包含标题框，则只需要在标题框中单击即可进入文字编辑状态，重新编辑标题即可，如图10-32所示。

图 10-30

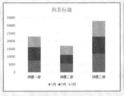

图 10-31

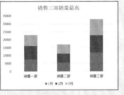

图 10-32

10.2.2　添加图表标题

默认创建的图表有时包含标题，但一般只会显示"图表标题"字样，如果有默认的标题框，则只要在标题框中重新输入标题文字即可；如果没有标题框，则需要首先显示出标题框后再输入文字。

❶选中默认包含的标题框（如图10-33所示），只需要在标题框中单击即可进入文字编辑状态，重新编辑标题即可，如图10-34所示。

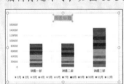

图 10-33

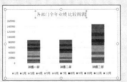

图 10-34

❷如果图表默认未包含标题框，则选中图表，然后单击右上角的"图表元素"按钮，在展开的列表中选中"图表标题"复选框（如图10-35所示）即可显示出标题框，如图10-31所示。

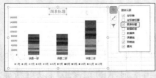

图 10-35

10.2.3　重新更改图表的类型

图表创建完成后，如果想更换图表类型，则可以直接在已建立的图表上更改，而不必重新创建图表。

❶选中要更改其类型的图表，切换到"图表工具—设计"选项卡，在"类型"组中单击"更改图表类型"按钮（如图10-36所示），打开"更改图表类型"对话框。

图 10-36

❷在打开的"更改图表类型"对话框中选择要更改的图表类型，如本例中选择折线图，如图10-37所示。

❸单击"确定"按钮即可将图表更改为折线图，如图10-38所示。根据折线图的走向趋势，可以看到3月、4月和8月、9月的销量骤减。

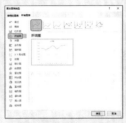

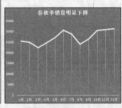

图 10-37　　　　　图 10-38

10.2.4　更改图表的数据源

图表建立完成后，可以不重新建立图表而更改图表的数据源，也可以向图表中添加新数据或删除不需要的数据。

1. 重新选择数据源

创建图表后，如果想重新更改图表的数据源，则不需要重新创建图表，在原图表上可以直接更改数据源。

❶选中图表，切换到"图表工具—设计"选项

卡的"数据"组中单击"选择数据"按钮（如图10-39所示），打开"选择数据源"对话框。

图 10-39

❷ 单击"图表数据区域"右侧的🔼按钮（如图10-40所示）回到工作表中重新选择数据源，如图10-41所示（选择第一个区域后，按住Ctrl键不放，再选择第二个区域）。

❸ 选择完成后，单击🔳按钮回到"选择数据源"对话框中，单击"确定"按钮，可以看到图表重新应用数据源后的效果，如图10-42所示，重新设置图表样式即可。

图 10-40

图 10-41

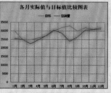

图 10-42

✍ **专家提醒**

在更改图表数据源后，要相应地将图表的标题修改为与当前数据贴合的标题。

2. 添加新数据

通过复制和粘贴的方法可以快速向图表中添加新数据。

❶ 选择要添加到图表中的单元格区域，注意，

如果希望添加的数据的行（列）标识也显示在图表中，则选定区域还应包含含有数据的行（列）标识。

❷ 按Ctrl+C组合键进行复制（如图10-43所示），然后选中图表区（注意要选中图表区，在图表边缘上单击鼠标可选中图表区），按Ctrl+V组合键进行粘贴，则可以快速将该数据作为一个数据系列添加到图表中。如图10-44所示为新添加了三个销售部门的数据，重新设置标题即可。

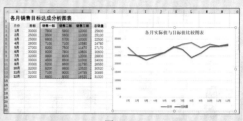

图 10-43

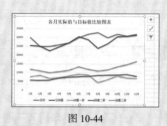

图 10-44

3. 删除图表中的数据

在图表中准确选中要删除的系列（如图10-45所示），然后按键盘上的Delete键即可删除选中的系列。

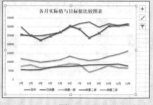

图 10-45

10.2.5 图表中对象的隐藏及显示

图表设计的一个重要元素就是要"简洁美观"，因此图表中不需要的元素可以隐藏起来，对于需要再次显示的元素也可以重新显示。

Word / Excel / PPT 2019 高效办公从入门到精通（视频教学版）

1. 隐藏不必要的元素

单系列时图例可隐藏，添加了数据标签时数值轴也可隐藏，网格线不想要时也可以隐藏。对于图表中要隐藏的元素，可由当前的排版需求而决定。

要隐藏图表中的元素操作起来比较方便，准确选中对象（选中的对象四角出现蓝色的圆圈），按键盘上的 Delete 键即可。如果想重新显示出来，则选中整个图表，再单击右上角的图表元素按钮，在展开的列表中可以看到有多个项，选中复选框表示显示（如图 10-46 所示），取消选中复选框表示隐藏。鼠标指针指示如果出现向右的黑色箭头（ ▶ ），则表示还有子菜单（如图 10-47 所示），展开后凡是带复选框的项，则都可以通过选中来显示或取消选中来隐藏。

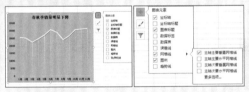

图 10-46　　　　　　图 10-47

2. 准确选中待编辑对象

一张图表含有多个图形对象，如标题、坐标轴、网络线、坐标轴标签、数据标签等。无论哪一个对象，当我们要对它进行编辑的时候，第一步要做的就是选中这个对象，之后才能对它进行设置。下面具体介绍选中图表中对象的方法。

● 利用鼠标选择图表各个对象。在图表的边线上单击鼠标选中整张图表，然后将鼠标移动要选中的对象上停顿 2 秒，可出现提示文字，如：图表区（如图 10-48 所示），单击鼠标即可选中对象。

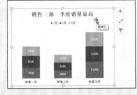

图 10-48

● 利用工具栏选择图表各对象。当我们需要设置的对象用鼠标点击选取感觉操作不便时，可以利用工具栏来准确选取。单击图表，在"图表工具－格式"选项卡的"当前所选内容"组中，单击"图表区"下拉按钮，在弹出的下拉列表中，显示了该图表应用的所有对象，如图 10-49 所示。找到想要编辑的对象，单击即可选中。

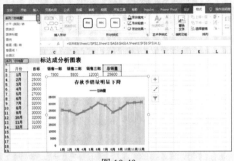

图 10-49

10.2.6　在图表上添加数据标签

在前面介绍更改图表数据源和删除图表中数据时已经讲解了关于数据及系列的操作。因为添加数据源就是添加数据系列，删除图表中的数据就是删除数据系列。数据系列就是图表的主体，如柱形图中的柱子、折线图中的线条、条形图中的条状等。本节继续介绍如何为数据系列添加数据标签、调整系列的间隙宽度等操作。

1. 快速添加数据标签

添加数据系列标签是指将数据系列的值显示在图表上，将系列的值显示在系列上，即使不显示刻度，也可以直观地对比数据。

❶ 选中图表，单击"图表元素"按钮，在弹出的菜单中将光标指向"数据标签"，单击右侧的按钮，可以选择让数据标签显示在什么位置，如图 10-50 所示。

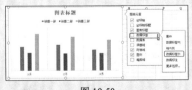

图 10-50

145

❷选择"数据标签外"选项，添加后的效果如图 10-51 所示。

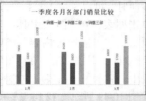

图 10-51

知识扩展

如果当前图表中不是只有一个系列，想为图表中所有的系列添加数据标签，需要选中图表区，然后执行添加数据标签的命令。如果只想为某一个数据系列或者单个数据点（如突出显示最大值数据点）添加数据标签，那么其要点是要准确选中数据系列或单个数据点，再执行添加数据标签的命令，添加后如图 10-52 所示。

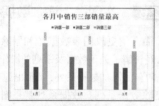

图 10-52

2. 应用更加详细的数据标签

数据标签一般包括"值""系列名称""类别名称"等。单击"数据标签"按钮，在展开的子菜单中无论选择哪个选项都只能显示"值"数据标签，只是显示的位置有所不同。如果想添加其他数据标签或一次显示多个数据标签，则需要打开"设置数据标签格式"对话框进行设置。例如饼图图表在很多时候就需要添加多种数据标签。下面通过柱形图介绍添加技巧。

❶选中图表，单击"图表元素"按钮，在弹出的菜单中将光标指向"数据标签"，在子菜单中选择"更多选项"命令，如图 10-53 所示。

❷打开"设置数据标签格式"右侧窗格，单击"标签选项"标签按钮，选择想显示的标签，如此处

选中"系列名称""值"数据标签，如图 10-54 所示。

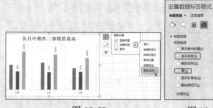

图 10-53　　　　　图 10-54

❸执行上述操作后，可以看到图表中已显示了"系列名称""值"数据标签，如图 10-55 所示。

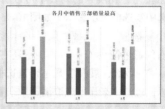

图 10-55

10.2.7　套用图表样式一键美化

从 Excel 2013 版本开始，Excel 程序对图表样式库进行了提升，它融合了布局样式及外观效果两大板块，即通过套用样式可以同时更改图表的布局样式及外观效果。这为初学者带来了福音，当建立默认图表后，通过简单的样式套用即可瞬间投入使用。而对于有更高要求的用户而言，也可以先选择套用大致合适的样式，然后再对不满意的部分，做局部的调整编辑。

❶如图 10-56 所示为创建的默认图表样式及布局。选中图表，单击右上角的"图表样式"按钮，在子菜单中可以显示出所有可以套用的样式。

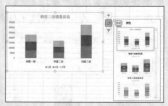

图 10-56

❷如图 10-57、图 10-58 所示为套用的两种不同的样式。

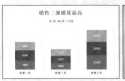
图 10-57

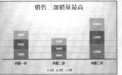
图 10-58

❸ 针对不同的图表类型，程序给出的样式会有所不同，如图 10-59 所示为折线图及其样式。

❹ 如图 10-60 所示为套用"样式 3"后的图表效果。

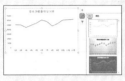
图 10-59

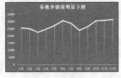
图 10-60

10.2.8 修正弥补套用样式

1. 设置填充样式

图表中各个对象的填充效果都可以重新设置，例如下面要设置当前图表中最大值的条状显示特殊的填充样式，以达到增强图表达的效果。

❶ 在当前条形图中选中最大值条状（如图 10-61 所示），然后在选中对象上双击鼠标，即可打开"设置数据点格式"右侧窗格，单击"填充与线条"标签按钮，在"填充"栏中选中"纯色填充"单选按钮，然后在下面的"颜色"设置框中选择填充颜色为白色，如图 10-62 所示。

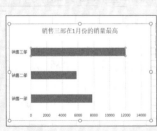
图 10-61

图 10-62

❷ 展开"边框"栏，选中"实线"单选按钮，设置颜色为"深蓝色"，宽度为"2 磅"，在"短画线类型"[1]的下拉列表中可选择虚线类型，如图 10-63 所示。

❸ 完成上述设置后关闭"设置数据点格式"右侧窗

格，图表中指定数据系列的最终效果如图 10-64 所示。

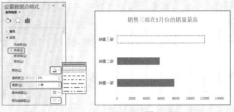

图 10-63　　　　　　图 10-64

下面要为饼图的图表区设置图案填充效果。

❶ 在目标图表中选中图表区，在图表区上双击鼠标左键，打开"设置图表区格式"右侧窗格，单击"填充与线条"标签按钮，选中"图案填充"单选按钮，然后在下面的"前景"与"背景"设置框中选择前景色与背景色，并在"图案"列表中选择图案样式，如图 10-65 所示。

❷ 完成上述设置后关闭"设置图表区格式"右侧窗格，图表区填充效果如图 10-66 所示。

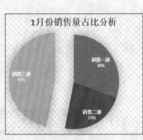

图 10-65　　　　　　图 10-66

2. 设置数据标记样式

在表格中默认创建的折线图线条颜色为蓝色，粗 2.25 磅，线条为锯齿线形状，连接点的标记一般被隐藏，如图 10-67 所示为默认样式。而通过线条及数据标记点格式设置可以让图表达到如图 10-68 所示的效果。

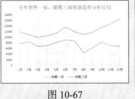

图 10-67　　　　　　图 10-68

---

① 本书中的"短画线类型"与软件中的"短划线类型"为同一内容，后文不再赘述。

❶ 选中目标数据系列，在线条上（注意不要在标记点位置）双击鼠标左键打开"设置数据系列格式"右侧窗格。

❷ 单击"填充与线条"标签按钮，在展开的"线条"栏下，选中"实线"单选按钮，设置折线图线条的颜色和宽度值，如图 10-69 所示。

❸ 单击"标记"标签按钮，在展开的"标记选项"栏下，选中"内置"单选按钮，接着在"类型"下拉列表中选择标记样式，并设置"大小"，如图 10-70 所示。

图 10-71　　　　　图 10-72

图 10-69　　　　　图 10-70

❹ 展开"填充"栏（注意是"标记"标签按钮下的"填充"栏），选中"纯色填充"单选按钮，设置填充颜色与线条的颜色一样，如图 10-71 所示。

❺ 展开"边框"栏，选中"无线条"单选按钮，如图 10-72 所示。设置完成后，可以看到"销售一部"这个数据系列的线条和标记的效果如图 10-73 所示。

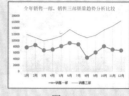

图 10-73

❻ 选中"销售三部"数据系列，打开"设置数据系列格式"窗格，可按相同的方法完成对线条及数据标签格式的设置。

专家提醒

在图表的数据系列上单击时默认选中的是整个数据系列，如果要选中单一数据点，方法是先选中数据系列，然后再在目标数据点上单击一次即可选中。

10.3　范例应用2：公司产品结构对比图

已知某公司开发了五种软件教育产品，并且统计了各种产品的市场占有比例，下面需要创建饼图图表分析公司产品结构，了解哪一类产品占比最高。如图 10-74 所示为分离出来的最高占有比例数据系列，如图 10-75 所示为常规的饼图图表效果。

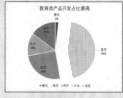

图 10-74　　　　　图 10-75

本节中需要应用到数据标签的设置、扇面的特殊填充效果设置以及图表区纹理填充的设置。

10.3.1　添加值和百分比两种数据标签

本例需要为创建好的饼图图表添加百分比数值标签和对应的类别名称，用户可以在"设置数据标签格式"对话框中设置。

❶ 选中数据区域，在"插入"选项卡的"图表"组中单击"插入饼图或圆环图"下拉按钮，打开下拉列表，如图 10-76 所示。

❷ 单击"饼图"图表类型，即可创建默认格式的饼图，如图 10-77 所示。

❸ 选中饼图，单击右侧的"图表元素"按钮，在打开的列表中依次选中"数据标签"复选框及其下拉列表中的"更多选项"，如图 10-78 所示，打开"设置数据标签格式"对话框。

Word / Excel / PPT 2019 高效办公从入门到精通（视频教学版）

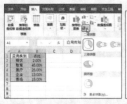

图 10-76　　　　　　　　图 10-77

图 10-78

❹ 选中"类别名称"和"百分比"复选框（如图 10-79 所示），返回图表，即可看到添加两种数据标签的图表效果，如图 10-80 所示。

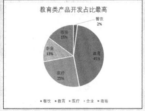

图 10-79　　　　　　　　图 10-80

10.3.2　分离最大值饼块

如果要突出展示图表中的重要数据，比如饼图中的最大值和最小值，则可以直接拖动指定单个扇面图形至其他位置即可。

❶ 选中饼图图表，并在需要分离的数据饼图上再单击一次，即可单独选中该扇面图形，如图 10-81 所示。

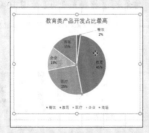

图 10-81

❷ 按住鼠标左键不放，拖动分离该饼块图形（如图 10-82 所示）至合适位置后，释放鼠标左键，即可分离最大值饼块图表，效果如图 10-83 所示。

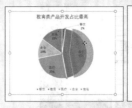

图 10-82　　　　　　　　图 10-83

10.3.3　单个扇面的特殊填充

如果要突出显示某个扇面数据，则可以单独为其设置特殊的格式效果，比如设置纯色与渐变色填充、图案以及纹理填充等效果。

❶ 双击某个饼图系列打开"设置数据点格式"对话框，选中"图案填充"单选按钮，并设置图案样式、前景色和背景色，如图 10-84 所示。

❷ 关闭对话框后返回图表，即可看到单个选中的扇面显示指定的图案填充效果，如图 10-85 所示。

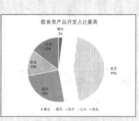

图 10-84　　　　　　　　图 10-85

10.3.4　图表区的纹理填充效果

在"设置图表区格式"对话框中，可以为图表区指定特定的纹理填充效果。

❶ 双击图表区打开"设置图表区格式"对话框，选中"图片或纹理填充"单选按钮，单击"纹理"下

拉按钮，如图 10-86 所示。在打开的列表中选择一种纹理样式即可，如图 10-87 所示。

② 关闭对话框后返回图表，即可看到图表区指定的纹理填充效果，如图 10-88 所示。

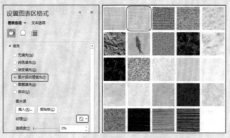

图 10-86　　图 10-87

图 10-88

10.4　范例应用3：计划与实际营销对比图

为了比较计划与实际营销的区别，可以创建用于比较的温度计图表。例如，如图 10-89 所示的图表是对预算销售额与实际销售额进行比较，从图中可以清楚地看到哪一月份销售额没有达标。温度计图表还常用于当年与往年的数据对比。如图 10-90 所示，通过调整坐标轴的位置和格式，将计划和实际营销额在各季度营销额进行数据对比。

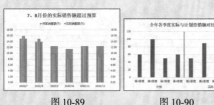

图 10-89　　图 10-90

10.4.1　启用次坐标轴

本例最主要的一项操作是使用次坐标轴，而使用次坐标轴的目的是让两个不同的系列拥有各自不同的间隙宽度，即图 10-89 中绿色柱子（实际销售额）显示在橘黄色柱子（预算销售额）内部的效果。

① 打开工作簿，在"计划与实际营销对比图"工作表中，选中 A1:C7 单元格区域，在"插入"选项卡的"图表"组中单击"插入柱形图或条形图"下拉按钮，弹出下拉菜单，在"二维柱形图"组中选择"簇状柱形图"选项（如图 10-91 所示），即可在工作表中插入柱形图，如图 10-92 所示。

② 在"实际销售额"数据系列上单击一次将其选中，鼠标选中该数据系列后单击鼠标右键，在弹出的菜单中选择"设置数据系列格式"命令（如图 10-93 所示），打开"设置数据系列格式"窗格。

图 10-91

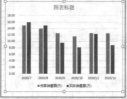

图 10-92

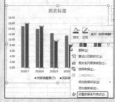

图 10-93

③ 选中"次坐标轴"单选按钮（此操作将"实际业绩"系列沿次坐标轴绘制）（如图 10-94 所示），设置后图表显示如图 10-95 所示的效果。

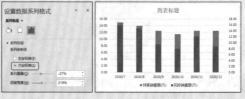

图 10-94　　图 10-95

10.4.2 编辑图表坐标轴的刻度

创建图表后，横、纵坐标轴刻度范围及刻度值的取法，很大程度上取决于数据的分布。一般系统都会根据实际数据创建默认的刻度值。本例中介绍如何更改坐标轴的最大值。

本例中需要将创建的柱形图中的不同数据系列坐标轴值设置一致，创建图表后，可以看到默认左侧坐标轴的最大值为16，右侧的最大值却为18，这是程序默认生成的，但这造成了两个系列的绘制标准不同，因此必须要把两个坐标轴的最大值固定为相同，即重新编辑图表坐标轴的刻度。

❶ 选中次坐标轴并双击鼠标左键，打开"设置坐标轴格式"窗格，单击"坐标轴选项"标签按钮，在"最大值"数值框中输入18.0，如图10-96所示。

❷ 按照相同的方法在主坐标轴上双击鼠标左键，也设置坐标轴的最大值为18.0，从而保持主坐标轴和次坐标轴数值一致，如图10-97所示。

图 10-96

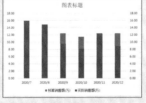

图 10-97

10.4.3 调整间隙宽度

如果想要将柱形图图形设置为温度计样式，则可以通过在"设置数据系列格式"对话框中调整不同数据系列不同的间隙宽度实现。

❶ 在"预算销售额"数据系列上单击一次将其选中，设置间隙宽度为110%（如图10-98所示），在"实际销售额"上再单击一次，设置间隙宽度为400%，如图10-99所示。

❷ 关闭对话框返回图表，即可实现让"实际销售额"系列位于"预算销售额"系列内部的效果，如图10-100所示。重新设置图表样式并修改标题即可。

图 10-98

图 10-99

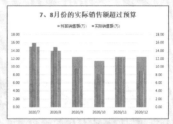

图 10-100

10.4.4 坐标轴线条的特殊格式化

图表的垂直轴默认显示在最左侧，如果当前的数据源具有明显的期间性，则可以通过操作将垂直轴移到分隔点显示，以得到分割图表的效果，这样的图表对比效果会更强烈。本例中需要将计划与实际营销额在各季度业绩分割为两部分，此时可将垂直轴移至两个类别之间。

❶ 首先根据表格数据源创建柱形图，如图10-101所示。双击水平轴后打开"设置坐标轴格式"对话框。

❷ 在"分类编号"单选按钮右侧的文本框内输入5（因为第5个分类后就是实际营销额在各季度的数据），如图10-102所示。

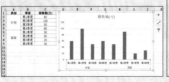

图 10-101

图 10-102

❸ 继续在"线条"栏下设置实线的颜色和宽度，如图10-103所示。

❹ 关闭对话框后返回图表，即可看到在正中间显示的加粗的坐标轴样式，如图10-104所示。

图 10-103

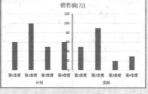

图 10-104

"低"命令，如图 10-105 所示（这项操作是将垂直轴的标签移至图外显示）。

❻ 关闭对话框并设置数据系列格式，重新修改标题，得到如图 10-106 所示效果。

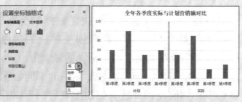

图 10-105　　　　　　　　图 10-106

❺ 保持垂直轴数值标签的选中状态并双击，再次打开"设置坐标轴格式"对话框，单击"标签位置"右侧的下拉按钮，在打开的下拉列表中单击

10.5 ▶ 范例应用4：销售利润全年趋势图

要分析数据增长或减少的趋势，可以创建折线图图表，如图 10-107 所示，可以看到折线图图表波动趋势较大，由此可知该公司全年销售利润极不稳定，并在 6 月份销售利润达到最高。

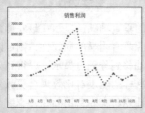

图 10-107

10.5.1　折线图线条格式

折线图可以展示全年销售利润的涨跌趋势，判断销售利润是否稳定，下面介绍创建折线图图表并设置默认线条格式的技巧。

❶ 选中数据区域，在"插入"选项卡的"图表"组中单击"插入折线图或面积图"下拉按钮，如图 10-108 所示。

❷ 在打开的下拉列表中选择"带数据标记的折线图"图表，即可创建默认格式的折线图，如图 10-109 所示。

❸ 双击折线图数据系列，打开"设置数据系列格式"对话框，设置线条为"实线"，并分别设置线条的颜色、透明度、宽度和短画线类型（如图 10-110 所示），关闭对话框，即可看到更改格式后的数据系列折线图线条，样式效果如图 10-111 所示。

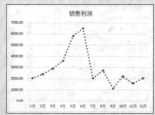

图 10-108　　　　　　　　图 10-109

图 10-110　　　　　　　　图 10-111

10.5.2　折线图数据点格式

插入折线图后，线条中的数据标记点默认是蓝色底纹填充，下面需要在"设置数据系列格式"对话框中重新设置数据点格式。

❶ 选中折线图中的数据标记点（默认是蓝色圆点），单击鼠标右键，在弹出的快捷菜单中单击"设置数据系列格式"（如图 10-112 所示），打开"设置数据系列格式"对话框。

❷ 单击"标记"标签，在"标记选项"栏下设置内置的类型为"菱形"，并设置大小，如图 10-113 所示。关闭对话框并返回图表，可以看到更改样式后

Word / Excel / PPT 2019 高效办公从入门到精通（视频教学版）

的数据点格式，效果如图10-114所示。

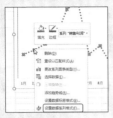

图 10-112

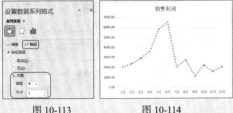

图 10-113　　　　　　　　图 10-114

10.5.3　设置最高点与最低点的特殊格式

如果要突出显示折线图图表中的最高数据点和最低数据点，可以在"设置数据点格式"对话框中设置内置类型和大小以及填充、边框等效果。

❶ 选中折线图中的数据标记点，并在最高点处再单独单击一次，即可单独选中最高数据点，单击鼠标右键，在弹出的快捷菜单中单击"设置数据点格式"，打开"设置数据点格式"对话框。

❷ 单击"标记"标签，在"标记选项"栏下设置内置的类型为"菱形"，并设置大小，如图10-115所示。再单击打开"填充"标签栏，设置纯色填充为"黄色"，如图10-116所示。关闭对话框后，即可看到最高点的格式，效果如图10-117所示。

❸ 继续选中最高数据点右击，并在快捷菜单中单击"添加数据标签"（如图10-118所示），即可为最高点单独添加数据标签。

图 10-115　　　　　　　图 10-116

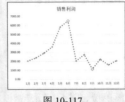

图 10-117　　　　　　　图 10-118

❹ 按照相同的方法为最低点添加数据标签。再分别选中最高点和最低点数据标签，在"开始"选项卡的"字体"组中可以重新设置其字体颜色、大小、格式等，效果如图10-119所示。

图 10-119

10.6　范例应用5：左右对比的条形图

常规的条形图都是统一显示在左侧或者右侧，根据实际数据分析需要，可以将不同数据系列的条形图显示在垂直轴的两端，得到左右对比的条形图效果。本例中需要分析18到35岁以及35岁以上人群卸载某一款APP的主要原因，如图10-120所示为左右对比的条形图图表。

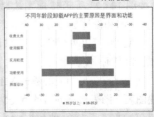

图 10-120

10.6.1 调整图表数据源

为了创建出合理规范的图表，数据源表格应当事先整理好，如果图表数据来源于大数据中，则可以先将数据提取出来单独放置，不要输入与表格无关的内容。日常学习工作中千万不要轻视数据源的整理与规范，如果在制作图表的过程中犯错，则很可能会让正确的数据传达出错误的信息。轻则让人不明所以，重则还有可能会做出错误的决策。

下面介绍整理图表数据源表格的一些基本规则。

- 表格、行、列标识要清晰，如果数据源未使用单位，在图表中一定要补充标注。例如如图 10-121 所示的图表，一没标题，不明白它想表达什么；二没图例，分不清不同颜色的柱子指的是什么项目；三没金额单位，试想"元"与"万元"的差别。
- 不同的数据系列要分行、分列输入，避免混淆在一起。在如图 10-122 所示的图表数据源表格中，既有季度名称又有部门名称，虽然可以创建图表，但是得到的图表分析结果是没有任何意义的，因为不同部门在不同季度的支出额是无法比较的。

图 10-121　　　　　图 10-122

如果按图 10-123 所示整理图表数据源表格，将设计 1 部和设计 2 部按照不同季度的支出额进行汇总，就可以得到这两个设计部门在各个季度的支出额比较。

- 数据变化趋势不明显的数据源不适合创建图表。图表最终的目的就是为了分析比较数据，既然每种数据大小都差不

多，那么就没有必要使用图表进行比较了。在如图 10-124 所示的图表中展示了应聘人员的面试成绩，可以看到这一组数据变化微弱，通过建立图表比较数据是没有任何意义的。

- 不要把不同类型的数据放在一起创建图表来比较分析。如图 10-125 所示的"医疗零售价"和"装箱数量"是两种不同类型的数据，没有比较性。需要将同样是价格或者同样是数量的同类型数据放在一起创建图表并比较才有意义。

图 10-123

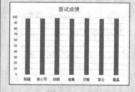　　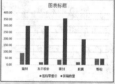

图 10-124　　　　　图 10-125

- 不要把众多数据写入图表，图表本身不具有数据分析的功能，它只是服务于数据的，因此要学会提炼分析数据，将数据分析的结果用图表来展现才是最终目的。如图 10-126 所示为原始数据表格且为一数据明细表，创建图表后数据过多，没有分析重点，如图 10-127 所示。

图 10-126

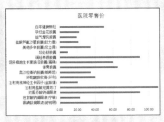

图 10-127

如果我们把药品按剂型分类，把相同剂型的总箱数计算出来，就可以得到简洁的表格数据源，用图表展示数据分析结果时也会更清晰明了，如图 10-128 所示。

图 10-128

❶ 选中整理好的数据区域，在"插入"选项卡的"图表"组中单击"插入柱形图或条形图"下拉按钮，如图 10-129 所示。

❷ 在打开的下拉列表中选择"簇状条形图"图表，即可创建默认格式的条形图，如图 10-130 所示。

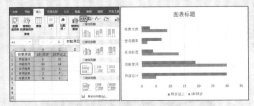

图 10-129   图 10-130

10.6.2　启用次坐标轴

❶ 首先选中图表中的"18-35 岁"数据系列（也可以选择 35 岁以上）并双击（如图 10-131 所示），即可打开右侧的"设置数据系列格式"对话框。单击"系列绘制在"标签下的"次坐标轴"单选按钮即可，如图 10-132 所示。

❷ 此时可以看到两个数据系列条形图重叠在一起，得到启用次坐标轴的效果，如图 10-133 所示。

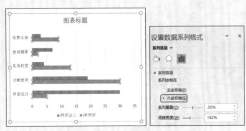

图 10-131   图 10-132

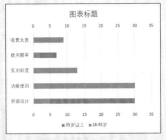

图 10-133

10.6.3　固定主、次坐标轴的刻度

创建条形图后，默认主次坐标轴的最大刻度都是 35，下面需要重新设置其刻度值都为 40。

❶ 选中横坐标并双击（如图 10-134 所示），打开"设置坐标轴格式"对话框。在"坐标轴选项"标签下设置最小值和最大值分别为 -40.0 和 40.0，如图 10-135 所示。

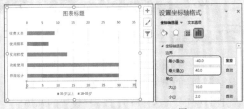

图 10-134   图 10-135

❷ 此时可以看到如图 10-136 所示的图表效果。再双击图表上方的水平坐标轴打开"设置坐标轴格式"对话框。按照和❶步相同的方法设置最小值和最大值分别为 -40.0 和 40.0，并选中"逆序刻度值"复选框，如图 10-137 所示。

❸ 关闭对话框返回图表，即可看到相同的主次坐标轴刻度值，如图 10-138 所示。

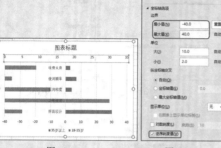

图 10-136　　　　　　　　　图 10-137

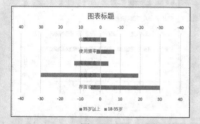

图 10-138

10.6.4　设置左右系列完全重叠

通过设置数据系列的间隙宽度，可以将两个数据系列实现左右重叠的对比效果。

10.7　妙招技法

10.7.1　复制图表格式

如果一张图表已经设置好了全部格式，当创建新图表也想使用相同的格式时，则可以复制引用其格式。这样省去了逐一设置的麻烦。

❶选中想使用其格式的图表，切换到"开始"选项卡，在"剪贴板"组中单击"复制"按钮，如图 10-143 所示。

❷切换到要复制格式的工作表，选中图表，在"开始"选项卡的"剪贴板"组中单击"粘贴"下拉按钮，在下拉菜单中单击"选择性粘贴"命令（如图 10-144 所示），打开"选择性粘贴"对话框。

❸选中"格式"单选按钮（如图 10-145 所示），

❶双击"35 岁以上"数据系列打开"设置数据系列格式"对话框，将"间隙宽度"调整为 61%，如图 10-139 所示。

❷再按照相同的方法设置"18-35 岁"数据系列的间隙宽度为 61% 即可，如图 10-140 所示。

图 10-139　　　　　　　　　图 10-140

❸双击图标中的垂直轴打开"设置坐标轴格式"对话框，单击"标签位置"右侧的下拉按钮，在打开的下拉列表中单击"低"命令，如图 10-141 所示。

❹此时即可将垂直轴移动到图标最左侧显示。添加图表标题并为图表应用样式后，得到如图 10-142 所示效果。由双向条形图可以直观地看到 35 岁以上卸载的主要因素是不喜欢界面设计，18 到 35 岁卸载的主要原因是对功能使用方面不满意。

图 10-141　　　　　　　　　图 10-142

单击"确定"按钮，即可看到图表应用了所复制图表的格式，如图 10-146 所示。

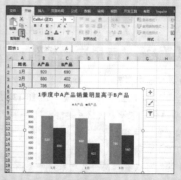

图 10-143

图 10-144

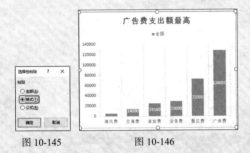

图 10-145　　　　　图 10-146

单选按钮（如图 10-148 所示），即可得到如图 10-149 所示的连续显示日期的图表。

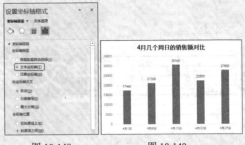

图 10-148　　　　　图 10-149

10.7.3　将图表转换为图片

设计好专业的图表之后，可以将其保存为图片格式，方便在其他程序中直接使用。

❶选中要转换为图片格式的图表后，按 Ctrl+C 组合键执行复制，如图 10-150 所示。

图 10-150

❷打开新工作表，单击鼠标右键，在弹出的快捷菜单中选择"粘贴选项"栏下的"图片"格式（如图 10-151 所示），即可将图表粘贴为图片，效果如图 10-152 所示。

10.7.2　让不连续的日期绘制出连续的图表

当图表的数据是具体日期时，如果日期不是连续显示的则会造成图表间断显示，如图 10-147 所示。出现这种问题主要是因为图表在显示时，默认数据日期为连续日期，会自动填补日期断层，而所填补日期因为没有数据，就会导致不连续显示日期。这时可以按如下操作来解决问题。

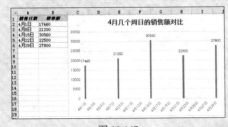

图 10-147

❶选中图表，在横坐标轴上双击鼠标左键，打开"设置坐标轴格式"窗格。

❷在"坐标轴选项"栏中选中"文本坐标轴"

图 10-151　　　　　图 10-152

第11章

幻灯片中文字的编排与设计

　　文字是幻灯片编排与设计的最基础、最重要的元素之一。使用自带的模板创建演示文稿之后，可以逐步修改其中的字体格式、添加新的文本框或者占位符重新设置文本布局。字体格式设置包括字体大小、颜色、轮廓效果以及立体字、阴影字、发光字、映像字等特殊格式效果。
　　在 PPT 2019 中，还为用户提供了各种新功能，帮助我们更好地应对复杂的办公需求。

- 使用模板创建幻灯片
- 使用占位符、文本框编排文字
- 幻灯片文本的字体设置
- 立体字、阴影字等自定义格式设置
- 快速生成全图 PPT

使用 PowerPoint 制作的文件统称为演示文稿，演示文稿是微软公司 Office 办公套件中的一个重要组件，其主要作用是用于设计制作会议总结、专家报告、产品演示、广告宣传、教学授课等电子版幻灯片。使用演示文稿能够把静态文件制作成动态文件，相对于枯燥的文字而言，可以让复杂的问题变得通俗易懂，更加便于阅读与理解。并且它可以配合公众演示，在愉快的环境中传达信息。

在幻灯片演示中，年终工作汇报总结是比较常见的商务活动演示文稿，它是对前期工作的总结以及对今后工作的规划。下面介绍如何创建初始"年终工作总结"演示文稿并加以保存。要使用演示文稿首先需要进行创建及保存的操作。而演示文稿的创建少不了对模板的使用，本节以创建"年度工作汇报"演示文稿为例介绍相关知识点，最终的幻灯片浏览效果如组图 11-1～图 11-4 所示。

图 11-1

图 11-2

图 11-3

图 11-4

11.1.1 以程序自带的模板创建演示文稿

使用 PowerPoint 制作的文件统称为演示文稿，直接在桌面通过右击，在快捷菜单里新建的演示文稿是一张空白幻灯片，没有任何内容和对象。下面介绍在空白文稿的基础上应用程序内置的模板创建新演示文稿。

创建演示文稿后我们可以先对演示文稿执行保存操作，以防操作内容丢失，在后续的编辑过程中，可以一边操作一边更新保存。

❶ 在桌面左下角单击"开始"按钮，然后依次单击开始屏幕中的 PowerPoint 2019 图标，如图 11-5 所示。

图 11-5

❷ 启动 PowerPoint 2019，进入 PowerPoint 启动面板，在列表中单击选中想要使用的目标模板，如图 11-6 所示（在此面板中可以选择创建空白演示文稿，也可以选择以模板创建演示文稿）。

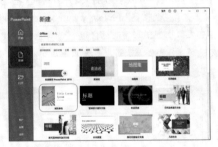

图 11-6

❸ 单击目标模板，弹出窗口，在界面右上角还提供了各种配色方案以供选择，选中一种配色方案并单击"创建"按钮，如图 11-7 所示。

图 11-7

159

模板是 PPT 骨架，它包括了幻灯片的整体设计风格（使用哪些版式、使用什么色调、使用什么图形图片作为设计元素等）、封面页、目录页、过渡页、内页、封底，有了这样的模板，在实际创建 PPT 时可以填入相应内容，补充设计即可。演示文稿想要精彩，离不开好的内容和模板，如果只有好的内容，而模板选择的不合适，最终效果也会大打折扣。所以，选择合适的模板也是至关重要的。

11.1.2 下载 PPT 模板并使用

PowerPoint 2019 中的模板有几种来源，一种是软件自带的模板（但这些模板效果并不是很好），二是通过 Office.com 下载的模板，三是其他网站中的模板（如 WPS 官网、无忧 PPT、锐普、扑奔、我图网等网站）。网络是一个丰富的资源共享平台，在互联网上有很多专业的、非专业的 PPT 网站中都提供了较多的模板下载。通过下载的模板，可以学习别人之长，补己之短。

❶ 打开"我图网"（http:// www.ooopic.com/）网页，在主页上方搜索导航框内输入"工作总结 PPT"搜索关键字，单击 🔍 按钮，如图 11-8 所示。

图 11-8

❷ 打开"工作总结 PPT"搜索列表（如图 11-9 所示），单击"简约商务总结计划"模板，打开"简约商务总结计划"下载网页，单击"立即下载"按钮，如图 11-10 所示。

图 11-9

图 11-10

❸ 下载完成后，即可打开下载的模板并使用，如图 11-11 所示。

图 11-11

知识扩展

下载的 PPT 模板多数以压缩包的形式存在，因此下载后需要对文件进行解压。解压的前提是必须确保电脑程序中安装有解压软件，比如"闪电好压"。解压的方法是，双击压缩包进入解压软件程序中，选中指定文件，单击"解压"按钮（如图 11-12 所示），设置解压文件的保存路径，一般默认为安装包设置位置，解压完成后即可使用。

图 11-12

专家提醒

如果用户没有及时在下载网页的下载管理器中对文件进行处理，那么也可以进入下载时设定的保存位置处，选择打开文件或解压文件压缩包。"扑奔PPT""无忧PPT""泡泡糖模板"以及"3Lian素材"是目前几家不错的PPT网站。用户可以利用百度搜索，然后进入网站，根据这些网站上提供的站内搜索来搜索需要的模板。但用户要注意的一点是，大部分网站是需要通过注册才能完成下载的，部分网站还需要通过积分或付费形式去使用更多优质资源。

11.1.3　保存演示文稿

在创建演示文稿后要进行保存操作，即将它保存到电脑中的指定位置，这样下次才可以再次打开使用或编辑。这个保存操作可以在创建了演示文稿后就保存（11.1.2节下载模板时即在编辑之前实现了保存），也可以在编辑后保存。建议先保存，然后在整个编辑过程中随时单击左上角的保存按钮及时更新保存，从而有效避免因突发情况导致的数据丢失。

❶ 创建演示文稿或编辑演示文稿后，在左上角的快速访问工具栏中单击"文件"按钮（如图11-13所示），弹出"另存为"提示面板，单击"浏览"命令（如图11-14所示），弹出"另存为"对话框。

图11-13　　　　　图11-14

❷ 在地址栏中设置好保存位置，在其下方单击"文件名"文本框，设置文件名和保存类型，如图11-15所示。

❸ 单击"保存"按钮，即可看到当前演示文稿已按指定的名称被保存，如图11-16所示。

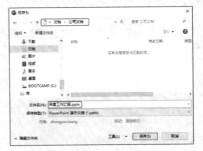

图11-15

图11-16

知识扩展

在保存演示文稿时，如果不设置"保存类型"项，则程序默认保存为普通的PPT文稿。除此之外，PowerPoint也支持将演示文稿保存为其他格式的文档，如图11-17所示。

图11-17

161

Word / Excel / PPT 2019 高效办公从入门到精通（视频教学版）

创建新演示文稿后首次单击 🔲（保存）按钮，会提示设置保存位置，对于已保存的演示文稿或下载时已经设置保存位置的演示文稿，编辑过程中随时单击左上角的 🔲（保存）按钮不再提示设置保存位置，而是对已保存文件进行更新保存，或者直接按 Ctrl+S 组合键实现快速更新保存。

11.1.4　创建新幻灯片

无论是以程序内置模板创建新演示文稿，还是下载模板创建新演示文稿，当所提供的幻灯片版式或张数无法满足需求时，都可以通过创建新幻灯片来完成幻灯片内容的排版与设计。

❶ 打开"年度工作汇报"演示文稿，在"开始"选项卡的"幻灯片"组中单击"新建幻灯片"按钮，在其下拉列表框中选择想要使用的版式，比如"节标题"版式，如图 11-18 所示。

❷ 单击即可以此版式创建一张新的幻灯片（如图 11-19 所示），此时可以在此幻灯片中编辑内容，达到如图 11-20 所示的效果。

图 11-18　　　　　图 11-19

图 11-20

除了上述所讲的方法以外，还可以使用快捷键快速创建。在幻灯片窗格中选中目标幻灯片后，按 Enter 键或 Ctrl+M 组合键就可以依据上一张幻灯片的版式创建新幻灯片。

知识扩展

我们在依据上一张幻灯片按 Enter 键新建幻灯片时，仅仅是新建版式，如果对于其中的元素也需要包括进去，像"节标题"幻灯片都是可以通过复制的方法批量建立的。

选中目标幻灯片右击，在快捷菜单中单击"复制幻灯片"命令（如图 11-21 所示），即可依据选中的幻灯片进行复制创建。

图 11-21

复制来的幻灯片位置与其他幻灯片在内容上不对应，此时不需要删除任何幻灯片再新建以达到统一，只需要通过移动幻灯片即可。选中目标幻灯片，按住鼠标左键不放，此时滚动条自动滚动（如图 11-22 所示），将其移送到需要的位置，释放鼠标左键即可移动幻灯片，并重新对幻灯片编号。

图 11-22

选中幻灯片并单击鼠标右键，在快捷菜单中我们可以看到对幻灯片的删除操作，单击"删除幻灯片"命令即可删除幻灯片。

11.1.5 在占位符中输入文本

文字是PPT页面的重要组成部分。虽然很多时候我们都在强调要多用图少用字，甚至是能用图的就不用字，但是任何观点都不是绝对的，假如你想只用图表达较为抽象的一个观点，试想一下，有多少人愿意花费过多的心思去思索或是揣测，可能这时还不如用总结性的文字来表达更加直接。

当然对于这必不可少的文字信息，肯定不能不做任何处理，随意堆积于幻灯片上，对于大篇幅的文字要总结、提炼和设计，这样才能让文字信息有条理地展现出来，让重点信息突出，同时也优化了版面的视觉效果。

幻灯片上的"占位符"是指先占住一个固定的位置，表现为一个虚框，虚框内部有"单击此处添加标题"之类的提示语，一旦鼠标单击之后，提示语会自动消失。先布局版面后在占位符中输入文本，是占位符在幻灯片中的功能体现。

❶ 将鼠标指针指向占位符的任意位置处，单击一次后提示文字消失，并且光标在框内闪烁（如图11-23所示），此时即可输入文本，如图11-24所示。

图 11-23　　　　　　　图 11-24

❷ 接着鼠标指针指向副标题占位符框，按照同样的方法输入副标题，如图11-25所示

❸ 为了使标题更加醒目，输入文字后可以设置字体格式（11.2节会着重讲解），可达到如图11-26所示的效果。

图 11-25　　　　　　　图 11-26

除了文本占位符外，有些版式中还有图片占位符、图表占位符以及媒体占位符，都是类似于文本占位符用来排版，以达到幻灯片内容不错乱的目的。为使用户能更有效地输入和编辑内容，也可根据实际内容调整占位符。

11.1.6 调整占位符的大小及位置

无论是幻灯片母版中的占位符还是普通版式中的占位符，在实际编辑时都可以按当前的排版方案对占位符的大小与位置进行调整。

❶ 选中内容占位符，鼠标指针指向占位符边框右下方尺寸控点上，当其变为双向箭头符号样式时（如图11-27所示），按住鼠标左键向左上方拖动到需要的大小（如图11-28所示），释放鼠标后即完成对占位符大小的调整。

图 11-27　　　　　　　图 11-28

❷ 保持占位符选中状态，鼠标指针指向占位符边线上（注意不要定位在调节控点上），当其变为样式时（如图11-29所示），按住鼠标左键变为样式向下拖动到合适位置（如图11-30所示），释放鼠标后即可完成对占位符位置的移动。

图 11-29　　　　　　　图 11-30

在普通视图中向占位符输入文本时，如果占位符不足以满足文本长度的大小，则会导致文本自动换行或压缩字号，此时都需要通过调整占位符的大小和位置以使文本能够完整呈现。

占位符就是一个文本框，在占位符输入文本后，我们可以通过格式设置快速美化占位符。具体方法为：选中占位符框，在"绘图工具—格式"选项卡的"形状样式"组中单击▼下拉按钮，在下拉菜单中单击选择一种样式即可快速应用到选中的占位符上，如图11-31所示。

图 11-31

11.1.7 利用文本框添加文本

如果幻灯片使用的是默认版式，如"标题和内容"和"两栏内容"版式等，其中包含的文本占位符是有限的。有些幻灯片版面布局活跃，设计感明显，此时则需要更加灵活地使用文本框，即当某个位置需要输入文本时，直接绘制文本框并输入文字。

1. 绘制文本框

用户可以根据需要绘制横向或者竖排文本框。

❶ 在"插入"选项卡的"文本"组中单击"文本框"下拉按钮，在弹出的下拉列表中选择"绘制横排文本框"选项，如图11-32所示。

图 11-32

❷ 执行❶步命令后，鼠标指针变为↓样式（如图11-33所示），在需要的位置上按住鼠标左键不放拖动即可绘制文本框，如图11-34所示。

图 11-33	图 11-34

❸ 绘制完成后释放鼠标，光标自动定位到文本框内进入文本编辑状态（如图11-35所示），此时可在文本框里编辑文字，如图11-36所示。

图 11-35	图 11-36

❹ 按照此操作方法可添加其他文本框并输入文字，设置格式即可。

如果某处的文本框与前面的文本框格式基本相同，可以选中文本框，按Ctrl+C组合键复制，然后按Ctrl+V组合键粘贴，再重新编辑文字，只要将文本框移至需要的位置上即可。

有时会觉得使用文本框比使用占位符更加自由灵活，是不是可以直接使用文本框而不使用占位符了呢？针对这一问题，需要了解占位符起到的作用。占位符不但存在于普通幻灯片中，还存在于母版中，因此在占位符中输入的文本可以通过母版控制它的文字格式，而文本框中的文本无法控制。如果你的演示文稿只有少量的张数，而且张张都是特殊设计的，那么可以不使用占位符；而如果你的演示文稿页面数量大、页面版式可以分为固定的若干类，那么对于文本内容这一部分则很有必要使用占位符来统一控制它们的文字格式。

如图 11-37 所示的两张幻灯片，虽然页面效果不尽相同，但是都包含标题与正文文本，使用的是在占位符中输入文本的方式，对于标题与正文的格式可以通过母版中统一控制和调节。

图 11-37

2. 美化文本框

无论是文本占位符，还是文本框，在本质上都是实现文本编辑，可以为文本框设置边框和填充效果，起到美化的作用。

❶ 选中文本框，在"绘图工具—格式"选项卡的"形状样式"组中单击"形状填充"下拉按钮，在下拉菜单中为文本框应用能够匹配幻灯片基调的填充色，如图 11-38 所示（鼠标指向时预览，单击即可应用）。

图 11-38

❷ 接着单击"形状轮廓"下拉按钮，在"主题颜色"区域单击即可为文本框应用边框颜色，如图 11-39 所示。

图 11-39

❸ 如图 11-40 所示，下面的黑色文本框应用了填充颜色与线条，上方两个输入标题的文本框为默认的无填充色无线条，可对比效果。

图 11-40

11.1.8 快速美化文本框

文本框与占位符相似，默认是无边框、无填充颜色的。在设计过程中也可以根据实际需要对其设置填充颜色、轮廓线条样式。除此之外，也可以应用形状样式，对其格式进行一键快速美化处理。

11.1.7 节介绍了自定义设置文本框填充和轮廓效果的设计技巧，下面介绍一键应用指定样式的文本框美化技巧。

❶ 选中要编辑的文本框，在"绘图工具—格式"选项卡的"形状样式"组中单击"其他"下拉按钮（如图 11-41 所示），在下拉列表中显示了可以选择的形状样式，单击即可选择，如图 11-42 所示。

图 11-41　　　　　　图 11-42

❷ 如图 11-43 所示为套用了指定样式的效果。

图 11-43

幻灯片中文本排版也是一项重要的工作，通过为文本布局或效果设置可以让幻灯片的整体版面拥有专业的布局效果，同时还可以让一些重要文本以特殊的格式突出显示，提升演示文稿的视觉效果。对文字格式设置主要涉及文字的字体、大小、颜色、阴影效果以及加粗、倾斜、下划线、文本突出显示颜色的强调效果等，个别文本还需要设置艺术效果以提升设计感。如图11-44～图11-47所示为特殊字体格式的设计效果。

图 11-44

图 11-45

图 11-46

图 11-47

11.2.1 为大号文字应用艺术字效果

幻灯片中的文本可以通过套用快速样式转换为艺术字效果。艺术样式的文字适用于大号标题文字，合适的字体可以瞬间提升幻灯片美感。

❶ 选中文本，在"绘图工具—格式"选项卡的"艺术字样式"组中单击"其他"下拉按钮（如图11-48所示），在下拉列表中显示了可以选择的艺术字样式，单击即可应用，效果如图11-49示。

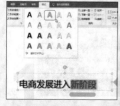
图 11-48

图 11-49

❷ 如图11-50、图11-51所示为套用不同的艺术字样式后的效果。

图 11-50

图 11-51

专家提醒

在为文字套用艺术效果前需要对字体合理设置，因为艺术效果是基于原字体的，即套用艺术效果后，只改变外观效果，不改变字体。因此要想获取最佳艺术效果，字体的选择也非常重要。

11.2.2 为大号文字设置填充效果

演示文稿的标题文字，或是一些需要着重表达的观点，常会使用特殊的方式进行修饰或处理。例如常会使用加大字号，同时还可以为这些加大文字设置渐变、图片或纹理、图案等填充效果来进行特殊美化。

1. 文字渐变填充

渐变填充即填充颜色有一个变化过程，下面介绍如何为标题文字设置渐变后的效果。

❶ 选中文字，在"绘图工具—格式"选项卡的"艺术字样式"组中单击"🔲"按钮（如图11-52所示）打开"设置形状格式"右侧窗口。

❷ 单击"文本填充与轮廓"标签按钮，在"文本填充"栏中选中"渐变填充"单选按钮，单击"预设渐变"右侧下拉按钮，打开下拉列表，如图11-53所示。

❸ 在下拉列表中选择"顶部聚光灯—个性色4"（如图11-54所示），即可达到如图11-55所示的填充效果。

图 11-52　　　　　　　　　图 11-53

图 11-54　　　　　　　　　图 11-55

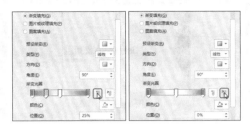

图 11-56　　　　　　　　图 11-57

2. 文字图片填充

图片填充即把图片填充到文字中，此填充效果也适合标题文字的设置，下面介绍具体的填充设置步骤。

❶ 选中文字并单击鼠标右键，在弹出的快捷菜单中选择"设置文字效果格式"命令（如图 11-58 所示），打开"设置形状格式"右侧窗口。

图 11-58

❷ 单击"文本填充与轮廓"标签按钮，在"文本填充"栏中选中"图片或纹理填充"单选按钮，单击"插入"按钮（如图 11-59 所示），依次打开"插入图片"对话框，找到图片所在路径并选中图片，如图 11-60 所示。

专家提醒 box

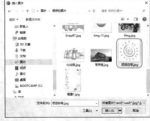

图 11-59　　　　　　　　图 11-60

❸ 单击"插入"按钮，即可将图片作为文本的填充效果，最终效果如图 11-61 所示。

✏ **专家提醒**

关于渐变效果的设置是非常丰富的，如渐变的类型、角底、光圈数、每个光圈所在位置等，任意一个不同的参数都会影响渐变的效果，因此我们上述步骤中给出的只是操作的方法，至于效果的掌控，读者完全可凭自己的设计思路调节。

知识扩展

渐变的效果在于对光圈的设置。我们在选择预设渐变时，就根据预设效果默认添加了光圈，在此基础上我们可以进行调整，以获取更加满意的效果。例如上面介绍的重设光圈的颜色和改变光圈的位置，都是在对渐变效果进行调整。

另外，在"渐变光圈"区域，通过单击"添加渐变光圈"按钮（如图 11-56 所示），可添加渐变光圈个数。同样选中不需要的光圈，通过单击"删除渐变光圈"按钮，可减少渐变光圈个数，如图 11-57 所示。

第 11 章　幻灯片中文字的编排与设计

167

图 11-61

🖊️ 专家提醒

在给文字设置图片填充时，要注意图片切勿选择过多的色彩效果且要与演示文稿的整体基调及元素配色保持一致。

3. 文字图案填充

图案填充是应用程序内置的一些图案来填充文字。下面介绍为文字设置图案填充效果的操作步骤。

❶ 选中目标文字并单击鼠标右键，在弹出的快捷菜单中选择"设置文字效果格式"命令（如图 11-62 所示），打开"设置形状格式"右侧窗口。

图 11-62

❷ 单击"文本选项"，在打开的"文本填充与轮廓"标签下"文本填充"一栏中选中"图案填充"单选按钮。在"图案"列表中选择"虚线网络"样式（如图 11-63 所示），最终效果如图 11-64 所示。

图 11-63　　　　图 11-64

❸ 重新设置"前景"为"橙色，个性色 2，深色 25%"，"背景"为"白色，背景 1"（如图 11-65 所示），即可更改图案的颜色，效果如图 11-66 所示。

图 11-65　　　　图 11-66

知识扩展

另外还可以为文字设置其他填充效果，如纹理填充效果。具体操作如下。

打开"设置形状格式"右侧窗口，在"文本填充"栏中选中"图片或纹理填充"单选项，单击"纹理"右侧下拉按钮（如图 11-67 所示），在弹出的下拉菜单中可选择相应的纹理效果，如图 11-68 所示。

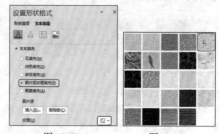

图 11-67　　　　图 11-68

11.2.3　文字的轮廓线效果

对于一些大字号标题文字或需要特殊显示的文字，还可以为其设置轮廓线条，这也是美化和突出文字的一种方式。下面介绍为文字设置轮廓线效果的操作技巧。

❶ 选中文本框内的文字，在"绘图工具—格式"选项卡的"艺术字样式"组中单击"文本轮廓"下拉

按钮，在"主题颜色"区域选择一种轮廓线颜色（如图11-69所示），接着单击"粗细"并在子菜单中单击"2.25磅"（11-70所示），最后再单击"虚线"并在子菜单中单击"方点"，如图11-71所示。

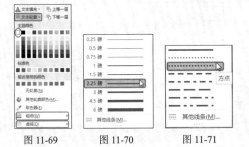

图11-69　　　　图11-70　　　　图11-71

❷ 如图11-72所示为原始文字效果，如图11-73所示为设置后的文字轮廓线条效果。

图11-72　　　　图11-73

轮廓线的应用效果主要体现在线条颜色、粗细和线型上，我们也可以打开"设置形状格式"窗格进行设置，以达到不同的设置效果。在"粗细"或"虚线"子菜单中选择"其他线条"命令（如图11-74所示），打开"设置形状格式"右侧窗口，选中"实线"单选按钮（如图11-75所示），可设置线条的颜色、宽度、类型等，设置效果如图11-76所示。

图11-74　　　图11-75　　　图11-76

11.2.4　立体字

为了体现出特殊的设计效果，在幻灯片中设计文字时，有时需要为文字设置立体效果，从而提升幻灯片的整体视觉效果。要实现立体字效果，需要从阴影、三维格式（棱台）和三维旋转几个方面来进行设置。

阴影配合棱台和三维旋转效果可以使文字更具立体感，下面介绍立体字的设置步骤。

❶ 选中文字，在"绘图工具—格式"选项卡的"艺术字样式"组中单击"　"按钮（如图11-77所示）打开"设置形状格式"右侧窗口。

图11-77

❷ 展开"阴影"栏，重置各项参数（如图11-78所示）使文字达到如图11-79所示的效果。

图11-78　　　　　　图11-79

❸ 关闭"阴影"栏，展开"三维格式"栏，单击"顶部棱台"的下拉按钮，在下拉列表中选择"柔圆"，"宽度"和"高度"分别设为"6磅""2磅"，如图11-80所示。

❹ 接着展开"三维旋转"栏，在"预设"下拉列表中单击选中"离轴2：左"，并设置"X旋转"为"30°"，"Y旋转"为"18°"，如图11-81、图11-82所示。

❺ 设置完毕后关闭窗口即可。经过上面的多步设置，即可让文字达到如图11-83所示的立体化效果。

图 11-80

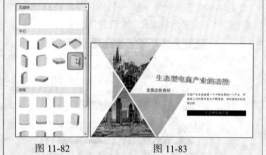

图 11-81

图 11-82　　　　　图 11-83

11.2.5 阴影字、映像字、发光字

1. 阴影立体效果

为文本设置阴影效果，犹如现实物体呈现阴影一样。下面介绍自定义阴影立体效果的设置步骤。

❶ 选中文字并单击鼠标右键，在弹出的快捷菜单中单击"设置文字效果格式"命令（如图 11-84 所示），打开"设置形状格式"右侧窗口。

图 11-84

❷ 单击"文本填充与轮廓"标签按钮，在预设下拉列表选择外部阴影效果，如图 11-85 所示。

❸ 继续在下方设置阴影字体的透明度、大小、模糊、角度以及距离等参数，如图 11-86 所示。

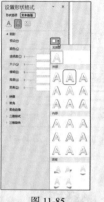

图 11-85　　　　　图 11-86

❹ 返回幻灯片后，即可看到自定义阴影立体字的效果，如图 11-87 所示。

图 11-87

专家提醒

无论是"外部""内部"，还是"透视"阴影效果，通过设置其不同的透明度、大小、模糊度、角度以及距离都会带来不一样的视觉感受。上述步骤中只给出操作方法，至于效果的掌控，读者也可以凭自己的设计思路调节。

2. 映像效果

当幻灯片为深色背景时，为文字设置映像效果可以达到犹如镜面倒影的效果，下面介绍操作步骤。

❶ 选中文本，在"绘图工具—格式"选项卡的"艺术字样式"组中单击"文本效果"下拉按钮，在下拉菜单中将光标指针指向"映像"，在其子菜单中

单击选中一种预设效果，如图11-88所示。

图11-91

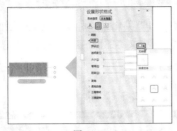

图11-88

❷ 如果对预设的效果不满意，可单击"映像选项"，打开"设置形状格式"右侧窗口，并设置各项参数，如图11-89所示。

❸ 重新设置映像的相关数据，得到如图11-90所示的效果。

❷ 展开"发光"栏，在"预设"下拉列表中选择发光效果，接着可设置发光颜色（如果预设效果中无法找到满足的发光色则进行此设置）、大小和透明度，如图11-92、图11-93所示。

图11-89　　　　　　图11-90

3. 发光效果

如果当前幻灯片背景色稍深色偏灰暗，则为文字设置发光效果有时可获取不一样的视觉效果。

❶ 选中文本在"绘图工具—格式"选项卡的"艺术字样式"组中单击对话框启动器按钮，如图11-91所示，打开"设置形状格式"右侧窗口。

图11-92　　　　　　图11-93

❸ 重新设置发光相关参数的效果如图11-94所示。

图11-94

11.3 ▶ PPT 2019高能的Office助手

本节很多知识技巧都需要下载安装"PPT美化大师"，并在相关的选项组中选择合适的按钮实现PPT的快速设计。具体操作如下。

首先打开浏览器，输入下载地址，进入下载页面，如图11-95所示。下载完毕后（如图11-96所示），双击可以进入安装页面，如图11-97所示。安装完成后，直接打开PPT程序，即可看到添加的"美化大师"选项卡，如图11-98所示。

图11-95

图 11-96　　　　　　　　图 11-97

图 11-98

11.3.1　发送到微信

使用微信电脑端可以收传各类文件，下面介绍如何将完整的演示文稿发送到微信。

❶ 打开微信官方下载页面，点击"免费下载"按钮，如图 11-99 所示。

图 11-99

❷ 下载完毕后，根据提示安装程序，如图 11-100、图 11-101 所示。

图 11-100　　　　　　　　图 11-101

❸ 登录微信后，找到联系人，将演示文稿复制到对话框中，点击"发送"按钮（如图 11-102 所示），即可完成演示文稿的传送，如图 11-103 所示。

图 11-102　　　　　　　　图 11-103

11.3.2　统一的段前段后间距

使用 PPT 美化大师可以快速统一当前所有幻灯片页面中文本的段前段后间距。

❶ 打开演示文稿后，在"美化大师"选项卡的"工具"组中单击"设置行距"按钮（如图 11-104 所示），打开"设置行距"对话框。

图 11-104

❷ 设置范围为"所有页"，再分别设置段前和段后间距为"3 磅"，如图 11-105 所示。

❸ 单击"确定"按钮完成设置，返回幻灯片后即可看到统一的文本段前段后间距效果，如图 11-106 所示。

图 11-105　　　　　　　　图 11-106

11.3.3　选用在线模板

Office 在线网站提供了一些免费下载使用的 PPT 模板，下面介绍登录相关网站下载演示文稿的操作方法。

1. Office 线上下载

❶ 打开浏览器，登录网址 https://www.office.com/，进入首页后，单击 PowerPoint 图标（如图 11-107 所示），进入新页面。

图 11-107

❷ 在打开的新页面中单击"浏览模板"链接（如图 11-108 所示），进入模板页面。

图 11-108

❸ 在左侧列表单击"演示文稿"，再单击右侧的"浏览免费模板"链接（如图 11-109 所示），进入免费模板下载页面。

图 11-109

❹ 搜索到的模板会呈现出来，在需要的模板上单击（如图 11-110 所示），即可进入下载页面。

图 11-110

❺ 单击"下载"按钮（如图 11-111 所示），即可进入下载页面。

图 11-111

❻ 完成下载后打开保存路径，双击鼠标左键打开演示文稿，即可创建如图 11-112 所示的幻灯片模板。

图 11-112

2. 应用资源广场模板

❶ 在"美化大师"选项卡的"资源"组中单击"资源广场"按钮（如图 11-113 所示），打开在线幻灯片下载页面。

图 11-113

❷ 单击合适的幻灯片模板缩略图（如图 11-114 所示），即可进入下载界面，如图 11-115 所示。

图 11-114

图 11-115

11.3.4 快速选用逻辑图库、数据图表

在幻灯片中需要应用到逻辑图示和数据图表时，可以在"美化大师"中选择合适的图示和图表，插入后再根据实际情况重新编辑修改内容即可。

1. 应用在线图示

❶ 在"美化大师"选项卡的"新建"组中单击"幻灯片"按钮（如图11-116所示），打开在线幻灯片页面。

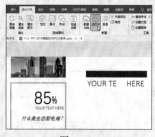

图 11-116

❷ 选择合适的图示后（如图11-117所示），进入下载页面。单击"插入（自动变色）"按钮即可，如图11-118所示。

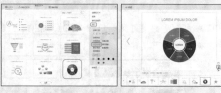

图 11-117　　　　　图 11-118

❸ 返回幻灯片后即可插入指定图示（如图11-119所示），在图示中输入文本并重新设置外观样式，效果如图11-120所示。

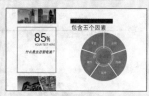

图 11-119　　　　　图 11-120

2. 应用数据图表

❶ 在"美化大师"选项卡的"新建"组中单击"幻灯片"按钮，打开在线幻灯片页面。

❷ 首先在搜索框中输入"图表"（如图11-121所示），即可搜索到大量图表。单击合适的图表缩略图即可进入导入页面，单击"插入"按钮即可，如图11-122所示。

❸ 返回幻灯片后即可插入指定数据图表（如图11-123所示），后期可以根据需要修改图表中的文字和数据。

图 11-121

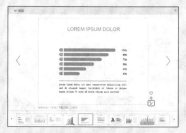

图 11-122

图 11-123

11.3.5 快速找到商务图片辅助设置

图片是幻灯片页面设计最重要的元素之一，对于商务类幻灯片来说，用户可以使用联机图片中的搜索功能，搜索到大量合适的高清商务图片。

❶ 打开幻灯片，在"插入"选项卡的"图像"组中单击"图片"下拉按钮，在打开的下拉列表中单击"联机图片"（如图11-124所示），打开"联机图片"对话框。

❷ 在搜索框内输入"商务"，按Enter键即可搜索到商务相关的图片。单击选择合适的图片，如图11-125所示。

❸ 单击"插入"按钮即可插入图片。选中图片并单击鼠标右键，在弹出的快捷菜单中单击"置于底层"，如图11-126所示。

④ 此时可以看到商务图片修饰幻灯片页面的效果，如图 11-127 所示。

图 11-124

图 11-125

图 11-126

图 11-127

11.3.6 快速找到 PNG 插图（SVG 图标）

我们都知道图像化表达相比纯文本能更快、更好地展示信息。因此，图标使用一直是 PPT 设计中不可或缺的一环。以往由于 PPT 软件的限制，我们只能在 PPT 中插入难以编辑的 PNG 图标，下面介绍"图标"功能，以快速插入合适的 SVG 图标。

1. 插入 SVG 图标

① 打开幻灯片，在"插入"选项卡的"插图"组中单击"图标"按钮（如图 11-128 所示），打开"插入图标"对话框。

② 可以依次单击选中多个图标，如图 11-129 所示。

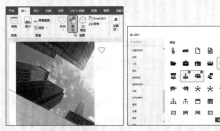
图 11-128　　　　　图 11-129

③ 单击"插入"按钮，即可一次性插入选中的多个图标。

④ 根据页面设计需要，分别将各个图标移动到合适位置即可，效果如图 11-130 所示。

图 11-130

2. 网页下载 PNG

① 打开"我图网"网页，在搜索框中输入"商务 PNG"（如图 11-131 所示），单击"搜索"按钮即可进入搜索结果页面。

图 11-131

② 页面中显示了各种类型的 PNG 插图，找到合适的插图后直接单击即可进入下载页面，如图 11-132 所示。

图 11-132

③ 用户需要注册网站并开通 VIP 会员，单击"立即下载"按钮，即可下载需要的 PNG 插图，如图 11-133 所示。

图 11-133

④ 在"插入"选项卡的"图像"组中单击"图片"下拉列表，在打开的下拉列表中选择"此设备"命令（如图 11-134 所示），在打开的"插入图片"对话框中选择合适的 PNG 插图即可，如图 11-135 所示。

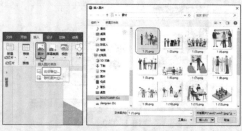

图 11-134　　　　　图 11-135

⑤ 单击"插入"按钮，返回幻灯片后即可插入指定 PNG 插图，调整 PNG 插图的大小和位置后，效果如图 11-136 所示。

图 11-136

知识扩展

下载了美化大师后，可以在"在线素材"组中单击"图片"按钮（如图 11-137所示），在打开的对话框中选择合适的 PNG 插图即可，如图 11-138、图 11-139 所示。

11.4　妙招技法

11.4.1　字体其实也有感情色彩

文字在信息传达上有其独特的"表情"，即不同的字体在传达信息时能表现出不同的感情色彩。例如楷书使人感到规矩、稳重，隶

图 11-137

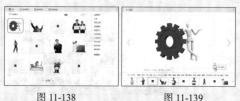

图 11-138　　　　　图 11-139

11.3.7　快速生成全图 PPT

使用"美化大师"插件可以将设计好的所有幻灯片全部一键生成全图型模式，这样他人在浏览幻灯片时，无法对幻灯片内的任何元素执行修改或编辑操作。

① 打开编排好的完整演示文稿，在"美化大师"选项卡的"导出"组中单击"全图 PPT"按钮（如图 11-140 所示），即可进入导出状态。

图 11-140

② 此时会弹出"提示"提示框（如图 11-141 所示），单击"确定"按钮即可转换，并弹出"完成"提示框，如图 11-142 所示。

图 11-141　　　　　图 11-142

③ 单击"确定"按钮返回幻灯片，即可看到所有幻灯片都显示为全图 PPT 形式。

书使人感到轻柔、舒畅，行书使人感到随和、宁静，黑体字比较端庄、凝重、科技等，如图 11-143、图 11-144 所示。

因此在文字设计中，要学习并学会感受不同字体给人带来的不同情绪，并学着找到它们适用的规律与范围，结合演示文稿的主题合理

Word / Excel / PPT 2019 高效办公从入门到精通（视频教学版）

设置文字字体，以给予人不同的视觉感受和比较直接的视觉诉求。

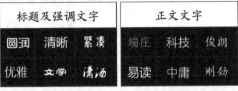

图 11-143　　　　　　　图 11-144

如图 11-145～图 11-148 所示的几张幻灯片中字体各不相同，但都具有良好的设计与表达效果。

图 11-145　　　　　　　图 11-146

图 11-147　　　　　　　图 11-148

当文字很难压缩时，则需要使用一些手段来突出全文的关键字，让观众对这些核心的内容留下深刻印象。看见一张幻灯片的时候，能否在第一时间获取信息关键在于这张幻灯片的重点内容是否突出，而不是需要从头看到尾进行仔细分析才明白。

在幻灯片中常用的突出关键点的方式主要有下面几种。

● 加大字号，中文字体至少要加大 2～4 级号才能起到突出文字的效果。

● 变色，颜色是最常用的突出方式。

● 反衬，图形底衬是很常用的方法。

● 变化字体，可下载字体丰富字体库。

如图 11-149 所示的幻灯片选用了合适字体

并使用放大文字突显效果，如图 11-150 所示的幻灯片是使用图形反衬文字。

图 11-149

图 11-150

如果幻灯片在设计中多处使用了一种不合适的字体，想全部更改为另一种字体，则可以利用"替换字体"功能实现。

❶ 打开演示文稿，在功能区"开始"选项卡的"编辑"组中，单击"替换"命令下拉按钮，在展开的设置菜单中选择"替换字体"命令（如图 11-151 所示），打开"替换字体"对话框。

❷ 在对话框"替换"栏右侧下拉列表中选择"宋体"（当前要替换的字体），"替换为"栏下选择"微软雅黑"（想替换为的字体），如图 11-152 所示。

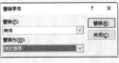

图 11-151　　　　　　　图 11-152

❸ 单击"替换"按钮，即可完成演示文稿所有字体的一次性修改。如图 11-153 所示的幻灯片中为原字体（是宋体），如图 11-154 所示的幻灯片中为替换后字体（是微软雅黑字体）。

图 11-153

图 11-154

11.4.4 将文本转换为 SmartArt 图形

在设计演示文稿过程中，单纯的文本表达有时会显得枯燥，幻灯片没有亮点。针对一些条目的文本，可以快速直接地将文本转换为 SmartArt 图形。

❶ 选中文本所在文本框，在功能区"开始"选项卡的"段落"选项组中单击"转换为 SmartArt 图形"按钮，在展开的列表中单击"其他 SmartArt 图形"命令（如图 11-155 所示），打开"选择 SmartArt 图形"对话框。

图 11-155

❷ 在对话框左侧选择 SmartArt 图形类型标签，在右侧单击选择对应合适的 SmartArt 选项，如图 11-156 所示。

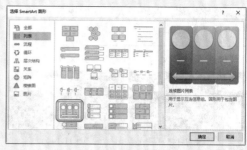

图 11-156

❸ 单击"确定"按钮，即可将文本转换为 SmartArt 图形，如图 11-157 所示。

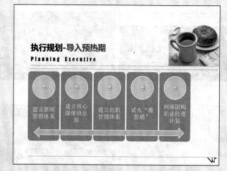

图 11-157

❹ 转换后还需要根据版面的设计效果对 SmartArt 图形进行补充美化编辑，可达到如图 11-158 所示的效果。

图 11-158

专家提醒

转换的文本必须位于同一个文本框内或者同一个占位符内。

第 12 章

幻灯片中图形、图片的编排与设计

　　幻灯片的页面设计元素除了文字之外，还有图形和图片，以及快速设置各种类型图示的 SmartArt 图。通过添加各种图形可以修饰幻灯片的页面效果，比如使得标题文字更突出，更好地汇总长文本内容，让内容显示更有层次、更直观。

　　使用图片也可以更好地表达幻灯片的主题内容，通过调整图片外观样式，可使图片与整体版式布局更协调。幻灯片中应用图示也可以将文字表达的程序、流程、循环等关系更直观简洁地呈现，SmartArt 图为用户提供了这种应用。除此之外，还可以添加表格归纳整理重要数据，通过调整表格框架和外观样式也可以美化幻灯片页面。

- 添加形状并设置格式
- 插入图片并调整
- 设置图片外观样式
- 应用并设置 SmartArt 图
- 插入表格并调整框架
- 复制使用 Ecxcel 图表

图形是幻灯片设计中一个必不可少的元素（后面章节介绍的各种页面设计都需要应用到图形元素），图形的设计可以布局版面、修饰文字、图示化数据等。因此图形的运用非常重要，幻灯片能够将图文结合起来，使所要表达的内容更形象，更具有视觉效果。这样才能调动读者兴趣，让信息更快、更精准地传达。

图片是增强幻灯片可视化效果的核心元素。合理使用图片元素能够辅助观众解读幻灯片中的信息内容。在幻灯片中插入精美的图片还能够使画面更加丰富，更加吸引观众视线。因为图片信息不仅能直观地传递信息，还能够美化页面，渲染演示气氛。如果要让图片真正达到我们上面所描述的效果，那么就一定要用对图片。

"公司介绍"演示文稿是企业常用的演示文稿之一，当企业需要对外宣传时，通常情况下都需要制作"公司介绍"演示文稿，用于展示公司的发展历程、主体项目等。下面以"公司介绍"演示文稿为例，介绍在制作幻灯片时如何应用及编排图形、图片以及 SmartArt 图形。如图 12-1～图 12-4 所示的幻灯片设计中都应用了图形、图片等元素。

图 12-1　　　　　　　图 12-2

图 12-3　　　　　　　图 12-4

12.1.1　向幻灯片中添加形状

下面以"公司介绍"演示文稿中插入图形为例来学习图形的插入及编辑技巧，包括图形的绘制、组合新图形、图形外观样式设置等技巧。

1. 在幻灯片中绘制图形并编辑顶点

❶ 打开幻灯片，在"插入"选项卡的"插图"组中单击"形状"下拉按钮，在下拉列表中选择"矩形"，如图 12-5 所示。

图 12-5

❷ 此时光标变成十字形状，按住鼠标左键拖动即可进行绘制（如图 12-6 所示），释放鼠标即可绘制完成，效果如图 12-7 所示。

图 12-6　　　　　　　图 12-7

❸ 选中图形，单击鼠标右键，在快捷菜单中单击"编辑顶点"命令（如图 12-8 所示）。此时图形添加红色边框，以黑实心正方形突出显示图形顶点，鼠标指针指向顶点即变为四向箭头样式，如图 12-9 所示。

图 12-8　　　　　　　图 12-9

Word / Excel / PPT 2019 高效办公从入门到精通（视频教学版）

④ 按住鼠标左键不放并拖动顶点（如图12-10所示），到适当位置释放鼠标即可达到如图12-11所示的效果。

图 12-10　　　　　　　图 12-11

⑤ 按照同样的操作方法，拖动另一个顶点（如图12-12所示），到适当位置释放鼠标，使矩形呈平行四边形形状，如图12-13所示。

图 12-12　　　　　　　图 12-13

2. 绘制正图形

绘制正图形即让绘制的图形宽度与高宽完全相等，比如正方形、圆形等。设计幻灯片时经常需要使用到这种图形，如果直接手动拖动很难掌握，那么可以按如下方法绘制。

❶ 打开幻灯片，在"插入"选项卡的"插图"组中单击"形状"下拉按钮，在下拉列表中选择"椭圆形"，如图12-14所示。

❷ 此时光标变成十字形状，按住 Shift 键的同时拖动鼠标绘制，即可得到一个正圆形，效果如图12-15所示。

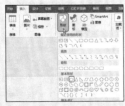 

图 12-14　　　　　　　图 12-15

❸ 选中正圆形，单击鼠标右键，在弹出的快捷菜单中把鼠标移到"置于底层"，在打开的子菜单中选择"置于底层"（如图12-16所示）。执行命令后，即可看到图形和文字重新叠放后的效果，如图12-17所示。

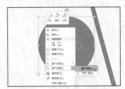 

图 12-16　　　　　　　图 12-17

专家提醒

上例中是对文本及图形进行层次的调整，此操作对图形与图形同样适用。如果是使用多个图形完成某个设计，则可能需要进行多次的上移或下移才能达到目的，可以选中目标图形，然后执行"上移一层"或"下移一层"逐步调整。

3. 绘制形状并添加文字

在幻灯片中可以将文本框置于形状内以突显文字，或者直接在图形内添加文字，可以起到衬托重要内容的作用。

❶ 打开幻灯片，在"插入"选项卡的"插图"组中单击"形状"下拉按钮，在下拉列表中选择"椭圆"，按住 shift 键的同时拖动鼠标绘制正圆形。

❷ 选中图形，在"绘图工具—格式"选项卡的"大小"组中的"高度"和"宽度"文本框中精确设置图形的大小，如图12-18所示。

❸ 按 Ctrl+C 组合键复制，按 Ctrl+V 组合键粘贴可得到批量图形（按一次 Ctrl+V 即粘贴一个图形），如图12-19所示。

图 12-18　　　　　　　图 12-19

④ 选中一个图形与对应文本，在"绘图工具—

格式"选项卡的"排列"组中单击"对齐"下拉按钮，在下拉列表中单击"底端对齐"命令（如图12-20所示），即可让选中的两个图形底端对齐。

❺ 依次选中图形与其文本，执行"底端对齐"的操作。完成此项操作后，可以发现图形与文本间距呈不相等状态，如图12-21所示。

图12-20　　　　　图12-21

❻ 以第一个图形和文本间距为准，依次选中图形（如图12-22），按键盘上的→键向对齐文本靠近，保持各间距相等，效果如图12-23所示。

图12-22　　　　　图12-23

❼ 选中图形右击，在弹出的快捷菜单中单击"编辑文字"命令（如图12-24所示），此时光标在图形中闪烁，可向图形里输入文字，如图12-25所示。

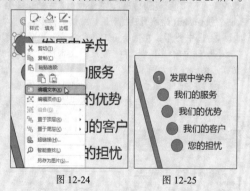

图12-24　　　　　图12-25

❽ 在"插入"选项卡的"插图"组中单击"形状"下拉按钮，在下拉列表中选择"直线"，如图12-26所示。

❾ 在斜向图形右侧补充绘制线条，设计完成后，达到如图12-27所示的效果。

图12-26　　　　　　　　图12-27

知识扩展

在图形上添加文字时，最常用的还是使用文本框，如图12-28所示的图形上要使用不同层次的文本，此时可以各自绘制文本框，然后把它们按设计思路摆放，可以获取更加紧凑自由的设计效果。

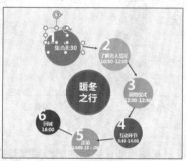

图12-28

4. 合并多形状获取新图形

PPT 2019中提供了一个"合并形状"的功能按钮，利用它可以对多个图形进行联合、合并、相交、剪除操作，从而得出新的图形样式。这项功能对于爱好图形设计的用户来说，是一项很实用的功能。它突破了"形状"列表中的图形样式，可以自由地根据自己的设计思路设置图形。下面需要绘制两个圆角矩形并合并图形得到一个新的实用图形。

❶ 选中目标幻灯片，在"插入"选项卡的"插图"组中单击"形状"下拉按钮，在下拉列表中单击选中"矩形"并绘制（如图12-29示），接着再选择"椭圆"，在矩形的四个拐角上绘制正圆形（可以绘制一个，其他复制），注意压角位置，如图12-30所示。

Word / Excel / PPT 2019 高效办公从入门到精通（视频教学版）

图 12-29　　　　　　　　图 12-30

❷ 在"绘图工具—格式"选项卡的"插入形状"组中单击"合并形状"按钮，在弹出的下拉菜单中选择"结合"命令（如图 12-31 所示），达到如图 12-32 所示的效果。

❸ 接着可对图形进行格式设置，并添加文字，以达到美化的效果，效果如图 12-33 所示（后面 12.1.2 节会介绍图形美化技巧）。

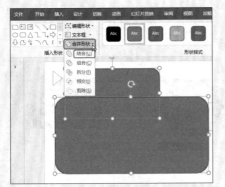

图 12-31

图 12-32　　　　　　　　图 12-33

知识扩展

除了以上两种组合方式，我们还可以通过其他项得到更多的图形合并的创意图形。下面给出一组对比效果图如图 12-34 所示。第一幅图为两个原始形状，对于这两个形状执行不同的组合命令可得到不同的形状。

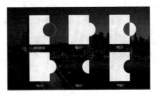

图 12-34

专家提醒

在合并图形时，有一点需要注意，当图形叠加时，先选择哪个图形它们所得到的合并后的图形是不一样的。例如如图 12-35 所示的两个图形，如果先选中矩形再选中圆形，则执行"合并形状"按钮下的"剪除"命令，得到图形如图 12-36 所示；如果先选中圆形再选中矩形，则执行"合并形状"按钮下的"剪除"命令，得到图形如图 12-37 所示。

图 12-35　　　　图 12-36　　　　图 12-37

因此想得到什么图形，该以什么次序选中图形，读者在设计时可自己尝试。

5. 绘制自定义图形

在"形状"按钮的下拉列表的"线条"栏中可以选择多种样式的线条，利用它们可以实现自由的绘制任意图形。这也是 DIY 用户发挥自己创意设计时经常使用到的工具。以下介绍几种可以实现自定义绘制图形的线条和多边形。

● 〜曲线：用于绘制自定义弯曲的曲线，自定义曲线可以根据设计思路用来装饰画面。
● 〿任意多边形—形状：可自定义绘制不规则的多边形，通常自定义绘制图表时会用到。
● 〾任意多边形—曲线：绘制任意自由的曲线。

❶ 打开幻灯片，在"插入"选项卡的"插图"组中单击"形状"下拉按钮，在下拉列表中选择"任意多边形：自由曲线"（如图 12-38 所示），此时光标变为十字形状。

❷ 在需要的位置单击鼠标左键确定第一个顶点，释放鼠标左键并拖动鼠标，到达需要的位置后单击鼠标左键一次确定第二个顶点，如图12-39所示。

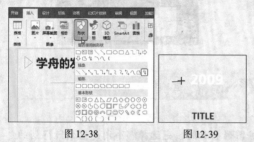

图12-38　　　　　图12-39

❸ 再拖动鼠标继续绘制，每到曲线转折点处单击鼠标左键一次，如图12-40所示。

❹ 继续绘制（如图12-41所示），到达结束位置时，可指向起始点双击一次即可得到封闭的图形，如图12-42所示。

❺ 在"绘图工具—格式"选项卡的"形状样式"组中设置图形格式，达到如图12-43所示的效果。

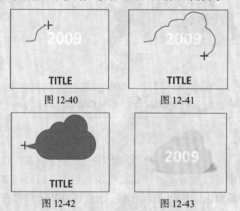

图12-40　　　　　图12-41

图12-42　　　　　图12-43

12.1.2　形状边框及填充效果的调整

图形在幻灯片设计中的应用非常普遍，通过绘制图形、图形组合等可以获取多种不同的版面效果。下面介绍绘制图形后，图表边框及填充颜色的设置技巧。

1. 自定义图形填充色

❶ 打开目标图形，在"绘图工具—格式"选项卡的"形状样式"组中单击"形状填充"下拉按钮，

可以在"主题颜色"列表中单击颜色即可应用于选中的图形，也可以单击"其他填充颜色"命令（如图12-44所示），打开"颜色"对话框。

图12-44

❷ 在"标准"选项卡中可以选择标准色，然后单击"自定义"标签（如图12-45所示），如果想设置非常精确的颜色，可以分别在"红色（R）""绿色（G）"和"蓝色（B）"文本框中输入值，如图12-46所示。

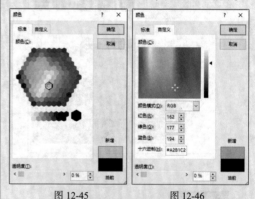

图12-45　　　　　图12-46

知识扩展

合理的配色是提升幻灯片质量的关键所在，但若非专业的设计人员，往往在配色方面总是达不到满意的效果。在PowerPoint 2019中为用户提供了"取色器"这项功能，即当你看到某个较好的配色效果时，可以使用"取色器"快速拾取它的颜色，从而为自己的设计配色。这为初学者配色提供了很大的便利。

在"形状填充""形状轮廓""文本填充""背景颜色"等涉及颜色设置的功能

按钮下都可以看到有一个"取色器"命令（如图 12-47 所示），因此当涉及引用网络完善配色方案时，可以借助此功能进行色彩提取。

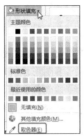

图 12-47

2. 图形的渐变填充效果

绘制图形后默认都是单色填充的，渐变填充效果可以让图形效果更具层次感，可根据当前的设计需求合理为图形设置渐变填充效果。

❶ 选中图形，在"绘图工具—格式"选项卡的"形状样式"组中单击" $\ulcorner$ "按钮（如图 12-48 所示），打开"设置形状格式"右侧窗口。

图 12-48

❷ 单击"填充与线条"标签按钮，在"填充"栏选中"渐变填充"单选按钮，在"预设渐变"下拉列表中选择"浅色渐变—个性色 1"，如图 12-49 所示。

❸ 继续在"类型"下拉列表中选择"线性"，在"方向"下拉列表中选择"线性向上"，如图 12-50 所示。

❹ 选中任意一个光圈，可重新设置光圈颜色（如图 12-51 所示），还可以添加和删除渐变光圈（如图 12-52 所示），设置后可达到如图 12-53 所示的渐变效果。

图 12-49

图 12-50

图 12-51

图 12-52

图 12-53

✍ **专家提醒**

在设置渐变效果时可以看到有很多的设置项，如不同的渐变类型、不同的方向、渐变光圈的多少、各光圈的颜色等，这些都会影响最终的渐变效果。因此设计者可根据自己的实际需要进行设置，并且有些设计效果可能需要多次尝试才能确定。在选择预设渐变时，会有默认的光圈数，如果要增加光圈则单击🔘按钮，如果要减少光圈则单击🔘按钮。光圈数越多，渐变的颜色层次就越多，因此有些设计效果也是经常需要多次尝试才能确定。

第 12 章　幻灯片中图形、图片的编排与设计除渐变填充效果外，还可以设置图形图案填充效果、图片填充效果等，操作方法都不难，只要在"填充"栏中选中相应的单选按钮，然后根据提示设置即可。

值得一提的是，"幻灯片背景填充"是一个很有个性的填充功能，如图 12-54 所示图形设置了"幻灯片背景填充"方式填充，当前填充效果为幻灯片背景图上相应位置的图像。当移动图形到其他位置时，填充效果变为幻灯片背景图上相应位置的图像，如图 12-55 所示。

图 12-54

图 12-55

3. 设置半透明填充效果

添加图形后可以为其设置半透明的显示效果，这样可以更好地突出想要表达的重点数据和内容，也可以得到意想不到的页面修饰效果。

❶ 选中最上方圆形图形，在"绘图工具—格式"选项卡的"形状样式"组中单击 ▫ 按钮（如图 12-56 所示），打开"设置形状格式"右侧窗口。拖动"透明度"滑块调整透明度为 20%，如图 12-57 所示。

图 12-56

图 12-57

❷ 按照同样的操作方法依次设置其他图形的填充效果，即可达到如图 12-58 所示的效果。

图 12-58

4. 设置图形的边框线条

图形的边框线条设置也是图形美化的一项操作，默认情况下图形填充色与线条都是同一种颜色，因此线条颜色并不能很好地呈现出来。图形边框的线条颜色、粗细、虚实等都可以自定义设置。

❶ 选中图形（可一次性选中多个），在"绘图工具—格式"选项卡的"形状样式"组中单击"▫"按钮，打开"设置形状格式"右侧窗口。

❷ 单击"填充与线条"标签按钮，打开"线条"栏，选中"实线"单选按钮，在"颜色"下拉列表中单击"白色"标准色，"宽度"设置为"1.25 磅"（如图 12-59 所示），此时可见到图形已显示出边框效果，如图 12-60 所示。

图 12-59

图 12-60

❸ 如果设置线条"宽度"为"3.5 磅"，在"复合类型"下拉列表中选择"双线"（如图 12-61 所示），呈现的是双线边框的效果，如图 12-62 所示。

图 12-61

图 12-62

④ 如果设置线条"宽度"为"3.5 磅"，在"短画线类型"下拉列表中选择"短画线"（如图 12-63 所示），呈现的是虚线边框的效果，如图 12-64 所示。

图 12-63　　　　　图 12-64

12.1.3　设置图形的形状效果

选中图形时，可以在"绘图工具—格式"选项卡的"形状样式"选项组中看到有一个"形状效果"功能按钮，在此功能按钮下有"阴影""映像""发光""柔化边缘"等设置项，这些设置项下都有相应子菜单，可以选择预设效果为图形设置特殊效果，也可以自定义各种效果的参数，得到自定义图形外观效果。

1. 映射效果

映射效果是一种镜像效果，在深色背景上使用映射效果可以获取不一样的视觉效果。

❶ 选中要设置的形状，在"绘图工具—格式"选项卡的"形状样式"选项组中单击"形状效果"下拉按钮，在下拉列表的"映像"子列表中提供了多种预设效果（如 2-65 所示），选中即可预览，单击即可应用，比如"半映像：8 磅偏移量"，应用后的效果如图 12-66 所示。

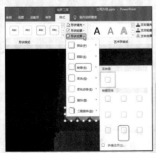

图 12-65　　　　　图 12-66

❷ 如果预设效果达不到要求，选择"映像选项"命令，打开"设置形状格式"右侧窗口，单击"效果"标签按钮，展开"映像"栏，可继续对映像参数进行调整，如图 12-67 所示。最终自定义映射效果如图 12-68 所示。

图 12-67　　　　　图 12-68

2. 发光效果

图形添加后可以在适当的时候应用发光效果，发光效果的设置应当注意，如果颜色和当前幻灯片的主题颜色一致，会造成颜色混乱使整体幻灯片的效果变差。

选中要设置的形状，在"绘图工具—格式"选项卡的"形状样式"组中单击"形状效果"下拉按钮，在下拉列表的"发光"子列表中提供了多种预设效果（图 12-69 所示），选中即可预览，单击即可应用，比如"发光：11 磅；蓝色 主题色 1"，应用后的效果如图 12-70 所示。

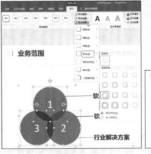

图 12-69　　　　　图 12-70

3. 立体效果

同立体化文字一样，图形也可以设置立体化效果，设置阴影格式、三维格式都能使图形立体化。

首先介绍阴影格式的设置步骤。

❶选中要设置的形状，在"绘图工具—格式"选项卡的"形状样式"组中单击"形状效果"下拉按钮，在下拉列表的"阴影"子列表中提供了多种预设效果，选中即可预览，单击即可应用，比如"偏移：右下"（如图12-71所示），可获取如图12-72所示的阴影效果。

三维特效是美化图形的一种常用方式，应用这种效果可以让图形呈现立体化效果。下面介绍三维格式特效的设置步骤。

❶选中所有图形，在"绘图工具—格式"选项卡的"形状样式"组中单击"形状效果"下拉按钮，在下拉列表的"预设"子列表中可以选用几种预设的立体样式（如图12-77所示），例如单击"预设3"，应用效果如图12-78所示。

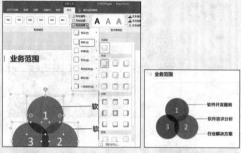

图12-71　　　　　图12-72

❷如果预设中找不到满意的效果，则选择"阴影选项"命令，打开"设置形状格式"右侧窗口，可继续对阴影参数进行调整（如图12-73～图12-75所示为三个图形不同的阴影参数），调整后可获取不同的阴影效果。

❸关闭对话框后，最终阴影设计效果如图12-76所示。

图12-77　　　　　图12-78

❷也可以继续单击"三维选项"命令，打开"设置形状格式"右侧窗格，单击"效果"标签按钮，展开"三维格式"栏，在"顶部棱台"下拉列表中单击"凸圆形"（如图12-79所示），并且各项参数都可以进行设置。应用后的图形效果如图12-80所示。

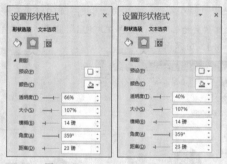

图12-73　　　　　图12-74

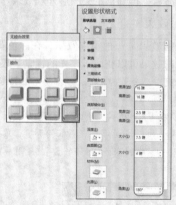

图12-79

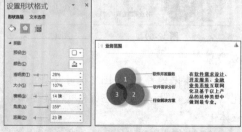

图12-75　　　　　图12-76

图12-80

在对图形进行立体效果设置时，参数的设置很多，每一次调整都可以获取不同的效果，有时要获取一种效果需要进行很多次的调整，本例以教大家学习操作方法为宗旨。

12.1.4 插入图片及大小位置调整

要使用图片必须先准备好合适的图片素材再插入图片，插入的图片其默认大小和位置有时并不适合版面要求，为了达到预期的设计效果，需要对图片的大小和位置进行调整。在选择图片之前可以根据以下原则创建自己的素材库。

- 有创意关联。简言之就是要兼顾美观、匹配和故事性。美观可以包含色彩、清晰度，以及与背景是否协调等；匹配是指要与当前表达的主题有关联；故事性是指最好能给人延伸及遐想的兴趣。这三方面的要求至少要做到两方面，才能算是用了基本合格的图片。

- 有真实形象。有些时候，需要提供真实图片才具有说服力，比如产品的图片，所获取的成就实拍展示等。一般与工作有关的场景，很多时候需要使用真实的图片展示。

使用这类图片在保护原始性的同时，要对图片进行处理，切勿高矮、大小不一，随意粗糙堆积在一起。其实处理起来也很容易，例如使用统一边框、裁切为统一形状等。

1. 插入图片

❶ 选中目标幻灯片，在"插入"选项卡的"图像"组中单击"图片"下拉按钮，在打开的下拉列表中单击"此设备"（如图12-81所示），打开"插入图片"对话框，在地址栏中定位到图片的保存位置，选中目标图片，如图12-82所示。

❷ 单击"插入"按钮，插入后效果如图12-83所示。

图 12-81

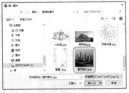

图 12-82

图 12-83

❸ 将图片大小调到合适的尺寸后，保持图片为选中状态，将光标定位到除边缘控点外的任意位置，光标变为 样式（如图12-84所示），此时按住鼠标左键不放，光标变为 样式，可将图片移动合适的位置（如图12-85所示），释放鼠标即可。

图 12-84

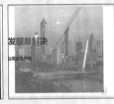

图 12-85

❹ 绘制两个三角形并移动到合适位置，作为修饰图片的元素，分别选中两个三角形以及图片，在"格式"选项卡的"插入形状"组中单击"合并形状"下拉按钮，在打开的下拉列表中单击"组合"，如图12-86所示。

图 12-86

⑤ 此时可以得到新的图片外观样式，再添加新的图形修饰图片，即可达到如图 12-87 所示的效果。

图 12-87

📝 专家提醒

如果要使用的图片是当前从网络中搜索到的，则可以选保存到电脑中再按上面操作执行插入，也可以复制图片，然后切换到目标幻灯片中，按 Ctrl+V 组合键粘贴到幻灯片。

2. 插入图标

在 2019 版本中可以插入指定图标，程序内置了一些矢量图标，如果设计中想使用这些图标，那么就不用去其他网站上搜索了，可以直接在程序中插入。

① 选中目标幻灯片，在"插入"选项卡的"插图"组中单击"图标"按钮（如图 12-88 所示），打开"插入图标"对话框。

② 左侧列表是对图标的分类，可以选择相应的分类，然后在右侧选择想使用的图标，可以一次性选中多个，如图 12-89 所示。

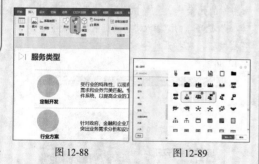

图 12-88　　　　　　图 12-89

③ 单击"插入"按钮即可插入图标到幻灯片中，如图 12-90 所示。

④ 将图标移至目标位置，在"图形工具—格式"选项卡的"图形样式"组中单击"图形填充"下拉按钮，在下拉列表中可选择颜色对图形重新着色，如图 12-91 所示。

图 12-90

图 12-91

⑤ 最终的图标应用效果如图 12-92 所示。

图 12-92

12.1.5　裁剪图片

默认插入的图片不一定能正好满足版面的设计需要，我们可能需要的只是图片的部分区域，这时可以对图片进行裁剪。裁剪可以有两种方式，一是自由裁剪，即裁剪掉图片的上下左右多余的部分；二是将图片整体裁剪为自选图形样式。

1. 裁剪图片多余部分

本例介绍如何对图片进行裁剪，让其更贴切地应用于幻灯片中。

① 选中图片，在"图片工具—格式"选项卡的

"大小"组中单击"裁剪"按钮，此时图片边缘上会出现 8 个裁切控制点，如图 12-93 所示。

图 12-93

❷ 使用鼠标左键拖动相应的控制点到合适的位置即可对图片进行裁剪。先定位到底部中间控点，向上拖动可裁剪底部，如图 12-94 所示；定位到顶部中间控点，向下拖动可裁剪顶部，如图 12-95 所示。

图 12-94　　　　　图 12-95

❸ 调整完成后，在图片以外的位置任意单击一次即可完成图片的裁剪。移动图片到合适位置，幻灯片效果如图 12-96 所示。

图 12-96

2. 将图片裁剪为自选图形样式

插入图片后为了设计需求也可以快速将图片裁剪为自选图形的样式。

❶ 选中多张图片，在"图片工具—格式"选项卡的"大小"组中单击"裁剪"下拉按钮，在下拉菜单中选择"裁剪为形状"，在弹出的菜单中选择"平行四边形"，如图 12-97 所示。

❷ 选择"平行四边形"后可将图形裁剪为指定形状样式，达到如图 12-98 所示的效果。

图 12-97

图 12-98

12.1.6　图片的边框修整

在插入图片后，默认情况下图片是不具备边框线的，下面会介绍如何为图片添加自定义样式的边框效果。

1. 快速应用框线

❶ 选中图片，在"图片工具—格式"选项卡的"图片样式"组中单击"图片边框"下拉按钮，在"主题颜色"区域选择边框颜色。

❷ 接着再在"图片边框"下拉按钮的下拉菜单中选择"粗细"命令，在子菜单中选择线条的粗细值，如图 12-99 所示。

图 12-99

❸ 设置线条粗细值和颜色后，图片边框效果如图 12-100 所示。

191

图 12-100

2. 精确设置边框效果

除了在以上功能区域设置图片的边框效果以外，还可以打开"设置图片格式"右侧窗口进行边框线条的设置，有些线条格式（如双线效果、渐变线效果）都可以在右侧窗口设置。

❶ 选中图片右击（可以一次性选中多张），在弹出的快捷菜单中选择"设置对象格式"命令（如图 12-101 所示），打开"设置图片格式"右侧窗口。

图 12-101

❷ 单击"填充与线条"标签按钮，展开"线条"栏，选中"实线"单选按钮，设置"颜色""宽度"，单击"复合类型"右侧的下拉按钮，可以选择几种复合线条类型，如图 12-102 所示。

❸ 设置完成后，图片即可应用所设置的边框效果，如图 12-103 所示。

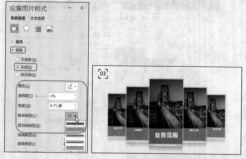

图 12-102　　　　图 12-103

如果想实现渐变线的效果，则单击选

中"渐变线"单选按钮，设置渐变参数，如图 12-104 所示（设置方法不再详细介绍）。设置后即可将渐变线的效果应用于图片边框，如图 12-105 所示。

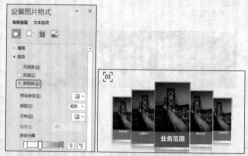

图 12-104　　　　图 12-105

专家提醒

无论是填充线条，还是填充图形、文字，凡是用到渐变效果，它们对参数的设置方法都是一样的，即可以选择预设渐变、设置渐变类型、设置渐变方向、调整光圈位置、设置光圈颜色、增减光圈等。在设置图片边框线条为渐变效果时，一是注意最好线条粗一些，二是确定要使用的颜色，对其他参数的设置则可以不必那么精确。

12.1.7　图片映射、阴影等效果

同文本、图形一样，图片也可以设置一些特殊效果，如阴影效果、柔化边缘效果、映射效果等。

1. 设置图片阴影效果

❶ 选中图片，在"图片工具—格式"选项卡的"图片样式"组中单击"图片效果"下拉按钮，在下拉菜单中鼠标指针指向"阴影"，在弹出的子菜单中选择"偏移 左下"，如图 12-106 所示。

❷ 继续单击"阴影选项"命令，打开"设置图片格式"右侧窗口，在"阴影"一栏中，对映像参数进行调整（如图 12-107 所示），图片应用的阴影效果如图 12-108 所示。

图 12-106

图 12-107

图 12-108

2. 设置图片柔化边缘效果

图片插入到幻灯片时, 很多时候会存在硬边缘, 使图片不能很好地与背景融合, 这种情况下可以使用柔化图片边缘功能。

❶ 选中图片, 在"图片工具—格式"选项卡的"图片样式"组中单击▣按钮, 打开"设置图片格式"右侧窗口。

❷ 单击"效果"标签按钮, 展开"柔化边缘"栏, 拖动"大小"标尺调整柔化的幅度, 如图 12-109 所示。经过调整后可以看到改善后的图片效果, 如图 12-110 所示。

图 12-109

图 12-110

知识扩展

图片样式是程序内置的用来快速美化图片的模板, 它们一般是应用了多种格式设置, 包括边框、柔化、阴影、三维效果等,

如果没有特别的设置要求, 则套用样式是快速美化图片的捷径。具体操作方法如下。

按 Ctrl 键一次性选中多个图片, 在"图片工具—格式"选项卡的"图片样式"组中单击(其他)按钮, 在下拉列表中选择一种图片样式, 如图 12-111 所示。

图 12-111

12.1.8 图片的图形外观

图片的外形默认是无边框、无填充颜色的。在实际设计过程中也可以根据实际需要对其外观样式、轮廓线条进行设置。除此之外, 也可以应用图片样式, 对其格式进行一键快速美化处理。下面介绍一键应用指定样式的图片外观美化技巧。

❶ 选中多张图片, 在"图片工具—格式"选项卡的"图片样式"组中单击"其他"下拉按钮, 在下拉列表中单击"映像棱台—白色", 如图 12-112 所示。

图 12-112

❷ 返回幻灯片后, 可以看到一键应用图形外观样式的多张图片, 效果如图 12-113 所示。

图 12-113

12.1.9　多对象的快速对齐

在幻灯片中插入多张图片或者绘制多个图形后，可以通过对齐功能，将多个图形按照指定的设计思路对齐。

❶ 选中所有要对齐的对象图片，在"绘图工具—格式"选项卡的"排列"组中单击"对齐"下拉按钮，在下拉列表中分别单击"顶端对齐"和"横向分布"命令，如图 12-114 所示。

图 12-114

❷ 执行命令后，即可看到图片对齐后的效果，如图 12-115 所示。

图 12-115

12.1.10　应用 SmartArt 图

除了手工绘制图示外，程序还提供了 SmartArt 图形，其中内置了可以表达各种关系的图示，如果没有特殊要求，则可以直接使用该功能。在幻灯片中使用图示有以下几个优势。

● 更好地展现文字信息。

● 帮助观众理顺信息的逻辑关系，增强信息的表现力。

● 丰富设计页面，增强幻灯片的视觉效果。

1. 学会选用合适的 SmartArt 图

SmartArt 图形在幻灯片中的使用也非常广泛，它可以让文字图形化，并且通过选用合适的 SmartArt 图类型，可以很清晰地表达出各种逻辑关系，如并列关系、流程关系、循环关系、递进关系等。

● 并列关系。并列关系表示句子或词语之间具有的一种相互关联，或是同时并举，或是同时进行的关系。要表达并列关系的数据可以选择"列表"类图形，如图 12-116、图 12-117 所示幻灯片。

图 12-116　　　　　　图 12-117

● 流程关系。流程关系表示事物进行中的次序或顺序的布置和安排。要表达流程关系的数据可以选择"流程"类图形，如图 12-118、图 12-119 所示幻灯片。

图 12-118　　　　　　图 12-119

● 循环关系。循环关系表示事物周而复始地运动或变化的关系，如图 12-120 所示幻灯片。

图 12-120

专家提醒

在这里只是给出部分 SmartArt 图的示例，有时基础图形可以满足需要，只要输入文字即可，有时基础图形并不一定完全满足需要，这时需要进行编辑调整，并且有些图形可以单独选中去自定义格式。

2. 创建 SmartArt 图

创建 SmartArt 图的操作步骤如下。

❶ 打开目标幻灯片，在"插入"选项卡的"插图"组中单击 SmartArt 按钮（如图 12-121 所示），打开"选择 SmartArt 图形"对话框。

图 12-121

❷ 在左侧选择"层次结构"选项，接着选中"组织结构"图形，如图 12-122 所示。

图 12-122

❸ 单击"确定"按钮，此时插入的 SmartArt 图形默认的效果如 12-123 所示。

❹ 根据目标内容需求选中任意图形按 Delete 键删除多余图形（后面会讲到图形不够时也可以随时添加），得到如图 12-124 所示的图形。

图 12-123　　　　图 12-124

❺ 鼠标在"文本"提示文字上单击即可进入编辑状态（如图 12-125 所示），然后在光标闪烁处输入文本，如图 12-126 所示。

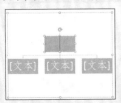

图 12-125　　　　图 12-126

❻ 通过此设置就得到了想要图形的维形样式，接着可以选中文字，在"开始"选项卡的"字体"组中重新设置字体字号（如图 12-127 所示），并且也可以通过套用样式快速美化 SmartArt 图（在后面的小节中会介绍）。

图 12-127

3. 添加形状

根据所选择的 SmartArt 图形的种类，其默认的形状个数也各不相同，但一般都只包含两个或三个形状。当默认的形状数量不够时，可以自行添加更多的形状来进行编辑。

❶ 选中最后一个图形，在"SmartArt 工具—设计"选项卡的"创建图形"组中单击"添加形状"下拉按钮，展开下拉列表，单击"在后面添加形状"命令（如 12-128 所示），即可在所选形状后面添加新的形状，如图 12-129 所示。

图 12-128

图 12-129

❷ 添加形状后，图形上没有文本占位符，因此不能直接在图形上编辑文本，需要打开"文本窗格"

才能输入文本。单击 SmartArt 图左侧边缘上的 ◄ 按钮展开文本窗格，拖动滑块到底部，定位光标后（如图 12-130 所示）即可输入文本（注意根据机构名称的实际分级依次输入）。

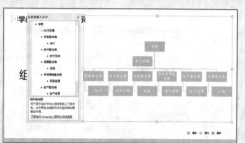

图 12-130

知识扩展

在添加形状时需要注意的是，如果当前使用的 SmartArt 图类型只有一级文本，那么添加时只需要考虑在前面添加还是在下面添加；如果当前使用 SmartArt 图类型包含有二级文本，则在添加时注意一定要准确选中目标图形，然后按实际需要进行添加即可。

如图 12-131 所示选中一级图形，执行"在后面添加形状"命令时添加的图形如图 12-132 所示。

图 12-131　　　　图 12-132

如图 12-133 所示选中二级图形，执行"在后面添加形状"命令时添加的图形如图 12-134 所示。

图 12-133　　　　图 12-134

4. 套用样式模板一键美化 SmartArt 图

创建 SmartArt 图形后，可以通过 SmartArt 样式进行快速美化，SmartArt 样式包括颜色样

式和特效样式。

❶ 选中目标幻灯片中 SmartArt 图形，在"SmartArt 工具—设计"选项卡的"SmartArt 样式"选项组中单击"更改颜色"下拉按钮，在下拉列表中可以选择"彩色范围—个性色 3 至 4"，如图 12-135 所示。

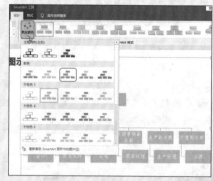

图 12-135

❷ 在"SmartArt 样式"选项组中单击 ▼ 按钮展开下拉列表，选择"强烈效果"效果（如图 12-136 所示）。执行此二次操作后，即可达到如图 12-137 所示的效果。

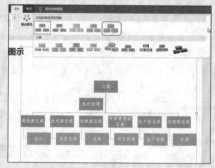

图 12-136

图 12-137

5. 快速提取 SmartArt 图中文本

创建 SmartArt 图形后，如果需要图形中的

Word / Excel / PPT 2019 高效办公从入门到精通（视频教学版）

文本，则可以将其一键转换为文本格式。

① 选中 SmartArt 图形，在"SmartArt 工具—设计"选项卡的"重置"组中单击"转换"下拉按钮，在下拉列表中选择"转换为文本"选项（如图 12-138 所示），即可将 SmartArt 图形转换为文本。

图 12-138

② 转换后的文本自动根据其在 SmartArt 图形中的级别显示，如图 12-139 所示，可重新对文字进行其他编辑与设计。

图 12-139

12.1.11 SmartArt 图的拆分重组

创建好的 SmartArt 图是不可以拆分重组并单个设置格式的，这时我们可以首先将其转换为图形样式，即可对单个图形重新操作。

① 选中 SmartArt 图形，在"SmartArt 工具—设计"选项卡的"重置"组中单击"转换"下拉按钮，在下拉列表中选择"转换为形状"选项（如图 12-140

所示），即可将 SmartArt 图形转换为形状。

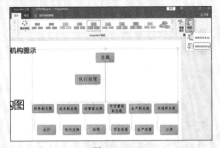

图 12-140

② 选中需要应用相同填充色的多个单独图形，在"格式"选项卡的"形状样式"组中单击"形状填充"下拉按钮，在打开的下拉列表中单击"灰色"（如图 12-141 所示），即可指定填充色。

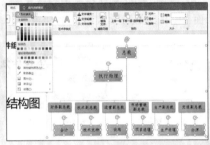

图 12-141

③ 返回幻灯片即可看到指定多个图形应用的填充色，再根据相同的操作步骤，依次设置其他被拆分的单个图形的样式，并添加文本即可，最终效果如图 12-142 所示。

图 12-142

12.2 ▶ 范例应用2：编排"年终总结"演示文稿

表格是幻灯片中的一个必要元素，如果想要给出统计数据，或清晰展示某些条目文本时，则可以使用表格。在幻灯片中插入的默认

表格过于简易单调，而且效果粗劣，因此要想用好表格，表格的格式优化设置是必不可少的。本例的正文幻灯片中包含一张表格，下面利用

197

此幻灯片来讲解如何在幻灯片中使用表格。在幻灯片中有如下一些场合需要使用到表格。

● 给出统计数据。

● 清晰展示某些条目文本。

● 利用表格创意布局。

无论表格最终会呈现怎样的效果，其最初插入的初始表格都是一样的，关键在于插入后进行怎样的排版与格式设置。不同的排版可以让表格呈现出完全不同的效果。

下面以"年终总结"类演示文稿为例，介绍在幻灯片中应用表格的相关操作。表格不仅是 PPT 功能模块的一部分，也是 Office 办公应用之一。使用表格，首先需要插入原始表格。如图 12-143～图 12-146 所示分别为表格修饰幻灯片版面，以及表格表达幻灯片数据的应用效果。

图 12-143　　　　　　图 12-144

图 12-145　　　　　　图 12-146

12.2.1　插入新表格

在幻灯片中设计表格，首先需要插入表格，为减少后期调整的步骤，可以根据当前使用要求在创建时就指定表格的行数与列数（后期行列不够或有多余时也可补充或删除）。同时根据表格实际情况还要进行合并单元格、行高列宽调整等结构操作。由于当前演示文稿的主题色是浅灰色和红色系，所以在插入表格后应用的填充色和当前主题色是一样的。

❶ 在"插入"选项卡的"表格"组中单击"表格"下拉按钮，在下拉列表中通过鼠标的移动选择"3*5"表格格式（如图 12-147 所示），此时幻灯片编辑区显示出表格样式，如图 12-148 所示。

图 12-147　　　　　　图 12-148

❷ 确定行列数后，单击鼠标一次即可插入表格（这里自动应用了当前幻灯片的主题色），默认插入的表格在幻灯片编辑区中间，此时需要根据版面调整表格位置。光标定位表格边框线上（非 8 个尺寸控制点），出现四向箭头时（如图 11-149 所示），按住左键不放，光标变为四向箭头样式时可移动表格（如图 11-150 所示），移到合适位置后释放鼠标。

图 12-149　　　　　　图 12-150

❸ 将光标定位到表格的各个单元格中输入相关信息，效果如图 11-151 所示。

图 12-151

知识扩展

插入表格时，也可以单击"插入表格"命令打开对话框，在"列数"与"行数"文本框中分别输入列数与行数（如图 11-152 所示），单击确定按钮即可创建表格。

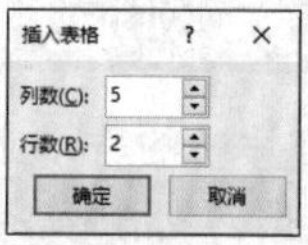

图 12-152

12.2.2 调整表格的框架

上一节讲到根据行列内容的需要插入表格，但是由于数据性质的不同，以及数据之间存在的各种差异使得表格整体美观度欠佳，所以接下来就需要进一步对表格框架进行调整，包括合并与拆分单元格、调整行高和列宽、设置表格数据对齐方式等。

1. 单元格的合并与拆分

在创建表格时有时并不完全是——对应的关系，很多时候牵涉到一对多的关系，这时在默认表格中就需要执行合并单元格或是拆分单元格，重新布局表格的结构。

❶ 选中需要合并的单元格区域，可以是多行、多列，或是多行多列的一个区域，在"表格工具—布局"选项卡的"合并"组中单击"合并单元格"命令按钮（如图 12-153 所示），可以看到该列两行单元格合并成一列。

❷ 按照同样的操作方法可依次合并其他单元格，如图 12-154 所示。

图 12-153

图 12-154

📝 专家提醒

插入表格后，选中时其边框上会出现圆形控点，鼠标指针指向控点时可以对表格的大小进行调节。如果要调节整个表格大小则将鼠标指针指向拐角控点拖动。对表格大小的调节与对图形、图片大小的调节方法是一样的。

知识扩展

如果需要拆分单元格（如图 12-155 所示），选中需要拆分的单元格区域，在"表格工具—布局"选项卡的"合并"组中单

击"拆分单元格"命令按钮，弹出"拆分单元格"对话框（如图 12-156 所示），设置想拆分为的列数。单击"确定"按钮即可完成拆分，如图 12-157 所示。

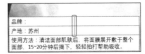

图 12-155　　　图 12-156

图 12-157

2. 表格行高、列宽的调整

创建好表格后，其单元格的行高和列宽是默认值，如果输入内容过多，超出列宽时，则会自动换行。因此创建表格后，内容较少的列可调小列宽，内容较多的列可根据情况调大列宽，同时行高也可以视情况进行调整。

❶ 将鼠标指针定位于列分割线上（如图 12-158 所示），按住鼠标左键拖动可以调整列宽，如图 12-159 所示。

图 12-158　　　　　图 12-159

❷ 将鼠标指针定位于行分割线上（如图 12-160 所示），按住鼠标左键拖动可以调整行高，如图 12-161 所示。

图 12-160　　　　　图 12-161

在手动调整行高、列宽时，难免会有行高、列宽不统一情况，如果表格内容分布均衡，则可以快速设置其等行高等列宽效果。通过"分布行"功能可以实现让选中行的行高平均分布，"分布列"功能可以实现让选中列的列宽平均分布。

例如，选中需要调整的列后（如图 12-162 所示），在"表格工具—布局"选项卡的"单元格大小"组中单击田（分布列）按钮（如图 12-163 所示），即可实现平均分布这几列的列宽，如图 12-164 所示。

图 12-162　　　图 12-163

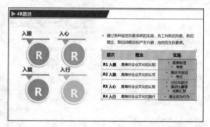

图 12-164

同样地，单击田（分布行）按钮，就可以实现平均分布表格的行高。在执行"分布行""分布列"操作时，如果选中的是整张表，那么其操作将应用于整体表的行列。如果只想部分区域应用分布效果，则可以在执行操作前准确选中区域。

3. 表格数据对齐方式设置

在表格中输入内容时，会发现数据默认显示在左上角位置，即默认对齐方式为"左对齐—顶端对齐"，可根据实际情况重设数据的对齐方式。

选中要设置的单元格区域，在"表格工具—布局"选项卡的"对齐方式"选项组中同时单击"居中"和"垂直居中"两个按钮，即可实现一次性数据横向与纵向的居中显示，如图 12-165 所示。

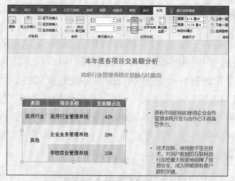

图 12-165

可能有的读者会认为，不管表格中数据默认怎么对齐，最保险的设置方法就是全部设置居中显示就行了。其实不然，例如当前表格的"实施"这一列的数据，如果设置为居中显示，那么结果如图 12-166 所示。很明显效果不佳，给人凌乱的感觉。因此如果数据长短不一，建立采用左对齐的方式，让数据短线条对齐，既整齐又有很好的归属感。

图 12-166

12.2.3　表格底纹效果

在美化表格时，设置底纹色也是必备操作。一般会用底纹色突出显示列标识，或突出强调数据。最常用的是纯色底纹，除此之外也可以按实际情况合理设置图片、纹理、渐变配合纯色填充等效果。

1. 纯色底纹

为表格设置纯色底纹庄重、整洁、不浮夸，是商务幻灯片中最常用的方式。设置方法如下。

准确选中要设置的单元格区域，在"表格工具—设计"选项卡的"表格样式"组中单击"底纹"下拉按钮，在"主题颜色"列表中选择需要的颜色（如图12-167所示），即可应用（如图12-168所示）。如果想设置图片、纹理、渐变等效果，则使用鼠标单击相应选项操作即可。

图 12-167　　　　　　图 12-168

2. 渐变底纹

如果将表格内的主要文字部分设置为渐变填充，则具有突出主要标题的作用。下面介绍渐变填充的设置技巧。

❶ 先选中整表设置纯色填充，再选中"工作计划"文字所在单元格区域，单击鼠标右键，在弹出的快捷菜单中选择"设置形状格式"命令（如图12-169所示），打开"设置形状格式"右侧窗口

图 12-169

❷ 在"类型"下选择"射线"，保持两个渐变光圈，一个在0%位置处，设置"颜色"为"浅灰色"；另一个在100%位置处，设置"颜色"为"深灰色"，如图12-170所示。

❸ 返回幻灯片后，可以看到选中单元格的渐变填充效果，达到了突出显示重点标题文本的效果，如图12-171所示。

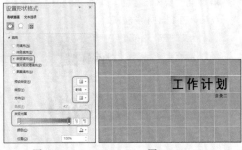

图 12-170　　　　　　图 12-171

3. 图片底纹

下面需要为部分单元格区域使用图片填充。

❶ 先选中整表设置纯色填充，再选中目标单元格区域（注意本例中是一个合并后的单元格），单击"底纹"下拉按钮，在下拉列表中选择"图片"命令（如图12-172所示），打开"插入图片"对话框

图 12-172

❷ 找到图片存放路径并选中，如图12-173所示。

图 12-173

❸ 单击"插入"按钮,即可将图片作为底纹填充,效果如图 12-174 所示。

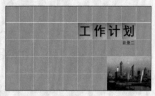

图 12-174

4.设置半透明填充效果

在设置底纹色时,默认是本色填充,如果想对其透明度进行调整,则又可以获取别具一格的设置效果,比如为部分单元格设置半透明填充交替使用的效果。

❶ 选中表格的目标单元格区域,在"底纹"命令按钮的下拉列表的主题颜色区域可以选择颜色,选择后单击"其他填充颜色"命令(如图 12-175 所示),打开"颜色"对话框

❷ 在底部可对"透明度"进行调节,如图 12-176 所示。

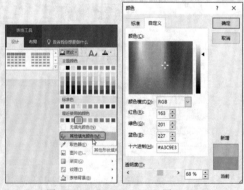

图 12-175　　　　　　图 12-176

❸ 单击"确定"按钮返回幻灯片,即可看到透明度颜色填充后,将背景填充的图片显示了出来,效果如图 12-177 所示。

图 12-177

12.2.4　表格线条重设

设置表格线条也可以达到美化的作用,包括显示和隐藏指定边框线条,也可以自定义设置框线的颜色、宽度、线型等格式。

1.隐藏/显示任意框线

在美化与设计表格的过程中,总是不断地要在边框或填充颜色的搭配上下功夫。当表格具有默认线条时,我们可以先取消其默认的线条,需要应用时再为其添加自定义线条即可。其操作方法如下。

选中表格、单元格或行列后(如图 12-178 所示,初始表格),在"表格工具—设计"选项卡的"表格样式"组中单击"田(边框)"下拉按钮。在展开的设置菜单中选择"无框线"命令(如图 12-179 所示),即可取消表格的所有框线,如图 12-180 所示。

图 12-178　　图 12-179　　图 12-180

并非所有的区域都使用默认线条样式或相同的线条样式,因此在这种情况下也要不断地取消特定区域的框线,再按实际情况为特定区域应用需要的框线。

如图 12-181 所示的表格是在"边框"下拉菜单中执行了"所有框线"操作,如图 12-182 所示的表格选中第一行执行了"上框线"和"下框线"的操作(其中框线的线条样式、粗细值、颜色等格式可以事先自定义设置好,后面例子中会讲到)。

图 12-181　　　　　图 12-182

如图 12-183 所示表格，首先选中全表，选择"无框线"命令取消所有框线（如图 12-184 所示），再选中第一行单元格区域（如图 12-185 所示），执行"下框线"操作（如图 12-186 所示），才能达到如图 12-187 所示的效果。

图 12-183　　　　　图 12-184

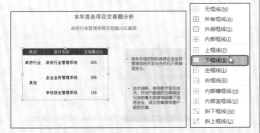

图 12-185　　　　　图 12-186

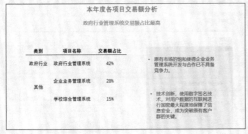

图 12-187

2. 自定义设置表格框线

在应用框线前可以首先设置框线的格式，如使用什么线型、什么颜色、什么粗细程度的线条。自定义设置线条格式后，再应用到表格任意需要的位置上即可。

选中表格，在"表格工具—设计"选项卡的"绘图边框"组中，可以设置边框线条的线型（如图 12-188 所示）、粗细值（如图 12-189 所示）以及颜色（如图 12-190 所示）。

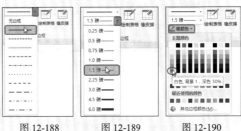

图 12-188　　　图 12-189　　　图 12-190

设置框线的格式后，如图 12-191 所示初始表格，先取消所有框线，保持整表选中状态，应用"内部横框线"，则可以将表格的框线设置为如图 12-192 所示的效果。

图 12-191　　　　　图 12-192

当需要其他边框样式时，我们可以再次设置线条，并按实际需要进行应用，如图 12-193 所示为应用了虚线内部横框线、如图 12-194 所示为应用了虚线内部横框线和左右虚线框线。

图 12-193　　　　　图 12-194

下面介绍设置自定义表格框线的设置步骤。

❶ 选中全表，通过"无边框"取消所有框线。

❷ 在"绘制边框"选项组中设置线条样式、粗细值与笔颜色，如图 12-195 所示。

❸ 选中第一行单元格区域，如图 12-196 所示。

图 12-195　　　　　图 12-196

❹ 在"边框"按钮下拉列表中单击"下框线"

（如图 12-197 所示），应用效果如图 12-198 所示。

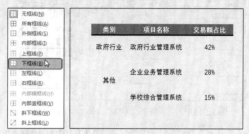

图 12-197　　　　图 12-198

⑤ 接着选中最后一行，应用相同格式的"下框线"，最终表格设计效果如图 12-199 所示。

图 12-199

12.2.5　复制使用 Excel 图表

在 PPT 中创建的表格缺乏计算能力，而 Excel 具有强悍的专业计算功能，这时我们可以将 Excel 中的表格复制到 PPT 中来使用。我们可以在 Excel 软件中创建更专业的表格后，再直接将 Excel 表格数据嵌入到幻灯片中来使用，从而实现数据共享。

如果幻灯片中想使用的图表在 Excel 中已经创建好，则可以进入 Excel 程序中复制图表，然后直接粘贴到幻灯片中来使用。

❶ 在 Excel 工作表中选中图表，按 Ctrl+C 组合键复制图表，如图 12-200 所示。

12.3　妙招技法

在编排幻灯片应用图形图片后，可以使用抠图功能删除图片背景，或者重新将绘制好的图形更改为其他外观样式。如果后期想要将设计好的图片转换为 SmartArt 图形，那么也可以一键将其转换。

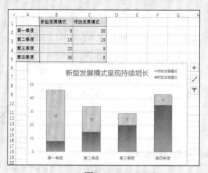

图 12-200

❷ 切换到演示文稿中，按 Ctrl+V 组合键，然后单击"粘贴选项"按钮的下拉按钮，在打开的下拉列表中单击"保留源格式与链接数据"按钮，如图 12-201 所示。

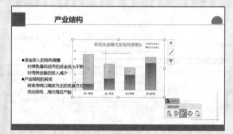

图 12-201

❸ 移动图表的位置即可达到如图 12-202 所示效果。

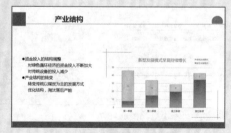

图 12-202

12.3.1　更改形状样式并保留格式

在编辑图形时，当完成对图形格式的设置后，如果再想更换为其他图形样式，则可以在原图形上进行更改，以实现更改形状的同时却能保留原格式，避免再次设置的麻烦。

❶选中需要更改的图形，在功能区"格式"选项卡下的"插入形状"组中单击"编辑形状"下拉按钮，在"更改形状"的子菜单中可以重新选择需要使用的形状，如图12-203所示。

图12-203

❷如图12-204所示为更改图形后的效果。

图12-204

12.3.2　在幻灯片中抠图

将图片插入到幻灯片后，通常图片会包含硬边框，因此与背景无法很好地融合。使用PowerPoint提供的删除背景功能，可以删除图片背景，抠出图片中想要保留的部分，这时图片就和PNG格式的图片一样好用了。

❶选中要删除背景的图片，在功能区"格式"选项卡的"调整"组中单击"删除背景"按钮，如图12-205所示。

图12-205

❷执行上述操作后，插入图片会显示区分区域，

变色区域表示删除区域，不变色区域表示保留区域，如图12-206所示。

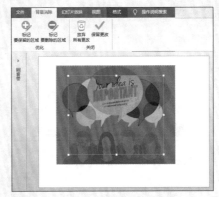

图12-206

❸用鼠标拖动图形中的矩形选择框，首先指定所要保留的大致范围，如图12-207所示。

图12-207

❹程序默认的保留区域可能会与我们实际想保留的区域有些偏差，可以在"消除背景"选项卡的"优化"组中单击"标记要保留的区域"按钮，在想保留的已变色区域上不断单击或拖动（如图12-208所示），直到变为本色，如图12-209所示。

图12-208　　　　　　　　图12-209

❺调节完毕后单击"保留更改"按钮即可实现抠图效果，如图12-210所示。删除背景后的图片可以更方便地用于幻灯片中，如图12-211所示。

图 12-210

图 12-211

专家提醒

如果有想删除的区域默认未变色，则单击"标记要删除的区域"按钮，在想删除的而未变色区域上不断单击或拖动，直到变色。

在进行抠图时，如果背景单一，主体突出，那么只需要简单几步即可实现抠图。如果背景相对复杂，主体与背景色彩相近，那么则需要使用"标记要保留的区域"与"标记要删除的区域"两项命令进行多次细致调节。

12.3.3 图片转换为 SmartArt 图形

幻灯片中的图片可以转换为 SmartArt 图片的版式，这些版式对多图片的处理非常有用，效果也很好，可以让原来杂乱无序的图片瞬间规则起来。

❶ 选中图片，在"格式"选项卡的"图片样式"

选项组中单击"图片版式"下拉按钮，在展开的列表中可以看到可应用的图片版式，如图 12-212 所示。

图 12-212

❷ 选择合适的版式并单击一次即可实现转换，如图 12-213 所示。

图 12-213

❸ 在文本占位符中输入文本，并可以进行填充颜色等优化设置，效果如图 12-214 所示。

图 12-214

专家提醒

利用将图片转换为 SmartArt 图形可以实现快速创建图片式目录的效果。首先将图片一次性插入，接着通过转换命令一键操作即可。

第
幻灯片的版式与布局
13
章

　　设计幻灯片必不可少的一步就是设计它的版式与布局。幻灯片的版式布局包括封面页、目录页、转场页以及内容页。不同的页面有多种不同的设计排版原则和技巧，比如排版需要遵循亲密、对齐、对比、重复的原则。

　　除了自定义设置页面布局，还可以在"幻灯片母版"视图中统一定制页面中的相同字体格式、图形格式以及版式和占位符格式等。

- 封面页、目录页、过渡页的设计技巧
- 排版和页面布局原则
- 母版视图的元素和作用
- 自定义幻灯片版式
- 定制统一的母版字体

13.1　范例应用：编排"年终总结"演示文稿中的特殊页面

在公司年度幻灯片演示中，年终总结也是比较常见的商务活动演示文稿，它是对前期工作的总结以及对今后工作的规划。本节以创建"年终总结"演示文稿为例，介绍如何使用图形、图片等设计演示文稿的封面、目录和过渡页。最终各类页面设计效果如图13-1～图13-3所示。

图 13-4　　　　　　图 13-5

图 13-1

图 13-6

图 13-2

图 13-3

13.1.1　设计封面页

封面是最开始映入观众眼帘的幻灯片初始页面，我们可以使用图形、图片、小图标以及文字、文本框等设计一个完整的封面页。封面页的设计思路有很多，包括全图型、半图型、抽象型等。

1. 添加图片

下面需要在幻灯片封面页的最左侧添加符合幻灯片主题的图片作为设计元素，可以使用前面章节介绍的"插入图片"技巧来设置。

❶ 打开空白幻灯片，在"插入"选项卡的"图像"组中单击"图片"下拉按钮，在打开的列表中单击"此设备"（如图13-4所示），打开"插入图片"对话框。

❷ 单击选中合适的图片即可，如图13-5所示。

❸ 单击"插入"按钮即可插入图片。使用鼠标调整图片的大小和位置，最终效果如图13-6所示。

专家提醒

插入图片之后，如果图片的效果不满意，那么还可以在"图片工具"中进一步设计图片的颜色、艺术效果以及图片样式等。

2. 添加图形

图形也是幻灯片页面设计中非常重要的一个元素，用户可以在设计大方向上通过添加图形进一步修饰美化、突出重要标题等。本例需要使用图形来修饰封面的标题文字，聚焦观众的注意力。

本例封面页的一个重要的知识点是如何实现对图形顶点的调整。通过对图形顶点的调整，可以快速变更图形外观，从而将不同外观的图形用于各个转场页中，既保持风格统一，又灵动变化。绘制图形后可以对顶点进行变换，以获取不同样式的造型。

❶ 打开已经插入图片的幻灯片，在"插入"选项卡的"插图"组中单击"形状"下拉按钮，在打开的列表中单击"图文框"（如图13-7所示），即可绘制指定图形。

❷ 按住鼠标左键不放绘制一个大小合适的图文框后，单击鼠标右键，在弹出的快捷菜单中选择"编辑顶点"命令，如图13-8所示，即可激活图形四周的顶点。

❸根据需要通过拖动顶点调整图文框的尺寸，如图 13-9 所示。

图 13-7

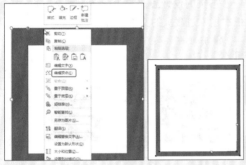

图 13-8　　　　　　　图 13-9

❹继续绘制一个矩形，并将其放在左侧位置，分别选中这两个绘制好的图形后，在"绘图工具－格式"选项卡的"插入形状"组中单击"合并形状"下拉按钮，在打开的下拉列表中单击"剪除"命令（如图 13-10 所示），即可得到新的图形，如图 13-11 所示。

❺继续在合并后的新图形右上角和左下角绘制合适的图形即可，最终效果如图 13-12 所示。

图 13-10

图 13-11　　　　　　　图 13-12

3. 添加文本

在封面页中设计好图形和图片样式并摆放好页面位置后，下一步需要在图形内添加文本框并输入相关标题文字并设置字形、字号等。

❶在"插入"选项卡的"文本"组中单击"文本框"下拉按钮，在打开的下拉列表中选择"绘制横排文本框"命令（如图 13-13 所示），即可进入文本框绘制状态。

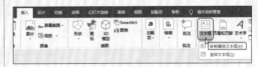

图 13-13

❷在合适位置按住鼠标左键不放绘制一个大小合适的文本框，再复制两个相同大小的文本框（如图 13-14 所示），在文本框内输入幻灯片标题和副标题即可，最终效果如图 13-15 所示。

图 13-14　　　　　　　图 13-15

13.1.2　设计目录页

目录页是 PPT 中必不可少的一部分，作为 PPT 的逻辑框架，观众可以通过它快速了解整个 PPT 的结构。本例介绍一款上下布局型的目录页设计过程，使用到的设计元素有图形、文本框、图标和文字。

❶打开插入形状下拉列表，首先绘制一个"箭头 V 型"（如图 13-16 所示），再通过编辑顶点调整到合适的尺寸，同时复制一个相同的图形并旋转角度放在页面左侧（如图 13-17 所示），然后设置填充色和轮廓效果。绘制四个矩形，效果如图 13-18 所示。

图 13-16　　图 13-17　　　　　图 13-18

❷依次在相应位置插入文本框并输入目录文本，

继续在"插入"选项卡的"插图"组中单击"图标"按钮（如图13-19所示），打开"插入图标"对话框。

图 13-19

❸ 单击选中多个图标即可，如图13-20所示。

图 13-20

❹ 单击"插入"按钮即可插入多个图标，将其移动到相应图形内。按 Ctrl 键依次选中多个图标，在"格式"选项卡的"图形样式"组中单击"图形填充"下拉按钮，在打开的下拉列表中选择颜色即可，如图13-21所示。

图 13-21

❺ 继续单击"图形轮廓"下拉按钮，在打开的下拉列表中选择白色，效果如图13-22所示。最终目录页设计效果如图13-23所示。

图 13-22

图 13-23

13.1.3 设计过渡页

本例的设计思路是为图形添加文本框，并依次输入过渡页的文本内容。

❶ 在过渡页幻灯片中依次插入矩形和修饰小图形，如图13-24、图13-25所示。

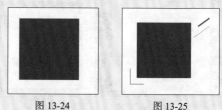

图 13-24　　　　　　图 13-25

❷ 在矩形内插入文本框并输入"工作概述"，如图 13-26 所示。

❸ 依次设计其他转场页，并输入对应的文本内容即可，效果如图13-27所示。

图 13-26　　　　　　图 13-27

✏ 专家提醒

由于过渡页的页面设计基本相同，如果过渡页较多，则可以通过后面13.4.4节中介绍的知识点，在母版中创建自定义版式，并将该版式定义为"过渡页"，为过渡页设计页面效果添加图形、图片元素，并添加"文本"占位符，就可以直接插入该版式，并通过单击占位符修改过渡页的文本。

13.2 排版原则

好的排版就是将文字、图形、图片等版面构成元素合理、有秩序地安放在限定的空间内。幻灯片中文本排版也是一项重要的工作，通过为文本布局或效果设置，可以让幻灯片的整体版面拥有专业的布局效果，同时还可以让一些重要文本以特殊的格式突出显示，提升演示文稿的视觉效果。除了文字、图形、图片等元素的单独设计要求，在对这些多元素进行组合设计时，就需要遵循一定的PPT排版原则，即亲密、对齐、对比和重复这四个主要原则。

13.2.1 亲密原则

所谓亲密原则即将相同的元素设计在一起，形成一个整体，这样可以避免混淆信息，并实现将页面里的信息分门别类。比如同样的两张图片，内容一样，只是摆放的位置、间距、大小有了变化，就能得出两种截然不同的设计效果和感觉，这就是亲密性原则发挥了它的设计作用。

设计幻灯片时使用亲密原则，可以让各种事物之间的联系更加一目了然，提高阅读效果。将相关的项组织在一起，通过移动这些项，使它们的物理位置相互靠近，这样一来，相关的项将被看作凝聚为一体的一个组，而不再是一堆彼此无关的片段，这就是亲密性原则。幻灯片封面中需要注意到的亲密性原则，就是保持良好的字间距与行间距。

如图13-28、图13-29所示为封面设计运用的亲密原则效果；图13-30所示为将各项内容相互靠近凝聚为一体；图13-31所示为页面设计中的左右两段文字相互靠近，让整体联系上更加紧密。

图 13-28

图 13-29

图 13-30

图 13-31

13.2.2 对齐原则

PPT设计中的元素，如线条、图形、图片、字体等，这些在PPT里面都需要根据设计原则将它们对齐。PPT中的任何元素都不能在页面上随意地安放，每个元素应与页面另一元素有视觉上的联系，最基本的要求即是整齐。常见的对齐方式有居中对齐、左对齐、右对齐。

当我们把元素放入PPT页面后，选中要对齐的对象，在"绘图工具格式"里找到"对齐"。如图13-32、图12-33所示的图形文字设置了"左对齐"；图13-34所示图片设置了"左对齐"，文字显示为"右对齐"效果；图13-34、图13-35所示为多张图形、图片设置了横向分布和纵向分布的对齐效果，这些都是幻灯片元素设计中的对齐原则。

图 13-32　　　　　　　图 13-33

图 13-34　　　　　　　图 13-35

13.2.3 对比原则

所谓对比原则即页面设计中各个对象颜色的对比、文字大小对比、图片样式对比，以及形状对比等。设计时要避免页面上的元素太过于相似,通过制造对比来产生视觉重点和弱点,并引导阅读。如图 13-36、图 13-37 所示封面幻灯片中为了突出显示标题,可以在标题下方添加图形并设置颜色和透明度,以便突出对比标题文字。

图 13-36   图 13-37

如图 13-38、图 13-39 所示幻灯片页面设计也采用了对比原则,可以快速突出重点内容。

图 13-38   图 13-39

13.3   页面布局原则

设计幻灯片时页面布局也是有一定规则的,下面从保持页面平衡、创造空间感和适当留白这三个原则来介绍。

13.3.1   保持页面平衡

幻灯片布局原则之一是需要保持均衡原则,即不能使幻灯片的某一部分或者元素过于突出。假设过于突出标题或者图像,则会破坏整个幻灯片的设计均衡感。如图 13-44 所示,封面幻灯片中将标题字号加大,导致文本和背景图片交叉重叠过多,而又没有调整图片,反而让标题设计效果显得混乱。通过重新设计,可以观察到页面保持平衡后,效果更佳,如图 13-45 所示。

如图 13-46 所示,将左下角的图形元素尺寸调整得过大,导致右侧部分的重点数据文本

13.2.4   重复原则

重复原则,即幻灯片中相同的类型反复出现,比如文字、形状、图片等元素反复出现(文字可以是不一样的内容,图片也可以不一样)。如图 13-40 ~ 图 13-43 所示图形,可以很明显地看出有三个是一样的,所以它们重复了。重复原则也可以轻松地将幻灯片中相近的内容联系在一起,让页面整体设计更加和谐有韵律。

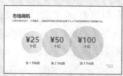

图 13-40   图 13-41

图 13-42   图 13-43

无法清晰显示,通过调整得到如图 13-47 所示的效果,整体页面显得更加和谐平衡,图形和文字都发挥了应有的设计作用和效果。

图 13-44   图 13-45

图 13-46   图 13-47

13.3.2　创造空间感

为幻灯片创造空间感，我们必须要遵循以下两个要点。

（1）整体布局的统一协调。完整的幻灯片是一个整体，所以在所有幻灯片中表现信息的手法要保持一致，达到布局协调的效果。布局协调不仅要求过渡页面、内容页面具有类似的合成元素，并且演示文稿文字的色彩、样式、效果也应该保持统一，才会让演示文稿具有整体感，也符合人们的视觉习惯。所以，应保持整体主题风格的统一。

（2）统一的设计元素。对于一个空白的演示文稿一般都需要使用统一的页面元素进行布局，例如在顶部或底部添加图形、图片进行装饰，它是幻灯片组成的一部分，一般起到点缀美化的作用。统一的页面元素并不是说所有幻灯片的页面元素完全一致，而是他们应用相同风格的元素，比如色调统一、形状统一，而排列方式有所变异反而会增强整体幻灯片的灵动性。

如图 13-48 所示的组图，可以看到幻灯片不仅具有统一的布局，也具有统一的设计元素。

图 13-48

在空间布局上，首先要为幻灯片建立模板。模板是 PPT 骨架，它包括了幻灯片整体设计风格，即使用哪些版式、使用什么色调，使用什么图片、图形作为统一的设计元素等。此外模板中还包含版式，比如一组演示文稿中经常使用某一种版式，而默认版式中又不包含该版式，这时可以自己新建一个版式，创建版式后则可以像默认版式一样保存下来重新使用。

如图 13-49 所示的组图是一套模板，有了这样的模板，幻灯片的整体设计风格就确定了，剩余的工作就是按实际内容对幻灯片逐张编辑。

图 13-49

13.3.3　适当留白

留白也叫空白或消极空间，是版式设计中空白或空置的地方，不仅可以使页面扩张，减轻压迫感，还可以改变整体印象、利于页面构成变化。

简单的幻灯片有助于引导观众看到你期望的东西，越简洁的幻灯片，越容易使观众集中注意力，而不会因为过多元素忽略你期望他看到的结果。当然简洁并不意味言之无物。如图 13-50、图 13-51 所示为局部留白设计的幻灯片。

图 13-50　　　　　　图 13-51

演示型 PPT 一般是图多字少、版面美观、视觉冲击力强；阅读型 PPT 一般是图少字多，比较容易造成页面拥挤的情况，这时页面注意要适当留白，让眼睛得到休息，让我们的大脑有思考的空间。当要表达的观点一个页面无法展示时，可以分多张幻灯片来展示。

比如排版过满时，我们可以适当留出左右上下空白，如图 13-52、图 13-53 所示。

图 13-52　　　　　　图 13-53

13.4 用好PPT母版

说到幻灯片模板的创建自然离不开母版。用户可以统一在母版中设计不同幻灯片需要的版式，本节会具体介绍什么是幻灯片母版、使用母版有什么作用、母版包含哪些元素，以及如何使用这些元素设计满意的转场页和其他内容幻灯片自定义版式。

幻灯片母版是定义演示文稿中所有幻灯片页面格式的幻灯片视图，包括使用的字体、占位符大小或位置、背景设计和配色方案。使用幻灯片母版的目的是为了对整个演示文稿进行全局设计或更改，并使该更改应用到演示文稿中的所有幻灯片。因此在母版中的设置即为演示文稿中的共有信息，因此让演示文稿中各张幻灯片具有相同的外观特点，比如设置所有幻灯片统一字体、定制统一项目符号、添加图形修饰、添加页脚以及LOGO标志，都可以借用母版统一设置。在下面的小节中会更加详细地介绍在母版中的操作，深入了解母版中的编辑为整篇演示文稿带来的影响。

在"视图"选项卡的"母版视图"组中单击"幻灯片母版"按钮（如图13-54所示），即可进入母版视图，可以看到幻灯片版式、占位符等，如图13-55所示。

图 13-54

图 13-55

13.4.1 了解母版用途

全篇演示文稿可能只需要一张标题幻灯片、一张目录幻灯片及有限的几张转场页，可以直接在普通视图中设计这些幻灯片。而整篇演示文稿需要多张内容幻灯片（13.4.4节会介绍具体设计技巧），这里的内容幻灯片通常要保持一致的设计风格（工作型幻灯片尤其有此要求），如统一标题装饰、统一标题字体、统一页面布局等，要达到这些要求可以通过在母版中编辑版式来实现。编辑后的版式可以在创建新幻灯片时应用。

在建立正文幻灯片的版式前，我们先需要了解一下幻灯片母版的知识。幻灯片母版是用于定义演示文稿中所有幻灯片页面格式的幻灯片，能包含演示文稿中的共有信息。因此我们可以借助母版来统一幻灯片的整体版式、整体页面风格，让演示文稿具有相同的外观布局。通过母版操作可以一次性实现对一篇演示文本中多幻灯片相同元素的设计，避免重复操作。

当选择任意一种版式添加相关元素、调节占位符位置、设置占位符中字体格式时，可以首先回到普通视图中，在"新建幻灯片"功能下或"幻灯片"版式下都可以看到该元素已经添加到相应的版式上了。当新建幻灯片时，只要选择这个版式就可以自动应用这些元素，下面举个例子解说。

❶ 进入母版视图后，在左侧选中"标题和内容版式"，默认版式如图13-56所示。

图 13-56

❷ 再将此版式修改为如图13-57所示的样式（添加图形，调节占位符位置与文字格式，删除内容占位符）。

图 13-57

❸ 单击"关闭母版视图"按钮，然后在"开始"选项卡的"幻灯片"组中单击"新建幻灯片"下拉按钮，在下拉列表中就可以看到刚才修改的版式，如图 13-58 所示。单击这个版式就能以这个版式创建新幻灯片，如图 13-59 所示。

❹ 在占位符中单击即可重新输入标题，如图 13-60 所示。

图 13-58   图 13-59

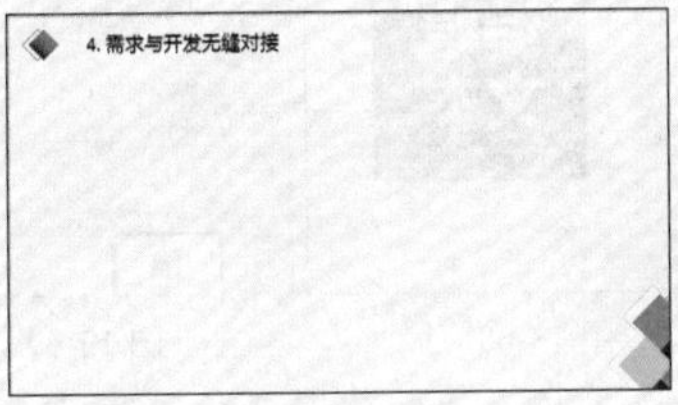

图 13-60

13.4.2   认识母版元素

幻灯片中的母版元素主要包括左侧视图窗口中的各种版式，以及版式中的各类占位符。

版式：左侧列表中即为多种版式，一般包括"标题幻灯片""标题和内容""图片和标题""空白""比较"等 11 种版式，这些版式都是可以进行修改与编辑的。

占位符：新建一张空白的演示文稿之后，会自动出现占位符。幻灯片中的占位符主要有文本占位符、图片占位符、图表占位符等。它

是一种带有虚线或阴影线边缘的框，绝大部分幻灯片版式中都有这种框，在这些框内可以放置标题及正文，或者是图表、表格和图片等对象，并规定这些内容默认放置的位置和区域面积。占位符就如同一个文本框，还可以自定义它的边框样式、填充效果等，定义后，应用此版式创建新幻灯片时就会呈现出所设置的效果。如图 13-61 所示，可以看到几种不同的占位符，同时有些占位符被设置了填充色。

图 13-61

13.4.3   在母版中设计转场页

在 13.1.3 节中已经介绍了过渡页的设计步骤，下面通过一个例子介绍如何在母版视图中统一设计转场页。转场页也称过渡页，即针对目录中列出的演示文稿区块，从一个区块过渡到另一区块时所使用的幻灯片。有了转场页可以让演示内容顺利过渡，不显突兀。

❶ 进入母版视图后，在左侧选中一个版式，然后在"插入"选项卡的"插图"组中单击"形状"下拉按钮，在下拉列表中选择"矩形"，如图 13-62 所示。

图 13-62

❷ 按住鼠标左键拖动绘制"矩形"图形，在绘制时可参照参考线保持图形与图片同宽（若未同宽也可以再次重新调整）。

❸ 切换到"转场页"幻灯片中，选中其中的

"矩形"图形,在"格式"选项卡的"形状样式"组中单击"形状填充"下拉按钮,在打开的列表中选择"红色"底纹填充,效果如图13-63所示。

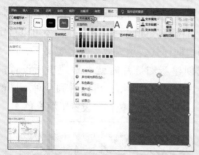

图13-63

❹ 继续选中其中的"矩形"图形,在"格式"选项卡的"形状样式"组中单击"形状轮廓"下拉按钮,在打开的列表中选择"无轮廓",效果如图13-64所示。继续在矩形四周绘制其他图形,再设置形状样式,效果如图13-65所示。

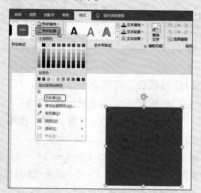

图13-64

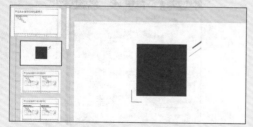

图13-65

❺ 继续在"幻灯片母版"选项卡的"母版版式"组中单击"插入占位符"下拉按钮,在打开的下拉列表中单击"文本"(如图13-66所示),在矩形内部直接绘制一个大小合适的占位符即可,效果如图13-67所示。

图13-66　　　　　　　图13-67

❻ 选中占位符内的文本,在"开始"选项卡的"字体"组中设置字体格式,如图13-68所示。

❼ 设置完毕后,在"幻灯片母版"选项卡的"母版版式"组中单击"重命名"按钮(如图13-69所示),打开"重命名版式"对话框,输入名称即可,如图13-70所示。

❽ 退出幻灯片母版视图后,在"开始"选项卡的"幻灯片"组中单击"新建幻灯片"下拉按钮,在打开的下拉列表中可以看到"转场页"版式(如图13-71所示),直接单击即可创建版式。

图13-68　　　　　　　图13-69

图13-70　　　　　　　图13-71

❾ 单击文本占位符(如图13-72所示),进入文字编辑状态,修改为转场页文本即可,效果如图13-73所示。

Word / Excel / PPT 2019 高效办公从入门到精通(视频教学版)

图 13-72

图 13-73

13.4.4 在母版中设置内容幻灯片版式

下面通过一个例子介绍如何在母版中设计自定义内容幻灯片版式，本例中需要使用内容占位符设计幻灯片版式，让各种图片、图标、Smartart 图的插入更加方便快捷。

❶ 进入幻灯片母版视图后，在左侧选择一个内容版式，如图 13-74 所示。

图 13-74

❷ 继续在"幻灯片母版"选项卡的"母版版式"组中单击"插入占位符"下拉按钮，在打开的下拉列表中单击"内容"（如图 13-75 所示），在右侧页面绘制大小合适的内容占位符即可，效果如图 13-76 所示。

图 13-75

图 13-76

❸ 选中标题文本占位符，在"开始"选项卡的"字体"组中设置字体格式，如图 13-77 所示。依次在相应位置插入"文本"占位符并调整字体格式，效果如图 13-78 所示。

图 13-77

图 13-78

❹ 然后再插入线条和椭圆形图形，并调整大小和样式，最终效果如图 13-79 所示。

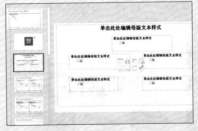

图 13-79

❺ 退出幻灯片母版视图后，在"开始"选项卡

的"幻灯片"组中单击"新建幻灯片"下拉按钮，在打开的下拉列表中可以看到"内容幻灯片"版式（如图13-80所示），直接单击即可创建版式。

图 13-80

❻ 单击其中的 SmartArt 占位符（如图13-81所示），打开"选择 SmartArt 图形"对话框，并选择一种样式，如图13-82所示。

图 13-81

13.5 活用下载的模板

程序列举的模板有限，而且很多效果稍显老旧并不符合现代商务办公的需求，用户可以通过搜索的方式获取 office online 上的模板，搜索到想使用的模板后，下载即可使用。如图13-86所示为 PPT 2019 程序内置提供的各种模板。

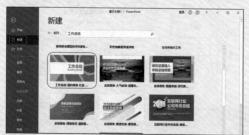

图 13-86

图 13-82

❼ 单击插入 SmartArt 图形后，在相应位置输入文本即可（如图13-83所示），调整位置和大小，得到如图13-84所示效果。

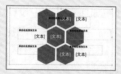

图 13-83

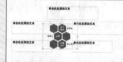

图 13-84

❽ 最后依次单击其他文本占位符并输入文本即可，最终效果如图13-85所示。

图 13-85

13.5.1 查看是否应用了母版

在各种渠道下载了合适的幻灯片母版之后，可以在母版视图中查看幻灯片是否在母版中统一定制了图形、图片、文字等格式。

❶ 打开下载的幻灯片母版后，在"视图"选项卡的"演示文稿视图"组中单击"幻灯片母版"按钮（如图13-87所示），进入幻灯片母版视图。

❷ 在左侧显示了所有版式，单击任意一个缩略图，可以在右侧看到自定义的版式效果（如图13-88所示），由此可见，该模板是用来在母版视图中创建自定义版式的。

❸ 退出幻灯片母版视图后，在"开始"选项卡的"幻灯片"组中单击"新建幻灯片"下拉按钮，在

打开的下拉列表中可以看到各种版式（如图 13-89 所示），单击其中的版式后，即可创建；也可以看到在母版中自定义的版式效果，如图 13-90 所示。

图 13-87

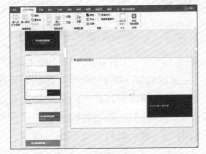

图 13-88

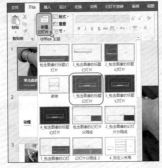

图 13-89

图 13-90

13.5.2　在母版中统一设置文字格式

用户在设计幻灯片时，如果对文本的使用没有掌握正确的方法，比如没有使用"版式"功能按钮下拉列表中的规则版式，而是将所有占位符都删除了，或是先使用空白版式，然后哪里需要使用文本就在哪里绘制文本框。这种方法针对图解型的文字相对比较少的幻灯片来说也是可取的，但是如果创建的演示文稿是张数较多，或是文字较多的阅读型幻灯片，这时若还是使用文本框的方式插入文本，试想一下，即使是将所有幻灯片同级文本统一更改一下字号，都是一项非常繁重的重复劳作。

正确的做法应该是先应用版式，然后在给定的占位符中输入文本，凡是占位符中输入的文本都可以在母版中统一定制，然后所有幻灯片都会自动应用这些设置好的文字效果。

1. 统一的文字格式

无论是新建空白的演示文稿，还是套用模板或主题创建新演示文稿，我们看到标题文字与正文文字的格式都有默认的字体、字号。如果想更改整篇演示文稿中的文字格式（如标题想统一使用另外的字体或字号），则可以进入幻灯片母版中进行操作。

❶ 在"视图"选项卡的"母版视图"组中单击"幻灯片母版"按钮，进入母版视图中，在左侧选中一个版式。

❷ 选中"单击此处添加幻灯片标题"文字，在"开始"选项卡的"字体"组中设置文字格式（字体、字形、颜色等），如图 13-91 所示。

图 13-91

③ 选中其他占位符内的文字，继续在"开始"选项卡的"字体"组中设置文字格式（字体、字形、颜色等），如图 13-92 所示。

图 13-92

④ 在"关闭"选项组中单击"关闭母版视图"按钮回到幻灯片中，创建指定版式幻灯片，并输入文字，可以看到所有幻灯片标题文本与一级文本的格式都已按照在母版中所设置的效果显示，如图 13-93 所示。

图 13-93

2. 统一的项目符号

从幻灯片的默认版式中可以看到，内容占位符中都有项目符号，用于显示不同级别的条目文本。如果对默认的项目符号样式不满意，可以进入母版中统一进行定制。

❶ 在"视图"选项卡的"母版视图"组中单击"幻灯片母版"按钮，进入母版视图中，在左侧选中"标题和文本"版式。

❷ 光标定位于"编辑母版文本样式"文字前，在"开始"选项卡的"段落"组中单击"项目符号"下拉按钮，在打开的下拉列表中单击选中"箭头项目符号"，如图 13-94 所示。

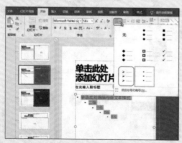

图 13-94

❸ 关闭母版视图，可以看到这一级文本前面的项目符号样式都被改变了，如图 13-95 所示。

图 13-95

13.5.3 在保留原布局的基础上增加内容页

系统自带了 11 种版式，比如"标题幻灯片""标题和内容""两栏内容"等都是程序自带的版式。在新建幻灯片时可以选择这些版式创建新幻灯片，但如果想使用的版式是这些列表中没有的，则可以自定义创建新版式。自定义创建版式可以在原版式上修改，也可以完全重新创建一个新版式。无论是哪种情况，所做的更改都会保存到版式列表中，方便重复使用。下面需要在保留原布局的基础上增加新的版式内容。

❶ 首先进入母版视图中，在左侧选中已有的版式，如图 13-96 所示。

图 13-96

❷ 在"插入"选项卡的"插图"组中单击"形状"下拉按钮，在下拉列表中单击选中"矩形"图形样式（如图 13-97 所示），此时光标变为十字图形样式，在选定的幻灯片版式上完成绘制，再设置填充颜色，效果如图 13-98 所示。

图 13-97

图 13-98

③ 按照同样的方法在"矩形"图形的右侧边线上绘制"等腰三角形"图形，并设置填充色，如图 13-99 所示。

④ 接着添加圆形，并设置内侧圆形为纯白色无轮廓形状效果，设置外侧圆形为无填充虚线圆点轮廓效果，如图 13-100 所示。

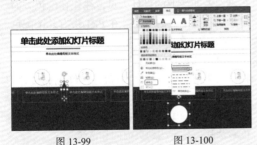

图 13-99　　　　　　　图 13-100

⑤ 最终重新设计的内容版式效果如图 13-101 所示。

图 13-101

13.5.4　快速修改内容页

在母版中将版式编辑完成后，可以退出母版，然后使用编辑的版式创建新幻灯片。

① 在"幻灯片母版"选项卡的"关闭"组中单击"关闭母版视图"退出母版，在"开始"选项卡的"幻灯片"组中单击"新建幻灯片"下拉按钮，打开下拉菜单，可以看指定原有版式的效果已经被更改了，如图 13-102 所示。

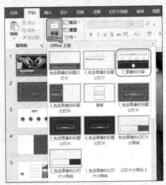

图 13-102

② 单击"图像和内容"版式，即可以此版式创建新的幻灯片，如图 13-103 所示。

图 13-103

③ 在幻灯片中编辑文本，生成第一张标题幻灯片，如图 13-104 所示。当进入下一张时，再依据此版式创建新幻灯片，然后再编辑相应内容即可。

图 13-104

221

13.6 妙招技法

13.6.1 设置母版幻灯片背景色

新建演示文稿，默认的演示文稿为空白状态且为白色背景。如果希望使用其他颜色的背景则可以重新设置，例如本例中要让所有幻灯片都使用浅紫色背景。

❶ 在空白幻灯片上单击鼠标右键，在弹出的菜单中单击"设置背景格式"命令（如图 13-105 所示），打开"设置背景格式"右侧窗格。

❷ 将填充色设置为"灰紫色"并单击下方的"应用到全部"按钮，如图 13-106 所示。

图 13-105　　　　　图 13-106

❸ 完成上述设置后，所有新建的幻灯片都为灰紫色背景，如图 13-107 所示。

图 13-107

13.6.2 设置占位符格式

默认的占位符格式是无填充、无轮廓效果的，在幻灯片母版视图中添加自定义占位符后，可以将占位符当作一个图形，来设计填充色和轮廓色，也可以一键应用指定外观样式。

❶ 进入幻灯片母版视图后，在左侧选中要调整占位符格式的版式。选中文本占位符，在"格式"选项卡的"形状样式"组中单击"设置形状格式"按钮，在打开的列表选择一种样式即可，如图 13-108 所示。

图 13-108

❷ 返回幻灯片后，即可看到指定占位符的格式设计效果，如图 13-109 所示。

图 13-109

13.6.3 PPT 版式配色技巧

合理的配色是提升幻灯片质量的关键所在，但若非专业的设计人员，往往在配色方面总是达不到满意的效果。在 PPT 中有几个配色小技巧，读者可尝试使用。

（1）邻近色搭配：邻近色就是在色带上相临近的颜色，例如绿色与蓝色、红色和黄色。因为邻近色都具有相同的颜色，色相间色彩倾向相似。所以用邻近色搭配设计 PPT 可以避免色彩杂乱，易于达到页面的和谐统一。

（2）同色系搭配：同色系是指在一种颜色中不同的明暗度组成的颜色组。在幻灯片中使用同色系，在视觉上会显得比较单纯、柔和、协调。

（3）用好取色器借鉴成功作品配色：在"形状填充""形状轮廓""文本填充""背景颜色"等涉及颜色设置的功能按钮下都可以看到有一个"取色器"命令，因此如果看到自己想使用的配色，则可以先截取颜色图片，放到幻灯片，然后在设置形状时，用"取色器"去取色。

第14章

动画效果、放映与输出

章

　　动画可以更好地展现幻灯片中的各个元素，帮助演示者吸引观众的注意力。另外，对于一些逻辑性较强的图示图表，通过使用动画，可按顺序逐个显示幻灯片中的项目元素，让观众从头开始阅读，能更直观地了解项目间的逻辑性。

　　然而，如果只是为了增强效果而滥用动画，将不但会失去动画原本的优势作用，还会给人带来杂乱的感觉。因此设计动画也要遵循一定的原则，在放映幻灯片时可以标记重点内容并设置无人放映。为了方便幻灯片的传播和导出，可以将其导出为其他格式的文件与他人分享。

- 动画的分类和设计原则
- 切片、文字、图形、图片、图表动画
- 幻灯片的放映设置
- 缩放定位辅助功能
- 输出演示文稿的技巧

在幻灯片演示中,产品展示也是比较常见的商务活动演示文稿,它是对公司年度重点产品的一个具体介绍。本节会以"产品展示"演示文稿为例,介绍如何对图形、图片、文字以及图表等设计演示文稿内各种对象的动画以及切片效果,最终各类对象动画设计效果如图14-1~图14-4所示。

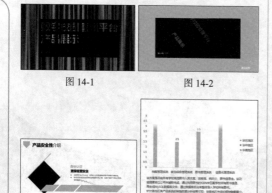

图 14-1　　　　　　图 14-2

图 14-3　　　　　　图 14-4

14.1.1 设计动画的原则

首先,自然有序是动画设计的首要原则。自然,就是遵循事物本身的变化规律,符合人们的常识。文字、图形元素应采用柔和的出现方式,为使幻灯片内容有条理、清晰地展现给观众,一般都是遵循从上到下、逐条、按顺序的原则。

其次,重点用动画强调。幻灯片中有需要重点强调的内容时,动画就可以发挥很大的作用。例如用片头动画集中观众的视线,在关键处用夸张的动画引起观众的重视等。使用动画旨在吸引大家的注意力,达到强调的效果。能够使幻灯片元素有条理、有强调地展现的动画效果设计就是成功的。下面先来看一下动画设计的两大重要原则。

1. 顺序自然

所谓全篇动作要顺序自然,即文字、图形元素以柔和的方式出现,而任何动作都是有原因的,即任何动作与前后动作、周围动作都是有关联的。为使幻灯片内容有条理、清晰地展现给观众,有时需要一条一条按顺序自然地显示在幻灯片上。

常规的动画,可以遵循以下原则。

- 从上到下的自然顺序。
- 由远及近的时候肯定也会由小到大,反之亦然。
- 球形物体运动时往往伴随着旋转或弹跳。
- 两个物体相撞时肯定会发生抖动。
- 场景的更换最好是无接缝效果。
- 立体对象发生改变时,阴影也会发生改变。

例如图14-5所示,通过图片上的序号可以看到幻灯片中各个对象的动作的顺序是按照从上到下依次播放。当然添加多个动画后,默认是单击一次鼠标才进入下一动画,可以通过设置让一个动画结束后自动进入下一动画,也可以调节动画的顺序、动画的播放时长等。这些操作将在后面的小节中讲解。

图 14-5

2. 重点强调

幻灯片中有需要重点强调的内容时,动画就可以发挥很大的作用。使用动画可以吸引大家的注意力,达到强调的效果。其实PPT动画的初衷在于强调,用片头动画集中观众的视线;用逻辑动画引导观众的思路;用生动的情景动画调动观众的热情;在关键处,用夸张的动画引起观众的重视。所以在制作动画时,要强调该强调的,突出该突出的。

Word / Excel / PPT 2019 高效办公从入门到精通(视频教学版)

如图 14-6 所示，首先设置"尊重"文字浮入出现动画，伴随着讲解，文字放大、变色进行强调，如图 14-7 所示。

图 14-6　　　　　　　　图 14-7

14.1.2　动画的分类

PPT 动画分为入场动画与出场动画，另外还有强调动画与路径动画。

1. 入场与出场动画

入场动画是指 PPT 的设计元素进入 PPT 页面的过程，即 PPT 设计元素以什么样的视觉形式进入 PPT 页面，比如浮出、飞入、擦除、劈裂、翻转、旋转、弹跳、淡出等。而出场动画是指退出播放显示的动画效果，比如消失、淡化、飞出、浮出、擦除等。

这两种动画构成了 PPT 的整个入场动画，用户可以根据具体的视觉元素来选用不同的入场动画效果。对于新手来说，在一般的 PPT 设计中一种元素只建议应用一种动画效果，否则动画效果太多反而效果很差，因为太多的动画效果容易拖慢信息传递的速度，让人们因为等待画效果的展现而无法流畅地阅读展示信息。

出场动画是为了完成下一个动画出现的衔接而设置的，一般的 PPT 设计使用退场动画不多。如图 14-8 所示对象使用了翻转式由远及近的出场动画效果。

图 14-8

2. 强调动画

强调动画效果一般是配合其他动画效果使用的，包括脉冲、变淡、加深、不饱和、透明、补色，线条颜色等效果。

如图 14-9、图 14-10 所示标题文本设置了"放大 / 缩小"强调动画效果。通过在放映动画时加大字体展示重点文本标题。

图 14-9　　　　　　　　图 14-10

3. 路径动画

PPT 中用的相对比较多一点的是路径动画，它可以帮助用户规划各种设计元素的展示路径，形成 PPT 设计元素的时序展示。路径动画包括弧形、转弯、直线、循环、形状以及自定义路径设置效果。

如图 14-11、图 14-12 所示，幻灯片的页面文字设置了"弧形"路径动画效果。

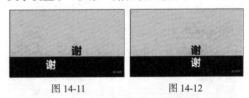

图 14-11　　　　　　　　图 14-12

14.1.3　页面切片动画

在放映幻灯片时，当前一张放映结束并进入下一张放映时，可以设置不同的切换方式。PowerPoint 2019 为用户提供了非常多的页面切片效果。页面切换动画主要是为了缓解幻灯片页面之间转换时的单调感而设计的，应用这一功能能够使幻灯片在放映时相对于传统幻灯片更加生动好看。

用户在放映幻灯片的过程中，可以根据实际需要选择合适的切片动画。切片动画类型主要包括细微型、华丽型以及动态内容。下面介绍如何为幻灯片添加统一的切片动画效果，以及自定义这些动画的持续时间。

1. 为幻灯片添加切片动画

❶ 选中要设置的幻灯片，在"切换"选项卡的"切换到此幻灯片"组中单击"▼"按钮（如图 14-13 所示），在下拉列表中选择切换效果，例如选择"随机线条"，如图 14-14 所示。

❷ 设置完成后，当在播放幻灯片时即可在幻灯片切换时使用切换效果，如图 14-15 所示为"随机线条"切片动画。

图 14-13

图 14-14   图 14-15

2. 切片效果的统一设置

在设置好某一张幻灯片的切换效果后，为了省去逐一设置的麻烦，用户可以将幻灯片的切换效果一次性应用到所有幻灯片中，方法如下。

选中任意幻灯片，设置好幻灯片的切片效果之后，单击"切换"选项卡的"计时"组的"应用到全部"按钮（如图 14-16 所示），即可同时设置全部幻灯片的切片效果。

图 14-16

3. 自定义切片动画的持续时间

为幻灯片添加了切片动画后，一般默认时

间是 01:00 秒，这个切换的速度是比较快的。而切片动画的速度是可以改变的，而且根据不同的切换效果，用户可以为幻灯片切片动画选择不同的持续时间。

❶ 设置好幻灯片的切片效果之后，在"切换"选项卡的"计时"组中的"持续时间"设置框里可以看到默认持续时间，如图 14-17 所示。

图 14-17

❷ 此时可根据每张幻灯片切换效果的不同来输入不同的持续时间。在左侧缩略图中选中目标幻灯片，然后通过上下调节按钮设置持续时间，如图 14-18 所示。

图 14-18

知识扩展

如果想一次性取消所有的切片动画，其操作方法如下。

在幻灯片的缩略图列表中按 Ctrl+A 组合键一次性选中所有幻灯片，单击"切换"选项卡的"切换到此幻灯片"选项组中的"其他"按钮，在打开的下拉列表中选择"无"选项（如图 14-19 所示），即可取消幻灯片所有切换效果。

图 14-19

14.1.4 文字的动画

文本是幻灯片的主体，要合理设置文字动

Word / Excel / PPT 2019 高效办公从入门到精通（视频教学版）

画需要事先分析页面的内容以及样式，然后根据文本的特征来选择动画。接下来我们先了解最基础的文本动画设置。本节会通过"产品展示"演示文稿中文字动画的设置实例，介绍如何为对象添加动画，并指定多种动画，以及调整动画顺序等。

1. 给标题添加动画

本节需要为"产品宣传"演示文稿封面页的标题添加动画效果。

❶ 选中要设置动画的文字，在"动画"选项卡的"动画"组中单击⊡按钮（如图14-20所示），在其下拉列表中选择"进入"标签下的"翻转式由远及近"动画样式，如图14-21所示。

❷ 在"预览"选项组中单击"预览"按钮，可以自动演示动画效果，效果如图14-22所示。

图 14-20

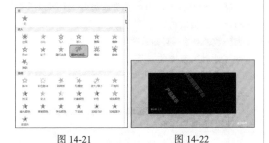

图 14-21　　　　　图 14-22

2. 给文字指定多种动画

对于需要重点突出显示的对象，可以对其设置多个动画效果，这样可以达到更好的强调效果。上面已经为标题添加了"翻转式由远及近"，本例需要为幻灯片中的主标题文字再次添加"波浪形"强调效果，放映效果是先翻转式由远及近，然后再执行"波浪形"。

❶ 保持标题文本选中状态，在"动画"选项卡

的"高级动画"组中单击"添加动画"下拉按钮，在其下拉列表的"强调"栏中选择"波浪形"动画样式，如图14-23所示。

❷ 返回幻灯片后，即可为文字添加两种动画效果。此时可以看到对象左侧有两个动画数字标签，如图14-24所示。

图 14-23　　　　　图 14-24

3. 修改动画

如果对设置好的动画效果不满意，也可以重新为对象指定其他动画。

❶ 在幻灯片中选中动画对象，在"动画"选项卡的"动画"组中单击⊡按钮，打开下拉列表，如果列表中的动画效果不能满足要求，则单击"更多进入效果"命令，如图14-25所示。

❷ 打开"更多进入效果"对话框，即可查看并应用更多动画样式（如图14-26所示），重新选择动画效果即可。

图 14-25　　　　　图 14-26

4. 播放文字动画时按字/词显示

在为一段文字添加动画后，系统默认是将一段文字作为一个整体来播放，即在动画播放时整段文字同时出现。下面需要通过设置让文字按字、词播放。

❶ 选中已设置动画的对象，在"动画"选项卡的"高级动画"选项组中单击"动画窗格"按钮（如

图 14-27 所示），打开"动画窗格"窗口。

图 14-27

② 在"动画窗格"中找到目标动画，选中动画，单击动画右侧的下拉按钮，在下拉列表中单击"效果选项"命令，打开"上浮"对话框，如图 14-28 所示。

③ 单击"设置文本动画"设置框右侧下拉按钮，在下拉列表中选择"按词顺序"选项，如图 14-29 所示。

图 14-28　　　　图 14-29

④ 单击"确定"按钮返回幻灯片中，即可在播放动画时按字 / 词来显示文字，预览效果如图 14-30 所示。

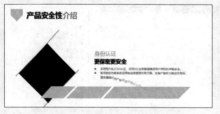

图 14-30

5. 调整动画播放顺序

放映幻灯片时，默认情况下动画的播放顺序是按照设置动画时的先后顺序进行的，在完成所有动画的添加后，如果觉得播放顺序不满意，则可以进行调整，而不必重新设置。

① 在"动画"选项卡的"高级动画"组中单击"动画窗格"按钮，打开"动画窗格"右侧窗口，可以看到当前动画播放次序，如图 14-31 所示。

② 选中"产品安全性介绍"动画对象，按住鼠标左键不放拖动到需要放置的位置（如图 14-32 所示），放置后效果如图 14-33 所示。

图 14-31

图 14-32　　　　图 14-33

③ 按照相同的方法，调整其他图片的动画顺序，即可完成设置。

6. 同时播放多个动画

在设计动画效果时，有些动画效果没有先后之分，同时播放具有更强的视觉冲击效果，此时可以设置为让多个动画同时播放（默认是依次播放，单击一次鼠标进入下一动画）。

① 从幻灯片文本内容当前添加的序号可以看到它们是依次播放的，序号分别为 2、3，选中要设置与上一动画对象同时播放的对象，单击"动画"选项卡的"计时"组中的"开始"设置框的右侧下拉按钮，在下拉列表中选择"与上一动画同时"命令，如图 14-34 所示。

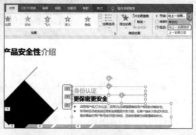

图 14-34

② 此时可以看到编号重叠为"1"，相应其他编号都减少一个数，如图 14-35 所示，表示多个对象被设置为同时播放。

Word / Excel / PPT 2019 高效办公从入门到精通（视频教学版）

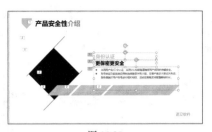

图 14-35

7.设置动画开始时间

在添加多动画时，默认情况下从一个动画进入下一个动画时，需要单击一次鼠标。如果有些动画需要自动播放，则可以重新设置其开始时间，也可以让其在上一动画后延迟多少时间后自动进入播放。

❶ 选中需要调整动画开始时间的对象（如图 14-36 所示），在"动画"选项卡的"计时"组中的"开始"设置框里的右侧下拉列表中选择"上一动画之后"命令，然后在"延迟"设置框里输入此动画播放距上一动画之后的开始时间，如图 14-37 所示。

图 14-36

图 14-37

❷ 此时可根据每张幻灯片切换效果的不同来输入不同的持续时间。在左侧缩略图中选中目标幻灯片，然后通过上下调节按钮设置持续时间，如图 14-38 所示。

图 14-38

14.1.5 图片图形的动画

下面介绍演示文稿中的图形和图片设置动画效果的技巧。

1.滚动播放多张图片

本例需要将当前幻灯片中的多张并排排列的图片设置滚动播放的动画效果，可以按照下面介绍的方法依次操作。

❶ 选中所有图片，在"格式"选项卡的"排列"组中单击"组合"下拉按钮，在打开的下拉列表中选择"组合"命令即可，如图 14-39 所示。再将组合后的图片复制一组，并放在最右侧，如图 14-40 所示。再次执行组合操作，将这两组图片组合即可。

图 14-39

图 14-40

❷ 选中组合为一个整体的图片，在"动画"选项卡的"高级动画"组中单击"添加动画"下拉按钮，在打开的列表中单击"其他动作路径"命令（如图 14-41 所示），打开"添加动作路径"对话框。

❸ 在"直线和曲线"标签下单击"向左"命令，如图 14-42 所示。

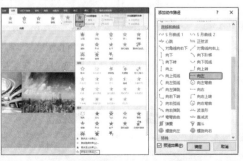

图 14-41　　　　　　　图 14-42

④ 单击"确定"按钮完成设置，返回幻灯片后，即可看到添加路径的效果，如图 14-43 所示。

⑤ 选中路径动画标记左侧的红点，按住 Shift 键的同时将红点向最左侧拖动，将其与页面左侧页边对齐，效果如图 14-44 所示。

图 14-43 　　　　　图 14-44

⑥ 继续在"动画"选项卡的"高级动画"组中单击"动画窗格"按钮，在打开的"动画窗格"窗口中单击右侧下拉按钮，在打开的列表中单击"效果选项"（如图 14-45 所示），打开"向左"对话框。

图 14-45

⑦ 在"效果"选项卡中，分别设置平滑开始和平滑结束时间为"0 秒"（如图 14-46 所示），再切换到"计时"选项卡，设置"开始"为"与上一动画同时"，设置"重复"为"直到幻灯片末尾"，如图 14-47 所示。

图 14-46 　　　　　图 14-47

⑧ 单击"确定"按钮返回幻灯片，继续在"动画"选项卡的"计时"组中重新设置动画持续时间为"05.00"，如图 14-48 所示。

图 14-48

⑨ 返回幻灯片可以看到设置的动画效果，如图 14-49 所示。播放幻灯片动画时，即可看到组合的图片呈不停滚动播放的动画效果。

图 14-49

2. 不停旋转的图形

下面需要为图形对象设置不停旋转的"陀螺旋"动画效果。

① 选中要设置动画的图形，在"动画"选项卡的"动画"组中单击"▽"按钮，在下拉列表中选择"陀螺旋"动画效果，如图 14-50 所示。

图 14-50

② 继续在"动画"选项卡的"高级动画"组中单击"动画窗格"按钮，在打开的"动画窗格"窗口中单击右侧按钮，在打开的列表单击"效果选项"（如图 14-51 所示），打开"陀螺旋"对话框。

图 14-51

③ 设置"数量"为"180° 逆时针"，如图 14-52 所示。再切换至"计时"选项卡，修改"重复"值为"直到幻灯片末尾"，如图 14-53 所示。

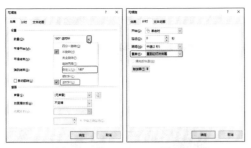

图 14-52　　　　　　　　图 14-53

④ 单击"确定"按钮返回幻灯片并播放动画预览，即可看到不停逆向旋转的图形动画。

14.1.6　图表的动画

对幻灯片中的图表使用动画效果，可以让图表中的数据系列按照解说依次出现，从而让整体效果更具有逻辑性，层次感也更好，进而能让观众对某些需要强调的部分有更深刻的印象。

给图表添加动画的时候尤其需要遵循适当的原则，因为用适合的动画才更能展现图表最终的演示效果。由于饼图多为圆形或扇形，用户可以在动画中选择"轮子"动画样式会更合适；柱形图一般都是条状图形，选择"擦除"动画样式能展示柱形的出现。

1.饼图图表轮子动画

PPT 中每个动画都要有其设置的必要性，可以根据对象的特点完成设置，比如为饼图图表设置"轮子"动画恰好符合了饼图的特征。

❶ 选中饼图，在"动画"选项卡的"动画"组中单击 ▼ 按钮（如图 14-54 所示），在其下拉列表中选择"进入"标签下的"轮子"动画样式（如图 14-55 所示），即可为图表添加该动画效果。

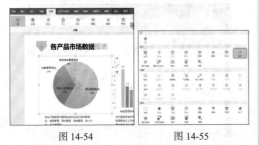

图 14-54　　　　　　　　图 14-55

❷ 选中图表，单击"动画"选项卡的"动画"组中的"效果选项"的下拉按钮，在"序列"栏下选择"按类别"选项（如图 14-56 所示），即可实现单个扇面逐个进行轮子动画的效果，如图 14-57 所示，可看到添加的多个动画数字标签。

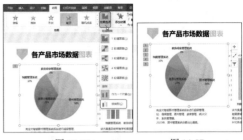

图 14-56　　　　　　　　图 14-57

❸ 打开"动画窗格"窗口，在列表中选中关于图表的所有图画，单击右下角下拉按钮，在打开的下拉列表中选择"从上一项之后开始"命令，如图 14-58 所示。

❹ 关闭窗格返回幻灯片后，可以看到所有动画序号变为同一序号（如图 14-59 所示），即它们在一个扇面动作完成后自动进入下一扇面，而不必手动单击切换动画。

图 14-58　　　　　　　　图 14-59

❺ 完成动画设置后，预览动画，即可看到饼图逐个扇面轮子播放的效果，如图 14-60、图 14-61 所示。

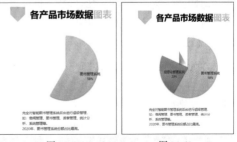

图 14-60　　　　　　　　图 14-61

2. 柱形图的逐一擦除式动画

柱形图中各柱子代表着不同的数据系列，我们可以为柱形图制作逐一擦除式动画效果，从而引导观众对图表的理解。

❶ 选中柱形图图表，在"动画"选项卡的"动画"组中单击▤按钮，在其下拉列表中选择"进入"标签下的"擦除"动画样式，如图 14-62 所示。

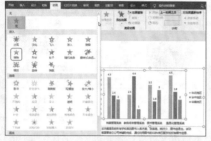

图 14-62

❷ 在"动画"选项卡的"计时"组中，在"持续时间"设置框里将持续时间设置为 02:00。单击"动画"选项卡的"动画"组中"效果选项"的下拉

按钮，在"方向"栏下选择"自底部"命令，在"序列"栏下选择"按系列"命令，如图 14-63 所示。

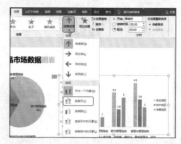

图 14-63

❸ 完成上述设置后，图表播放动画时即可按系列从底部擦除出现，如图 14-64、图 14-65 所示。

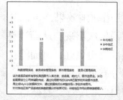

图 14-64　　　　　图 14-65

14.2 放映"产品展示"演示文稿

在实际放映幻灯片的过程中需要掌握一些实用的操作技巧，例如在多个幻灯片间的随意跳转、边放映边用笔做标记讲解等；还可以设置无人操作时自动放映所有幻灯片；也可以使用 PPT 2019 的新功能插入缩放定位辅助放映切换。

14.2.1 放映中的切换及标记

在放映幻灯片的过程中，讲解人员可以在放映时随意切换到其他指定幻灯片，也可以在放映时通过各种记号笔标记重要内容。

1. 放映时任意切换到其他幻灯片

在放映幻灯片时，是按顺序依次播放每张幻灯片的，如果在播放过程中需要跳转到某张幻灯片，则可以按如下操作实现。

❶ 在播放幻灯片时，单击鼠标右键，在弹出的快捷菜单中单击"查看所有幻灯片"命令，如图 14-66 所示。

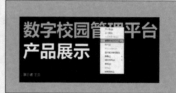

图 14-66

❷ 此时进入幻灯片浏览视图状态，选择需要切换的幻灯片（如图 14-67 所示），单击即可实现切换，如图 14-68 所示。

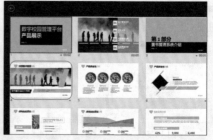

图 14-67

Word / Excel / PPT 2019 高效办公从入门到精通（视频教学版）

图 14-68

必须在全屏幕演讲者放映模式下,才能在右键快捷菜单中选择"查看所有幻灯片"选项。

2. 放映时边讲解边标记

当在放映演示文稿的过程中需要讲解时,还可以将光标变成笔的形状,在幻灯片上直接画线做标记。

❶ 进入幻灯片放映状态,在屏幕上单击鼠标右键,在弹出的快捷菜单中光标指向"指针选项",在子菜单中单击"笔"命令,如图 14-69 所示。

图 14-69

❷ 此时鼠标变成一个红点,拖动鼠标即可在屏幕上画上标记,如图 14-70 所示。

图 14-70

在放映幻灯片时,可以选择笔、荧光笔和激光指针 3 种方法显示光标,用户可以根据需要进行选择;还可以根据幻灯片的色调区选择不同的笔颜色,如图 14-71 所示。

图 14-71

14.2.2 设置幻灯片无人自动放映

在幻灯片放映时,默认到最后一张幻灯片时会自动结束放映,如果希望幻灯片能自动循环放映,可以通过如下设置实现。

❶ 打开目标演示文稿,在"幻灯片放映"选项卡的"开始放映幻灯片"组中单击"设置幻灯片放映"按钮(如图 14-72 所示),打开"设置放映方式"对话框。

图 14-72

❷ 选中"循环放映,按 ESC 键终止"复选框(如图 14-73 所示),单击"确定"按钮完成设置即可。

图 14-73

14.2.3 插入缩放定位辅助放映切换

缩放定位是新版 PowerPoint 2019 为放映幻灯片灵活跳转开发的新功能，若幻灯片张数比较多，为了灵活控制放映，可以在章节、转场页、内页之间快速切换，也可以使用缩放定位功能。摘要缩放定位是针对整个演示文稿而言的，可以将选择的节或幻灯片生成一个"目录"，这样演示时可以使用缩放从一个页面跳转到另一个页面进行放映。

❶ 打开幻灯片，在"插入"选项卡的"链接"组中单击"缩放定位"下拉按钮，在展开的下拉列表中选择"摘要缩放定位"命令（如图 14-74 所示），打开"插入摘要缩放定位"对话框。

图 14-74

❷ 选中需要添加至摘要的多张幻灯片复选框，如图 14-75 所示。

图 14-75

❸ 单击"插入"按钮返回幻灯片。可以看到插入的摘要幻灯片页面，如图 14-76 所示。

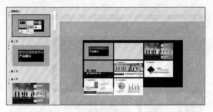

图 14-76

❹ 进入幻灯片放映状态，在"摘要"幻灯片页中可以看到添加的幻灯片缩略图，在其中单击某一张缩略图（如图 14-77 所示），即可跳转至该页幻灯片，如图 14-78 所示。

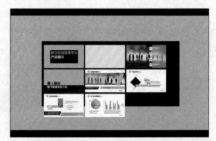

图 14-77

图 14-78

专家提醒

如果要将整个演示文稿汇总到一张幻灯片上，则可以选择"摘要缩放定位"命令；如果要仅显示选定的幻灯片，则可以选择"幻灯片缩放定位"命令；如果仅显示单个节，则可以选择"节缩放定位"命令。

14.3 输出"产品展示"演示文稿

演示文稿创建完成后，为了方便使用以及实现在任意载体上播放，通常会进行打包处理，用户需要将完整的演示文稿转换成 PDF 格式或视频文件等，这些操作都归纳为演示文稿的输出。

14.3.1 在 Word 中创建讲义

在保存演示文稿时，可以将其以讲义的方式插入 Word 文档中，使每张幻灯片都以图片的形式显示出来，并且如果在创建幻灯片时为幻灯片添加了备注信息，这些文本标注的内容也会显示在幻灯片旁边。

❶ 打开编辑完成后的目标演示文稿，单击"文件"选项卡，在视窗中单击"导出"标签，在右侧窗口中选择"创建讲义"选项，然后单击"创建讲义"按钮，如图 14-79 所示。

图 14-79

❷ 打开"发送到 Microsoft Word"对话框，在列表中选择一种版式，如图 14-80 所示。

❸ 单击"确定"按钮，即可将演示文稿以讲义的方式发送到 Word 文档中，如图 14-81 所示。

图 14-80　　　　　　　图 14-81

14.3.2 将演示文稿转换为 PDF 文件

演示文稿编辑完成后，可以根据实际需要将其保存为 PDF 文件。PDF 文件具有以下几项优点。

● 任何支持 PDF 的设备都可以打开，排版和样式不会乱。

● 能够嵌入字体，不会因为找不到字体而显示得乱七八糟。

● 文件体积小，方便网络传输。

● 支持矢量图形，放大、缩小不影响清晰度。

正因为这些优点，我们可以将制作好的全篇演示文稿转换为 PDF 文件，以方便自己和他人查看与传阅。

❶ 打开目标演示文稿，单击"文件"选项卡，在视窗中单击"导出"标签，在右侧选择"创建 PDF/XPS 文档"选项，然后单击"创建 PDF/XPS"按钮，如图 14-82 所示。

图 14-82

❷ 打开"发布为 PDF 或 XPS"对话框，设置 PDF 文件保存的路径，如图 14-83 所示。

图 14-83

❸ 单击"发布"按钮，即可看到任务栏显示"正在发布"，如图 14-84 所示。发布完成后，即可将演示文稿保存为 PDF 格式，如图 14-85 所示。

图 14-84

图 14-85

14.3.3 将演示文稿创建为视频文件

将制作好的演示文稿转换为视频文件可以方便携带，也便于在特定的场合中观看。PowerPoint 程序自带了转换工具，可以很方便地进行转换操作。

❶ 打开目标演示文稿，单击"文件"选项卡，在视窗中单击"导出"标签，在右侧的窗口中选择"创建视频"选项，然后单击"创建视频"按钮（如图 14-86 所示），打开"另存为"对话框。

图 14-86

❷ 设置视频文件保存的路径与保存名称，如图 14-87 所示。

14.4 妙招技法

前面介绍了很多幻灯片切片动画和放映的操作技巧，本节会通过一些例子介绍如何让某个动画持续播放到演示文稿放映结束，实现远程多人同步观看幻灯片的放映，以及将设计好的演示文稿输出为图片格式，方便查看和保存。

图 14-87

❸ 单击"保存"按钮，可以在演示文稿下方看到正在制作视频的提示（如图 14-88 所示）。制作完成后，找到保存路径，即可将演示文稿添加到视频播放软件中进行播放，如图 14-89 所示。

图 14-88

图 14-89

14.4.1 让某个对象始终是运动的

在播放动画时，动画播放一次后就会停止，如果想突出幻灯片中的某个对象，可以设置让其始终保持运动状态。本例需要设置标题始终保持动画的播放。

❶选中目标对象，如果未添加动画，则可以先添加动画。打开"动画窗格"可以看到幻灯片中的所有动画效果，如图 14-90 所示。

图 14-90

❷在动画窗格单击动画右侧的下拉按钮，在下拉列表中选择"效果选项"命令，打开"擦除"对话框，如图 14-91 所示。

❸单击"计时"标签，在"重复"下拉列表框中选择"直到幻灯片末尾"选项，如图 14-92 所示。

图 14-91　　　　　图 14-92

❹单击"确定"按钮，即可实现当在幻灯片放映时动画对象会一直重复"擦除"的动画效果，直到这张幻灯片放映结束。

14.4.2　远程同步观看幻灯片放映

在制作完成 PPT 后，可以邀请其他人对演示文稿进行同步查看以及进行演示文稿放映设置的交流。通过使用 Office Presentation Service 可以实现 PowerPoint 放映演示文稿的同步查看。Office Presentation Service 是一项免费的公共服务，在进行联机演示后就会创建一个链接，其他人可以通过此链接在 Web 浏览器中同步观看演示。

需要注意的是，联机放映前需要有 Microsoft 账户，没有账户需要先进行注册。

❶打开目标演示文稿，单击"文件"选项卡，在展开的视窗中选择"共享"选项，在右侧选择"联机演示"选项，再单击"联机演示"按钮，如图 14-93 所示。

图 14-93

❷打开"联机演示"提示框，在"联机演示"提示框中出现一个链接地址，如图 14-94 所示。

图 14-94

❸单击"复制链接"，将链接地址分享给远程查看者，在播放幻灯片的同时，他人在浏览器上输入链接地址，即可在网页上同时观看你的演示，如图 14-95 所示。

图 14-95

PowerPoint 2019 中自带了快速将演示文稿保存为图片的功能，即将设计好的每张幻灯片都转换成一张图片。转换后的图片可以像普通图片一样使用，并且使用起来也很方便。

❶ 打开目标演示文稿，单击"文件"选项卡，在展开的视窗中选择"导出"选项，在右侧单击"更改文件类型"标签，然后在右侧选择"JPEG 文件交换格式"，单击"另存为"按钮，如图 14-96 所示，打开"另存为"对话框。

图 14-96

❷ 设置文件保存的路径与保存名称，如图 14-97 所示。

❸ 单击"保存"按钮，弹出 Microsoft PowerPoint 对话框（如图 14-98 所示），按照提示单击"所有幻灯片"按钮，即可将演示文稿幻灯片导出为图片格式。

图 14-97

图 14-98

❹ 打开转换为图片保存的路径文件夹，即可查看保存的演示文稿转换的图片，如图 14-99 所示。

图 14-99

读书笔记